承压设备局部焊后热处理

蒋文春　王金光　涂善东　著

中国石化出版社

内 容 提 要

本书在总结焊接残余应力分布规律的基础上，重点分析了残余应力在局部热处理过程中的演化规律，提出了主副加热分布式热源局部热处理新方法，并从局部热处理加热方法、热处理均温性控制方法、补焊热处理方法、便携式无损检测技术等全方位、多角度地论述了大型承压设备局部热处理关键技术，可以指导相关科研和工程技术人员制定科学的局部热处理工艺，降低残余应力。本书相关内容经过实验验证和大量的工程应用，效果可靠、方法成熟，具有较高的理论价值和应用价值。

本书可供从事承压设备设计、制造、研究的技术人员和管理人员学习使用，也可供高等院校相关专业师生阅读参考。

图书在版编目(CIP)数据

承压设备局部焊后热处理/蒋文春，王金光，涂善东著. —北京：中国石化出版社，2022.8
ISBN 978-7-5114-6765-2

Ⅰ. ①承… Ⅱ. ①蒋…②王…③涂… Ⅲ. ①承压部件-焊后处理-热处理 Ⅳ. ①TG441.8②TG457.5

中国版本图书馆 CIP 数据核字(2022)第 113416 号

中国石化出版社出版发行

地址:北京市东城区安定门外大街 58 号
邮编:100011　电话:(010)57512500
发行部电话:(010)57512575
http://www.sinopec-press.com
E-mail:press@sinopec.com
北京富泰印刷有限责任公司印刷
全国各地新华书店经销

*

787×1092 毫米 16 开本 11.5 印张 262 千字
2022 年 8 月第 1 版　2022 年 8 月第 1 次印刷
定价:76.00 元

前　言

石油化工及核电装置大型化是在国家“碳达峰、碳中和”目标下实现增效减排的重要举措。焊接是石化与核电大型承压设备制造的关键技术。然而，焊接不可避免地带来残余应力，对承压设备结构完整性及安全服役产生重要影响，易引起或促进应力腐蚀开裂、蠕变、疲劳等失效，严重影响设备的本质安全。焊后热处理作为承压设备消除残余应力的有效手段，是确保其高可靠长寿命服役的关键。然而，受承压设备极端尺寸、环境条件、在役补焊等限制，许多情况下无法开展整体热处理而只能采用局部热处理。

在过去20年里，由于局部热处理不当导致的失效案例越来越多，行业内逐渐意识到局部热处理的重要性。相比于整体热处理，局部热处理缺乏科学调控方法和总体效果的正确评价，一直是承压设备制造过程的薄弱环节和行业痛点。主要表现在：采用单加热带局部热处理时，热处理部位在加热过程中膨胀、冷却过程中收缩，产生“收腰”变形，在内表面产生新的二次拉应力无法有效消除；对于超厚设备，壁厚方向温度不均匀，温度均匀性难以控制；局部热处理变形严重，容易引发热处理开裂；现行标准规范缺乏对焊后热处理消除效果进行评价的相应要求和方法。对大型承压设备而言，内壁残余应力是影响设备全寿命周期安全性的关键因素，因此，制定科学合理的局部热处理方案与工艺，实现焊缝内壁残余应力的有效调控，是承压设备高性能制造与高可靠性服役的核心基础。

针对这一挑战，笔者研究团队基于多年来理论研究的积累与创新，结合石化、核电等大型承压设备局部热处理的实际问题、经验和反馈，建立了焊缝残余应力的调控方法，并在中国石化工程建设有限公司、一重集团大连核电石化有限公司、二重（镇江）重型装备有限责任公司、兰州兰石重型装备股份有限公司、青岛兰石重型装备股份有限公司、宁波天翼石化重型设备制造有限公司、甘肃蓝科石化高新装备股份有限公司、山东核电设备制造有限公司、中国石油化工股份有限公司天津分公司、中国石油化工股份有限公司镇海炼化分公司、抚顺机械设备制造有限公司、茂名重力石化装备股份公司、山东齐鲁石化机械制造有限公司、青岛海越机电科技有限公司等企业实现了转化和工业化应用。基于此，笔者将局部热处理关键技术的基本理论、分布式热源局部热处理新方法和便携式残余应力定量无损测试技术进行总结，并将多年来在局部热处理应力调控方面的应用成果进行系统的整理归纳，同时融入其他科技工作者的优秀成果，著成此书。

全书共10章，第1章简述“双碳”背景下承压设备大型化的发展现状及承压设备大型化后给局部热处理带来的技术难题；第2章总结影响焊接残余应力分布的主要因素，分析了厚度、清根、堆焊工艺对残余应力分布的影响，进而指出应力最大值主要分布在表面的规律；第3章介绍传统局部热处理方法，简述热处理过程应力演变规律；第4章介绍主副加热局部焊后热处理方法及原理，重点介绍主加热对焊接接头组织和性能的影响，并结合典型应用介绍副加热对残余应力的调控作用，最终提出主副加热工程设计方法；第5章分别介绍了陶瓷片、卡式炉、感应加热局部热处理加热方法和原理；第6章介绍热电偶的温度测量、保温隔热材料及温度均匀性控制方法，提出了保证均温区温度均匀性的措施；第7章介绍局部冷却温差法残余应力调控技术；第8章简述接管焊缝点状加热局部热处理技术和接管筋板加固变形控制技术，并给出筋板设计方法；第9章主要介绍补焊残余应力分布规律，并提出降低补焊残余应力的局部热处理方法；第10章介绍用于热处理效果评价的压入法测试技术，从力学性能和残余应力角度分别介绍了压入法的测试原理，并结合若干测试案例介绍了团队自主研发的便携式压入测试装备。

本书揭示了局部热处理过程中残余应力的演变规律，阐明了拘束效应是引起应力难消除的主要原因，提出了分布式热源局部热处理调控新方法和新技术。在局部热处理残余应力调控方面，阐明了厚板残余应力分布规律，发明了主副加热分布式热源反变形调控方法。在厚壁容器局部热处理温度控制方面，提出了感应加热和步进式温度均匀性控制方法，实现了大型压力容器的热处理温度精准控制。针对堆焊层应力难消除的难题，提出了温差法内表面压应力调控方法。针对接管局部热处理难题，提出了主副加热应力控制方法和筋板加固变形控制技术。在热处理效果评价方面，提出了一种适用于工程现场的非破坏性快速检测技术——压入能量差法测试技术。本书所介绍的局部热处理方法均经过实验验证和大量的工程应用，效果可靠、方法成熟，实践证明可以大幅降低内壁残余应力，并已编制和发布 T/CSTM 00546—2021《承压设备局部焊后热处理规程》，为大型承压设备局部热处理提供参考、建议和指导。相关科研和工程技术人员可通过本书和上述标准快速、准确地根据工程现场实际情况制定科学的局部热处理工艺，降低残余应力，保证承压设备全寿命周期的本质安全，支撑承压设备相关产业的转型升级和高质量发展。

本书的撰写和出版得到多方面的鼎力支持。感谢全国锅炉压力容器标准化技术委员会戈兆文，中国特种设备检测研究院李军、徐彤、王汉奎，中国石化工程建设有限公司尹青锋、段瑞、仇恩沧、李书涵，中石化广州工程有限公司张国信、李群生，中国寰球工程有限公司杨洁，中石化华东设计院有限公司谢育辉，中石化宁波工程有限公司胡明，中国化工装备协会赵敏，一重集团大连核电石化有限公司李志杰、袁继军，二重（德阳）重型装备有限公司王迎军，二重（镇江）重型装备有限责任公司杨靖、潘晓栋，宁波天翼石化重型设备制造有限公司武爱兵，兰州兰石重型装备股份有限公司雷万庆、贾小斌，青岛兰石重型装备股份有限公司张凯、类成龙、李刚，抚顺机械设备制造有限公司胡希海，山东齐鲁石化机械制造有限公司汪沛，中国石油化工股份有限公司镇海炼化分公司魏鑫，中国石油化工股份有限公司天津分公司李春树，中国石化青岛炼油化工有限责任公司常培廷，青岛海越机电科技有限公司李滨，山东核电设备制造有限公司杨中伟、晏桂珍，茂名重力石化装备股份公司黄嗣罗，甘肃蓝科石化高新装备股份有限公司张峥，上海蓝滨石化设备有限责任公司徐成，上海石化机械制造有限公司季伟明，镇海石化建安工程有限公司张贤安等专家对本书的技术支持和应用推广。本书还得到了中国石油化工股份有限公司科技部、炼油事业部、化工事业部、物资装备部的大力支持。特别感谢中国石油大学（华东）罗云、金强、谷文斌、彭伟、张保柱、王玉杰、杨刚、董丕键、董佳欣等老师和研究生完成了本书中大量的实验、模拟及图形文字处理工作。本书的研究工作得到了国家自然科学基金联合基金（U21B2076）的资助，在此表示衷心的感谢。

希望本书能起到抛砖引玉的作用，期待在大型承压设备局部热处理方面不断有更高水平的研究成果出现。由于作者水平有限，书中难免存在疏漏和不足之处，敬请读者批评指正。

目　录

第1章 绪 论

1.1 承压设备大型化带来的局部热处理问题

承压设备是石化、核电、冶金等能源领域的关键设备。“碳达峰、碳中和”背景下对装备制造业提出了新挑战，为满足在双碳背景下国家对能源行业提出的新要求，降低碳排放，提高经济效益，高温、高压、大型化已成为承压设备发展的必由之路。当前，我国千万吨炼油、百万吨乙烯、百万千瓦核电发展迅速。在石油化工领域，中国已建成投产了27个千万吨级炼油基地，合计产能约占中国总产能的45%，近年来甚至出现2000万吨、4000万吨超级大炼油。国家目前正推动产业集聚发展，建设上海漕泾、浙江宁波、广东惠州、福建古雷、大连长兴岛、河北曹妃甸、江苏连云港七大世界级石化基地。预计到2025年，七大石化基地的炼油产能将占全国总产能的40%。

石油化工行业大型化必然带来装备大型化，否则是“无米之炊”。加氢反应器的壁厚由100mm左右增加到近400mm，直径也由3~4m增加到5~6m。塔器直径已从以往5~6m突破到12m甚至更大，最大直径已经突破18m。20世纪90年代，我国制造了第一台千吨级的加氢反应器，设计压力为20MPa，设计温度为454℃，材料为12Cr2Mo1(H)，锻焊结构，设计壁厚为263mm，内径为3.7m。2006年，由一重集团大连核电石化有限公司制造了2000t级的煤直接液化反应器，设计压力为20.36MPa，设计温度为482℃，设计壁厚为334mm，内径为4.8m，材料为12Cr2Mo1V(H)，锻焊结构。2019年，重量突破了2000t级的沸腾床、浆态床加氢反应器制造完成并于2020年投入使用。相隔不久，直径5.5m、壁厚320mm、总长超70m的3000t级的浆态床加氢反应器于2020年6月在浙江石化吊装完毕，并于2021年初投入使用，其材料为12Cr2Mo1V(H)，锻焊结构，这是世界上重量最大的加氢反应器[图1-1(a)]。由宁波天翼石化重型设备制造有限公司制造的海南炼化项目4000t级二甲苯塔，直径近12m，最大壁厚为78mm。中国石油技术开发公司与尼日利亚丹格特炼厂签署的2300t级常压塔合作项目，筒体直径为12m、长112.56m，为全球最大的常压塔[图1-1(b)]，安装在目前全球最大的单系列炼厂——3250万吨/年的尼日利亚丹格特炼油厂中。

在核电领域，核电机组也从1000MW向1400MW进军，如先进压水反应堆(AP1000)和140万千瓦的先进非能动反应堆(CAP1400)系列核电技术。CAP1400压水堆核电机组是我国在引进美国西屋公司AP1000非能动技术的基础上，通过消化、吸收、再创造开发的具有我国自主知识产权、功率更大的非能动大型先进压水堆核电机组。AP1000/CAP1400 系列核电技术由于采用非能动理念，使核电厂安全系统设计发生了革新性变化。不需任何外部动力，靠自然对流、重力等自然本性来实现安全功能，导出堆芯和安全壳内的热量。钢制安全壳是第三代非能动核电技术的关键设备，是核反应堆的最后一道安全屏障，用来控制和限制放射性物质从反应堆扩散出去，以保护公众免遭放射性物质的伤害。非能动 AP1000 安全壳采用钢制材料，其直径为 39.6m，高度为 65.6m(图 1－2)。CAP 1400 钢制安全壳直径为 43m，高度为 73.6m，是目前全球最大的压力容器。

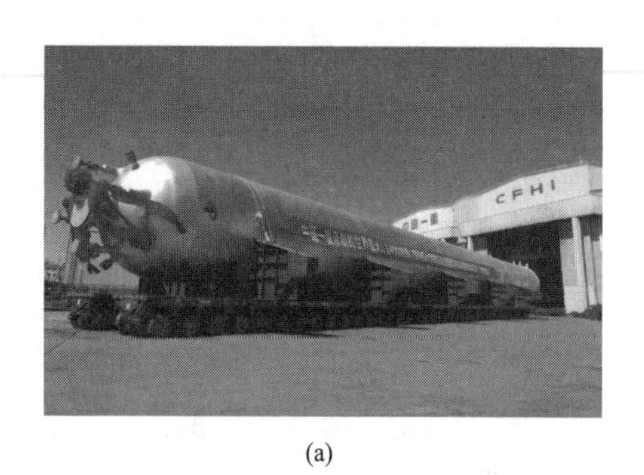

(a)

(b)

图 1－1　世界最大的加氢反应器(a)和世界最大的常压塔(b)

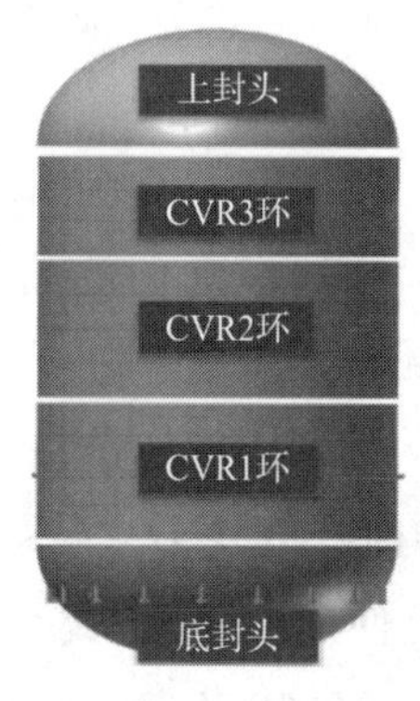

图 1－2　AP1000 钢制安全壳

装备大型化给制造和安全带来极大挑战。由于直径超大、器壁超厚、强拘束，焊接产生较大残余应力，易引起应力腐蚀开裂、蠕变、疲劳失效。因此，国内外设计标准均要求采用热处理方法来消除焊接残余应力。在化工装备领域，加氢反应器、超限塔器等承压设备长度达几十米甚至上百米，无法采用整体热处理消除残余应力，只能采用分段制造、分段热处理、总装焊缝局部热处理的方法进行制造。另外，承压设备在服役过程中经常发生腐蚀失效，现场修复也需要进行局部热处理来消除焊接残余应力。

在核电装备领域，如 CAP1400 钢制安全壳[图 1－3(a)]，现场制造模块段是一个两端开口、直径达 43m 的薄壁圆筒，不能进行炉内整体或分段热处理，筒体纵向及环向对接焊缝、补强板与筒体对接焊缝等所有焊缝只能采用局部热处理。对于纵焊缝，我国设计标准不允许采用局部热处理；美国 ASME 标准允许采用点状局部加热，但是要验证不产生有害应力。对于核岛主设备，蒸汽发生器[图 1－3(b)]、稳压器[图 1－3(c)]、安注箱[图 1－3(d)]由于结构设计的原因，需要采用局部热处理，其中难度最大的当属蒸汽发生器。

(a)CAP1400钢制安全壳

(b)蒸汽发生器

(c)稳压器

(d)安注箱

图 1－3 核岛主设备

蒸汽发生器是核岛重要设备，被称为“核电之肺”，其结构、设计、制造极其复杂，在制造方面代表着当今热交换器技术的最高水平。其主要功能是将一回路热量传递给二回路，使二回路产生蒸汽，推动汽轮机发电。其制造复杂，技术密集程度高，制造周期长达48 个月，基本覆盖了核容器的所有制造技术，堪称当代热交换器技术的最高水平。整个蒸汽发生器除了两条环缝——上筒体和锥体对接环缝、水室封头和管板对接环缝(图 1－4)需要局部热处理外，其余所有焊缝都采用整体热处理。目前，整体热处理技术已经基本成熟，但水室封头和管板对接环缝局部热处理难度很大，对热处理提出了更严格的要求，仍然是世界范围内第三代核电技术未解决的难题。

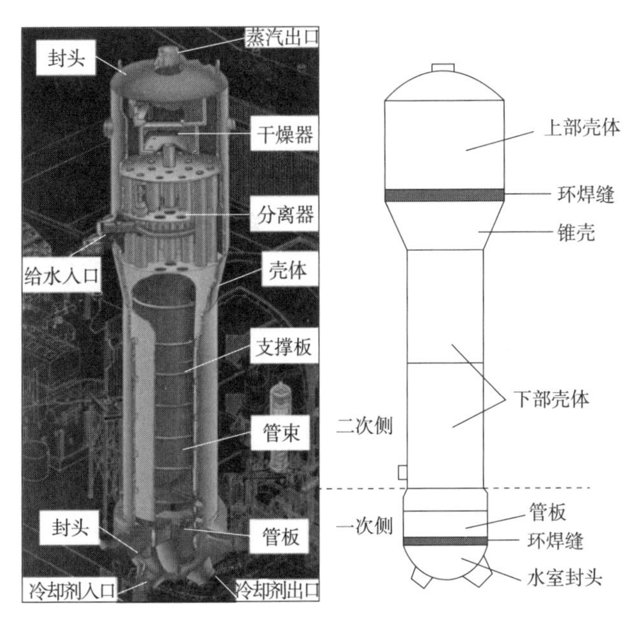

图 1－4 蒸汽发生器结构组成及局部热处理环焊缝位置示意图

1.2 承压设备局部热处理共性问题

由于对局部热处理过程应力和变形演变规律认识不清楚，业界对局部热处理技术仍然没有形成共识，国内外标准存在较大的差异，技术不成熟、方法不当，导致事故频发。如在石化领域，图1－5(a)为某加氢反应器，由于局部热处理不当，堆焊层发生大面积的应力腐蚀开裂；图1－5(b)为某中压蒸汽发生器管板侧合拢焊缝，多次修补，越补越漏；图1－5(c)为某气化炉接管修复、热处理反复开裂，以接管为中心，直径1200mm范围内，出现裂纹群，最大长度为40mm；图1－5(d)为某炼厂加氢装置的高压换热器，由于热处理不当，生产过程中发生泄漏开裂，紧急停工，这一问题到目前为止尚未得到有效解决。

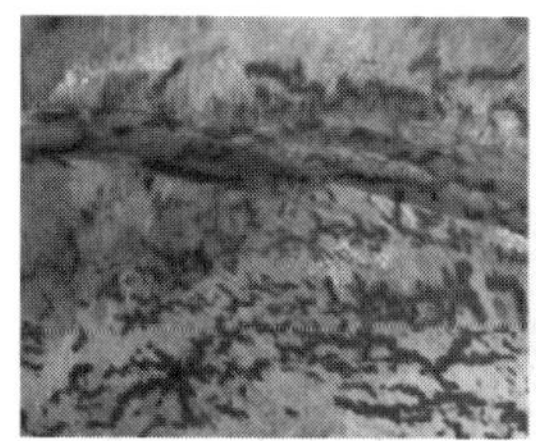

(a)加氢反应器应力腐蚀开裂

(b)蒸汽发生器管板侧合拢焊缝补焊热处理开裂

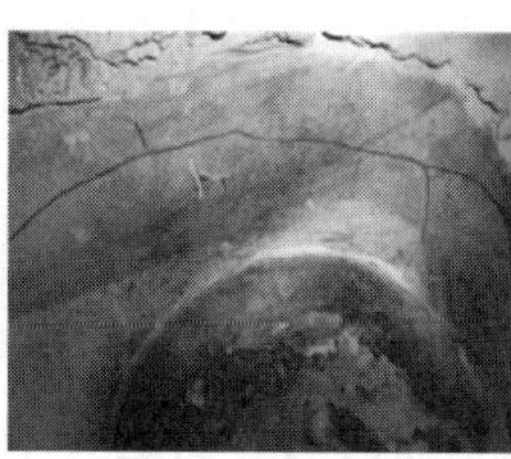

(c)气化炉接管修复开裂

(d)高压换热器局部热处理开裂

图1－5　局部热处理导致的失效

在核电领域，国外几乎所有蒸汽发生器均发生过应力腐蚀开裂。蒸汽发生器一次侧与反应堆压力容器相连，介质具有腐蚀性与放射性，易发生应力腐蚀开裂，导致泄漏事故，只能被迫采取堵管措施。这一问题在美、欧、日、韩等核电强国普遍存在，其根本原因在于焊接残余应力难以有效调控，导致应力腐蚀开裂。图1－6给出了法国130万千瓦机组核电蒸汽发生器维修原因及投产以来堵管数量统计。由于应力腐蚀开裂造成的堵管数量逐年递增，法国某机组单台堵管率高达40%。

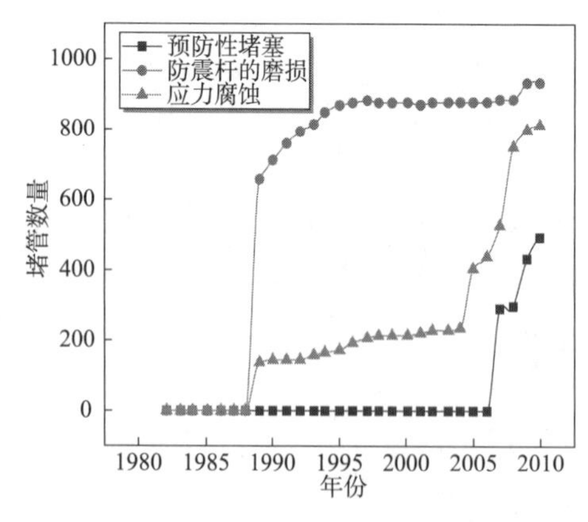

图1－6　法国130万千瓦机组堵管数统计

上述众多案例表明，依据目前的方法，大型压力容器虽然经过严格的设计、制造、监检，开裂事故仍频发。主要原因是大型化给热处理带来新的难题，存在的共性的难题如下。

1.2.1 不等厚对接接头局部热处理

某炼厂加氢装置的螺纹锁紧环高压换热器(图1－7)在服役过程中开裂引起氢气泄漏事故是一个典型案例。该换热器失效的主要原因是局部热处理工艺不当造成的。该换热器壳程为典型的不等厚焊接接头，材料为12Cr2Mo1R(H)，厚度分别为254mm和95mm。该合拢焊缝采用传统陶瓷片加热的方式进行局部热处理，无论是从加热方式还是保温方式来看，均无法实现均温区的温度均匀性控制，内壁残余应力消除效果也不理想，且在临氢环境下服役，导致严重的氢致开裂失效。

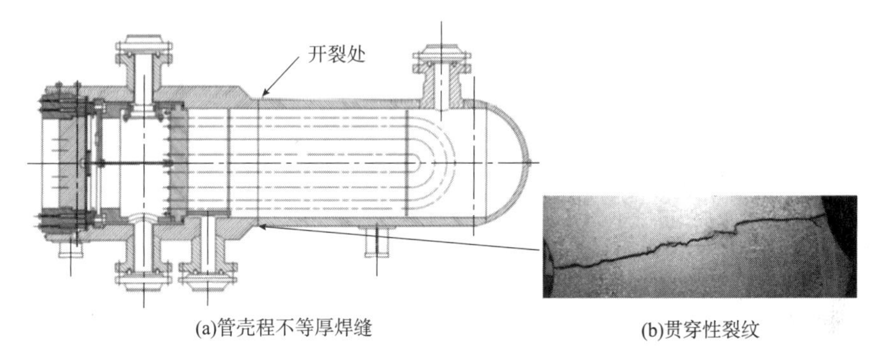

(a)管壳程不等厚焊缝　　(b)贯穿性裂纹

图1-7　螺纹锁紧环高压换热器

1.2.2　换热器管板与筒体对接接头局部热处理

典型的案例是蒸汽发生器管板一次侧局部热处理(水室封头和管板对接环缝)，如图1-8所示。在蒸汽发生器制造过程中，只有当管束安装进壳体后，水室封头与管板才能进行焊接。如果对这条焊缝采用整体热处理，不仅会引起管束变形，同时还会破坏管子与管板胀接性能，因此，只能进行局部热处理。然而，蒸汽发生器热处理要求苛刻，超厚环缝热处理温度需要达到607℃，温差必须控制在±13℃以内，同时换热管及安全端接管不能超过427℃，否则会引起材料敏化。目前采用的热处理方法是陶瓷片加热，该方法基于辐射加热，但热效率低，仅为30%，再加上管板封头壁厚超大，散热问题更加严重，导致温控精度低、深层难热透、表层易超温、应力难消除。类似问题在石化换热器中也普遍存在，一直是行业痛点问题，由于筒体和管板已组装焊接且内部已安装管束，内壁无法采取保温措施，散热严重，且内壁无法点焊热电偶，使局部热处理效果很难保证并无法检测，导致发生多起事故。

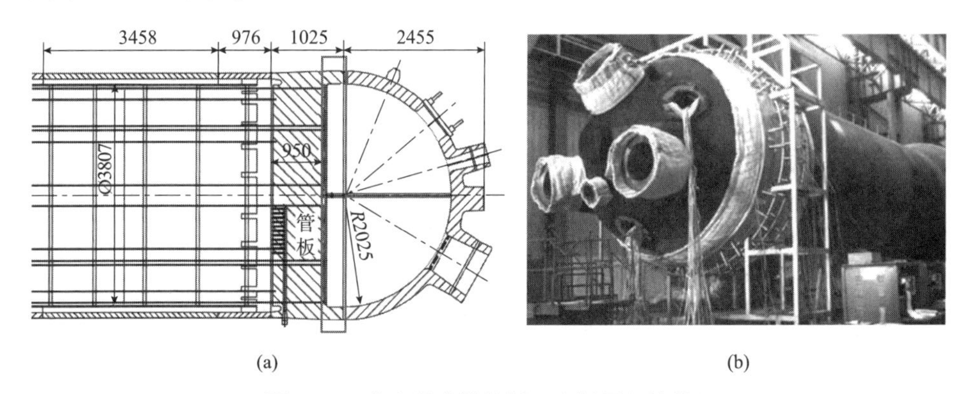

(a)　　(b)

图1-8　蒸汽发生器管板一次侧局部热处理

1.2.3 接管局部热处理

接管局部热处理一直是行业难题。我国 GB/T 150.4—2011《压力容器　第4部分：制造、检验和验收》标准要求：接管与壳体相焊时，应环绕接管在内的筒体全圆周加热，均温区为垂直于焊缝方向上自焊缝边缘加 δ_{PWHT}或 50mm，取两者较小值。典型的案例是钢制安全壳大型插入板的局部热处理。由于筒体直径超大(43m)、插入板的尺寸较大(最大直径 8m)，如果采用全圆周加热，所需要的均温带宽度为 3.9m，加热面积为 489.5m^2，双侧加热需要 4000 块 10 千瓦的加热片，一条环焊缝的热处理需要电功率高达 4 万千瓦，现场无法实施。另一个接管典型的案例是加氢反应器接管的热处理(图 1-9)。对于加氢反应器而言，接管数量众多，在筒体接管未全部焊接完成时，所有接管均需一直加热，当筒体上的所有接管焊接完成后，再进行炉内中间消除应力热处理。此制造过程增加了预热过程燃气的消耗和碳排放，大大降低了生产效率，更严重的是一旦停止加热将会产生延迟裂纹。

图 1-9　加氢反应器接管的现场焊接

1.2.4 TP 347、TP 321 厚壁管道稳定化热处理

TP 347、TP 321 是一种在奥氏体不锈钢冶炼时加入数倍于含碳量的钛和铌元素，可在形成 $Cr_{23}C_6$之前优先形成钛和铌的碳化物，从而大大提高抗晶间腐蚀能力。为了使钢达到最大的稳定度，还应做稳定化处理，即将构件加热至 900℃使 $Cr_{23}C_6$充分溶解到奥氏体中，而此时让钛和铌充分形成非常稳定的碳化钛和碳化铌。NB/T 10068—2008《含稳定化元素不锈钢管道焊后热处理规范》标准指出，对于壁厚大于等于 40mm 的管道，由于热处理过程无法满足内外壁温差要求，无法实现稳定化热处理目的，同时产生较大的温差应力，使再热裂纹趋势增加。因此为避免热处理过程中产生再热裂纹的风险，一般不进行稳定化热处理。

因此，含稳定化元素厚壁管线焊接接头是否进行稳定化热处理一直存在争议，原因是厚壁管道壁厚方向均温性无法满足，经试验发现，采用目前传统陶瓷片加热的方法内外壁温差达 150℃。传统方法不仅无法满足稳定化热处理工艺要求，同时在稳定化热处理过程中由于热应力和几何约束的影响产生较大的残余应力，容易导致再热裂纹发生，如图 1-10所示。近十几年来，千万吨炼油项目在全国不断上马，几乎每个炼厂都会出现因为热处理不当造成的开裂。尤其是现场管线的热处理，热处理过程中内壁无法实施保温，导致散热大，温度分布不均匀，产生再热裂纹的趋势更为严峻，如何避免再热裂纹的产生一直是困扰行业的一大技术难题。

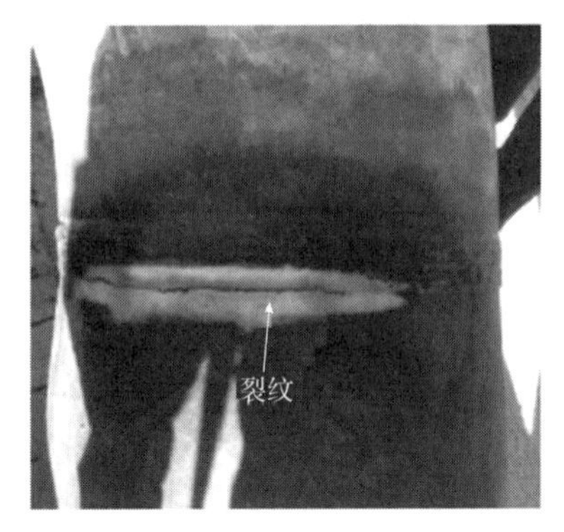

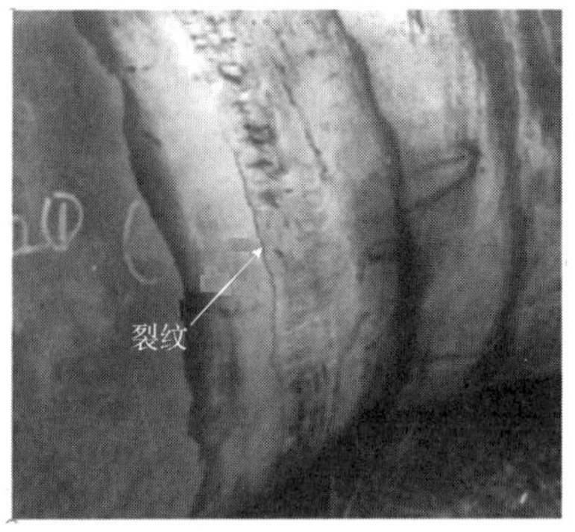

图 1－10 TP 347 厚壁管道稳定化热处理产生再热裂纹

1.3 目前面临的主要共性难题

传统局部热处理方法主要采用单加热带的局部热处理方法，如图 1－11 所示。存在的主要难题如下：

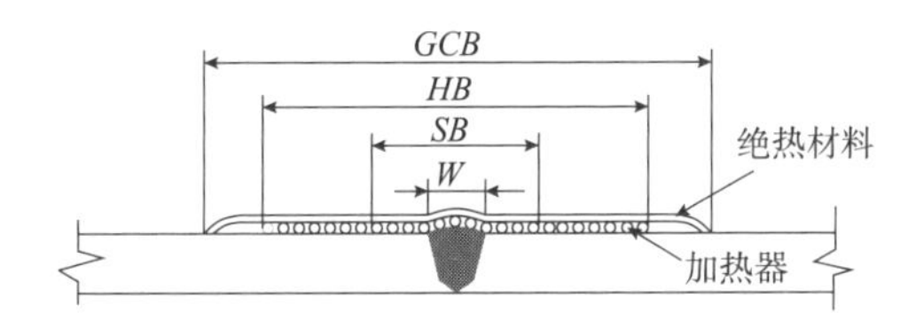

图 1－11 传统单加热带局部热处理方法

W—焊缝最大宽度；*SB*—均温带宽度；*HB*—加热带宽度；*GCB*—隔热带宽度

难题一：内表面残余应力无法消除。局部热处理在加热过程中会发生膨胀变形，冷却过程中会发生收缩，发生“收腰”变形，在内表面产生新的二次拉伸热应力。加热带宽度是影响热处理效果的关键因素。由于缺乏理论支撑，国内外标准对局部热处理加热带宽度的规定不一致。ASME 和 GB/T 150 建议均温带宽度采用焊缝宽度各加上 1 倍的筒体壁厚或 50mm，取最小值，未给出加热带宽度的规定。GB/T 30583《承压设备焊后热处理规程》仅仅推荐了 50mm 以下加热带宽度的计算公式：$HB=7nh_k$（$1<n<3$，h_k 为焊缝最大宽度）；壁厚超过 50mm 未作规定。为降低残余应力，国际上英国压力容器标准 BS 5500：2015 和欧盟 EN 13445－4：2009 建议加热带宽度不应小于 $5\sqrt{Rt}$，WRC 452 建议加热带宽度为 $5t+4\sqrt{Rt}$。国外方法建立在深入研究加热带宽度对残余应力消除效果的影响规律基础上，虽然可以有效降低残余应力，但带来两个问题：①在加热带两侧，不可避免地带来新的热处理热影响区；②当前承压设备向大型化方向发展，壁厚和直径大，采用上述方法加热带宽度过大，热处理过程变形容易超标，同时当采用电加热时需要的电功率过大，现场无法实施。

难题二：对于超厚设备，壁厚方向温度不均匀，温度均匀性难以控制。目前，我国最大的加氢反应器外径为 6517mm，壁厚为 352mm。局部焊后热处理的加热方式主要包括陶瓷电阻加热片加热、火焰加热和感应加热。陶瓷电阻加热片加热的最大壁厚为70mm。卡式炉、模块炉通常采用火焰加热，能源消耗巨大，能量利用率低，不符合国家对节能环保的要求。现场采用卡式炉进行热处理需要重新布置天然气管线，成本昂贵。除此之外，对于现场立式加氢反应器总装缝的热处理也是不适用的。产品大型化后现场制造的案例越来越多，总装环缝最终焊后热处理手段较少，亟需开发先进的加热方式。

难题三：热处理变形严重，甚至开裂。现有传统局部热处理方法采用单加热带，加热过程产生膨胀变形。直径过大，膨胀变形大，产生较大的新的二次应力，引发热处理开裂。如CAP1400安全壳插入板在热处理过程中产生的最大径向变形达120mm，厚板和薄板之间存在较大的弯曲变形，弯曲变形引起的变形不协调产生较大的轴向应力是焊缝沿焊缝方向开裂的主要原因。海南某炼厂PX二期项目二甲苯塔热处理椭圆度超标也是一个典型的案例。热处理过程会导致变形超标，如何设计合理的工装控制热处理变形是亟待解决的难题。

难题四：现行标准规范没有要求对焊后热处理消除效果进行评价。标准仅对热处理工艺有要求，没有评价应力消除效果。国内外标准通过确保热处理过程中工艺、装备等来保证热处理效果。热处理结束后，热处理温度曲线、硬度测试及无损检测结果合格，就认为达到了热处理效果。人们对残余应力测试技术及计算认识不深，对于残余应力的分布规律不明，导致热处理效果评价缺少指导。

1.4 本书的基本内容

承压设备大型化、工况苛刻化(高温、高压、腐蚀)是我国重大承压设备制造面临的主要挑战。焊接接头应力腐蚀开裂(SCC)已经成为石化、核电装备安全的主要威胁。欧美、日韩压水堆压力容器均已发生多起应力腐蚀开裂事故，给安全带来极大威胁。热处理作为制造的关键技术，是确保装备高可靠、长寿命的重要保障。针对超大承压设备局部热处理需要解决3个核心问题：第一，如何计算焊接及热处理过程应力和变形；第二，开发厚板深度及表面残余应力测试方法，对热处理效果进行评价；第三，通过建立的计算方法和残余应力测试技术，提出新的局部热处理方法。焊接残余应力的计算、测试技术已在专著《焊接残余应力的中子衍射测试技术、计算与调控》中详细介绍，本书重点阐述局部热处理技术。

本书在前期超大承压设备残余应力计算及测试的研究基础上，提出了分布式热源局部热处理调控新方法和新技术，制定了T/CSTM 00546—2021《承压设备局部焊后热处理规程》标准。主副加热在改善焊缝区域性能和组织的同时，可以大幅降低焊接残余应力，在内表面产生较小的拉应力甚至压应力。本书对国内外热处理标准进行了广泛而充分的调研，同时结合深入的理论研究，根据多年来局部热处理在石化、核电、火电等领域现场积累的问题、经验和反馈，对局部热处理技术进行深入系统的介绍。除此之外，本书也是对标准T/CSTM 00546—2021《承压设备局部焊后热处理规程》关键内容的详细说明、解释及补充，为工程设计、制造等单位的工程人员使用该标准提供参考、建议或指导。

参考文献

[1]Qiang Jin, Wenchun Jiang, Wenbin Gu, et al. A primary plus secondary local PWHT method for mitigating weld residual stresses in pressure vessels[J]. International Journal of Pressure Vessels and Piping, 2021, 192: 104431.

[2]Qiang Jin, Wenchun Jiang, Chengcai Wang, et al. A rigid – flexible coordinated method to control weld residual stress and deformation during local PWHT for ultra – large pressure vessels. International Journal of Pressure Vessels and Piping. 2021, 191: 104323.

[3]Dong Pingsha, Song Shaopin, Zhang Jinmiao. Analysis of residual stress relief mechanisms in post – weld heat treatment[J]. International Journal of Pressure Vessels and Piping, 2014, 122: 6 – 14.

[4]Hao Lu, Jian hua Wang, Hidekazu Murakawa. Heated band width criterion in local post weld heat treatment of three dimensional tubular joint[J]. Transactions of the China Welding Institution, 2001, 22: 11 – 14.

[5]蒋文春，王炳英，巩建鸣．焊接残余应力在热处理过程中的演变[J]．焊接学报，2011，32(4)：45 – 48.

[6]汪建华，陆皓，魏良武，等．局部焊后热处理两类评定准则的研究[J]．机械工程学报，2001，37(6)：24 – 28.

[7]王泽军，卢惠屏，荆洪阳．加热面积对球罐局部热处理应力消除效果的影响[J]．焊接学报，2008(3)：125 – 128 + 159.

[8]Nie Chunge, Dong Pingsha. A Thermal Stress Mitigation Technique for Local Postweld Heat Treatment of Welds in Pressure Vessels[J]. Journal of Pressure Vessel Technology, 2015, 137(5): 051404 – 1 – 051404 – 9.

[9]Luyang Geng, Shan – Tung Tu, Jianming Gong, et al. On Residual Stress and Relief for an Ultra – Thick Cylinder Weld Joint Based on Mixed Hardening Model: Numerical and Experimental Studies[J]. Journal of Pressure Vessel Technology, 2018, 140: 041405.

[10]蒋文春，罗云，万娱，等．焊接残余应力计算、测试与调控的研究进展[J]．机械工程学报，2021，57(16)：306 – 328.

[11]蒋文春，涂善东，孙光爱．焊接残余应力的中子衍射测试技术、计算与调控[M]．北京：科学出版社，2019.

[12]杨松，杨圆明．AP1000 蒸汽发生器环焊缝局部热处理对 U 形管局部损伤的分析及预防[J]．焊接学报，2015，36(6)：90 – 94.

[13]徐云飞，吴福成，马伟浩，等．承压设备热处理探讨[J]．中国化工装备，2015，17(1)：28 – 31.

第2章　承压设备焊接残余应力分布规律及影响因素

焊接残余应力属于二次应力，会降低焊接构件的强度、刚度、断裂韧性、受压稳定性，以及疲劳、蠕变、腐蚀寿命等，直接影响焊接接头的安全性与可靠性，严重时会导致重大的安全事故。准确评估与预测焊接残余应力对提高焊接结构的制造质量和服役性能具有极为重要的作用。国内外承压设备安全评定标准中虽然给出了焊接残余应力分布规律，但其适用范围偏窄，无法对所有工况的焊接接头做到准确评估。本章重点介绍各种工艺参数对焊接残余应力分布的影响，剖析国内外标准关于应力分布的适用范围，旨在理清承压设备的焊接残余应力分布规律，为热处理效果的评估提供依据。

2.1　承压设备焊接残余应力的危害及影响因素

2.1.1　焊接残余应力的形成与危害

焊接残余应力是焊接区域熔化、流动、扩散、凝固、热传递、组织相变、应力变形的热－力－冶金多因素行为交互的结果。焊接加热阶段，焊缝金属受热急速膨胀，这种高温膨胀会受到焊缝两侧低温母材区的弹性制约。随着温度的进一步升高，材料的屈服强度急速下降，当温度超过材料的熔点时，焊缝金属呈全塑性状态，即屈服强度几乎为零，受周围低温材料的抑制，高温材料的热膨胀应变将全部转化为压缩塑性变形。焊后冷却阶段，熔池开始凝固，高温熔池与部分热影响区(Heat Affected Zone，HAZ)发生收缩变形，但是此种收缩受到焊缝两侧低温弹性区域的制约。当温度降至材料的弹性温度时，焊缝金属处于完全弹性状态，原高温膨胀区域将出现拉伸弹性变形并引起残余拉应力，而两侧的低温弹性区域受压。对于厚壁容器，焊缝需要数十次甚至上百次熔敷，焊道将经历多重热循环的叠加作用，造成焊接接头处应力分布极为复杂。

在设备服役过程中，焊接残余应力和温度、压力引起的工作应力相互叠加，可能会超出材料的安全裕量，引起安全事故。同时拉伸应力与环境因素相互作用，还会引发潜在危害。比如石化装置加氢反应器、临氢高压换热器等承压设备，其工作环境高温高压，包含氢气、硫化氢等腐蚀性介质，氢在高应力区域扩散富集，极易造成应力腐蚀、连多硫酸应力腐蚀裂纹。例如2010年9月至2011年4月，某化工企业180万吨/年甲醇装置进出口管线焊缝处出现裂纹和泄漏30余次，经分析其原因是焊接导致材料敏化和存在焊接残余应力造成的连多硫酸应力腐蚀开裂。据统计，美、英承压设备及压力管道破坏事故1/3以上是由应力腐蚀引起的。另外，对于频繁启停或服役过程中存在循环载荷的设备，残余应力与疲劳载荷综合作用，在焊接接头处容易发生疲劳断裂。此外，对于长期在高温环境下运行的设备，残余应力引起的再热裂纹亦是业界面临的难题。因此，从安全评定、设备设计、测试评估角度，研究焊接残余应力整体分布规律具有以下重要意义：

(1)在考虑焊缝结构引起的应力集中、疲劳裂纹、高温蠕变等对安全评定的影响时，均需要焊接残余应力作为基础数据。确定焊接残余应力分布规律对安全评定的准确性具有重要影响。

(2)一般承压设备设计时仅通过考虑外载计算得出设备的壁厚等参数，忽略了焊后设备自身为满足自平衡而存在的残余应力。从统计的设备失效数据来看，设备发生开裂等失效位置集中在焊缝处，单纯增加安全系数不能确保设备的安全设计。研究焊接残余应力的分布可为设备设计提供参考。

(3)了解整体应力分布状况，形成由表及里的残余应力表征技术，从而针对性地开展对高应力区域的测试、热处理效果评价等，为承压设备结构完整性评估提供指导。

2.1.2　焊接残余应力分布的影响因素

影响焊接残余应力分布的因素颇多，但在其演化过程中起主要作用的因素为壁厚、材料、坡口形式、焊接工艺。

1. 壁厚

图2-1为不同壁厚δ下环向焊接残余应力σ_h沿壁厚方向的分布情况，x表示距内表面的深度，图中纵坐标和横坐标分别根据材料屈服强度和壁厚进行了归一化处理。在全约束条件下，环向应力σ_h在内表面较小，在外表面较大，σ_h沿壁厚方向由内表面向外表面递增。壁厚不同，内表面应力$\sigma_{h.in}$不同，当壁厚为15mm时，$\sigma_{h.in}$较大，随着壁厚的增加，$\sigma_{h.in}$显著降低，至$\delta \geqslant 50$mm时，$\sigma_{h.in}$趋于稳定，约为材料屈服强度σ_s的0.1倍。σ_h在壁厚方向的分布随壁厚的增加最终趋于一致，在$(0 \sim 0.2)\delta$的范围内，σ_h以较快的速率增大，在$(0.2 \sim 1.0)\delta$的范围内缓慢增大。最大环向残余应力始终分布在外表面，壁厚影响较小，约为$1.1\sigma_s$。

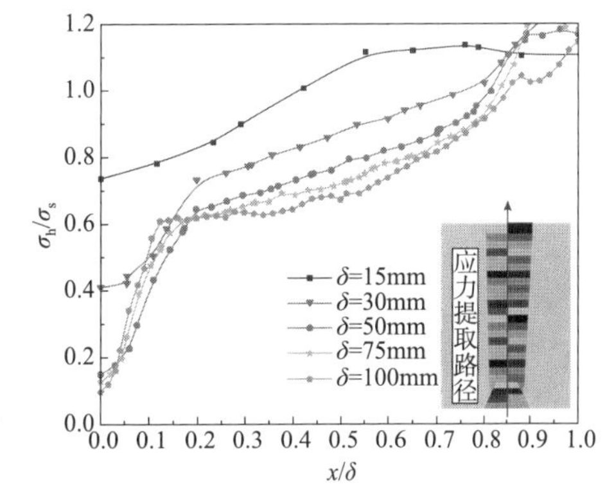

图2-1　壁厚对应力分布的影响
(x为距内表面距离)

σ_h在不同壁厚下的分布由两种机制造成：一是随着坡口中填充层数的增加，焊缝表层环向拉应力随之上移，相应地，内表面会产生一定的受压趋势，使内表面应力降低，且这种效果随着壁厚的增大逐渐减弱；二是后焊对前焊的退火软化作用。图2-2给出了焊根附近一点的温度、应力历史曲线，当后续焊道沉积时，它可以重新加热之前的焊道。随

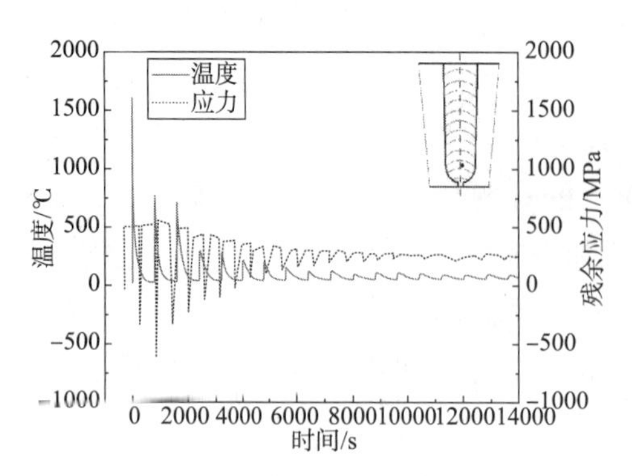

图 2－2　焊缝某一点温度循环曲线

着热源远离之前的焊道，峰值温度逐渐降低，应力降低的幅度减小，这意味着最后几道焊道获得后续焊道受到退火效果影响的机会较小，因此，最终焊道的位置通常存在较高的应力。

2. 坡口形式

V 形、U 形、X 形和双 U 形(d－U)是厚壁承压设备最常用的四种坡口形式，如图 2－3 所示。

分别建立上述 4 种坡口焊接有限元计算模型，图 2－4 给出了计算得到的焊接残余应力分布云图，σ_a 为轴向应力，σ_h 为环向应力，左侧边界为内表面，右侧边界为外表面。可以看出，四种坡口的应力分布存在明显的差异。V 形和 U 形坡口的最大拉应力主要分布于外表面及其浅层位置，内表面残余应力较小，甚至出现压应力。X 形和双 U 形坡口的高拉应力分布在内外表面及其浅层区域，壁厚中心位置应力较小。双 V 形坡口高应力区域明显多于其他坡口类型，这是由于双 V 坡口开口面积大，填充金属量较大所致。

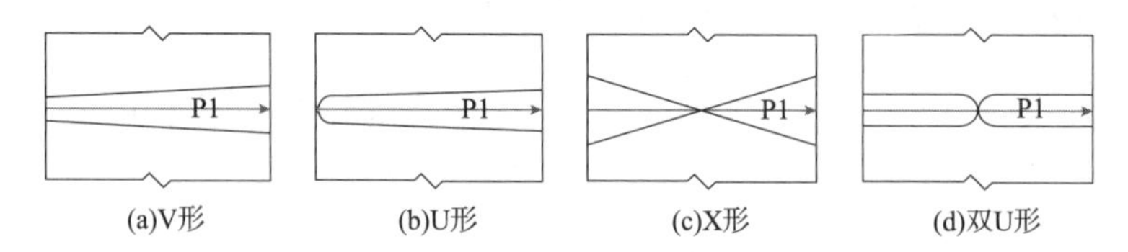

图 2－3　承压设备常用的四种坡口形式

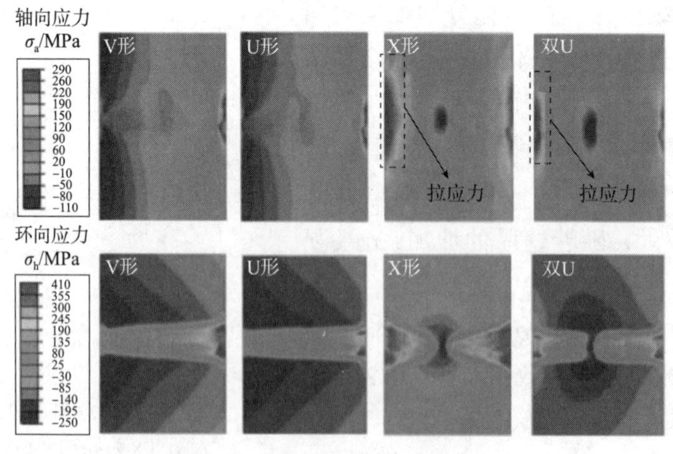

图 2－4　四种坡口应力分布云图

图 2－5(a)为焊缝处沿壁厚方向(图 2－3 中 P1 路径)轴向应力 σ_a 分布。V 形和 U 形坡口的 σ_a 由内表面的最小值逐渐增大到外表面的最大值；X 形和双 U 形坡口的 σ_a 沿壁厚方向先减小后增大，其中 X 形在壁厚中心的最小值小于双 U 形坡口。四种坡口的 σ_a 在 140～200mm 的范围内分布一致。图 2－5(b)为环向应力 σ_h 的分布，V 形和 U 形坡口的

σ_h 由内向外呈波浪形增势逐渐增大，X 形和双 U 形坡口的 σ_h 由内表面的应力峰值沿壁厚方向先减小，在壁厚中心(即坡口钝边位置)成为压应力，然后增大至外表面的应力峰值。坡口导致应力分布差异的原因主要为以下两点：一是坡口形状差异使得焊接热输入顺序不同，影响温度场分布，进而导致应力分布的差异；二是坡口影响焊接过程中的金属填充量，引起热输入量的差异，导致应力分布不同。

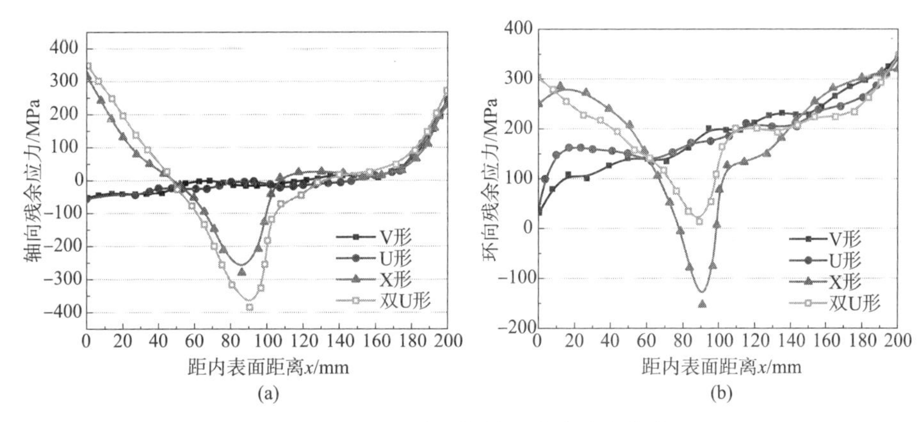

图 2－5　四种坡口焊缝处应力分布曲线

3. 材料(硬化模型、相变)

一般而言，材料在进入屈服阶段以后表现出一定的材料强化特征，材料在经历焊接热循环后，热影响区强度明显提高。焊接残余应力预测中所使用的材料强化本构模型对预测结果的准确性有重要的影响。各向同性强化模型和随动强化模型以材料参数获取简单的优点经常用于焊接残余应力模拟计算，但它们不能准确地描述循环热机械负荷的响应，尤其是对于奥氏体不锈钢。现有研究证明混合强化模型更符合实际，它能够更加准确地描述材料在焊接过程中的循环本构响应。

在焊接集中热源作用下，材料温度随着热源移动而升温和冷却，这个过程会发生固态相变。固态相变的产生会对材料的属性产生影响，如图 2－6 所示，不同相导致了体积变化，力学性能的不同导致了屈服强度变化，此外还有相变塑性。例如 Q345 高强度钢和

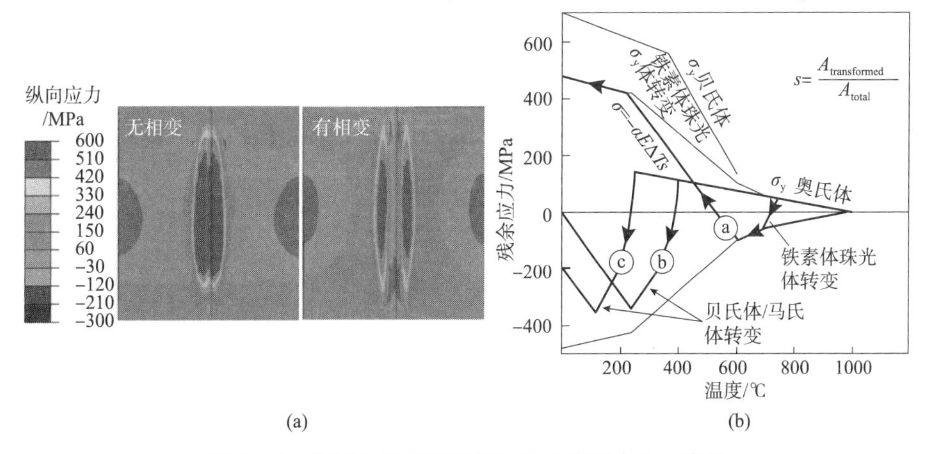

图 2－6　不同金属组织冷却过程中的残余应力变化

X20Cr13 马氏体不锈钢在焊接过程中会发生固态相变影响残余应力分布，材料在冷却过程中发生的马氏体相变会使焊缝部位产生低应力区域。在焊接降温阶段，焊缝处由低温马氏体相变所导致的体积膨胀效应可以抵消焊件冷却过程中的残余拉应力积累，降低残余拉应力并在焊缝处形成稳定的压应力区段。固态相变引起的相变体积和屈服强度的变化对焊接残余应力分布和极值的影响较大，相变塑性对焊接残余应力分布趋势的影响很小。

4. 焊接工艺(热输入)

焊接时的热输入 Q 是产生焊接残余应力的决定性因素。焊接热源的种类、能量密度分布、移动速度都会影响温度场的分布，进而影响焊接残余应力的分布规律。图 2 - 7 给出了热输入 Q 对残余应力分布的影响。可以看出，当热输入小于 160J/mm^{2}时，轴向应力 σ_a 和环向应力 σ_h 均近似于正弦分布，应力峰值随着热输入的增大而增大。当热输入到达 160J/mm^{2}时，轴向和环向应力呈直线分布。可以得出：热输入主要影响应力的幅值，增加热输入使温度梯度增大，导致残余应力增大；同时，高热输入促使高温区域变宽，使得高应力范围变大。

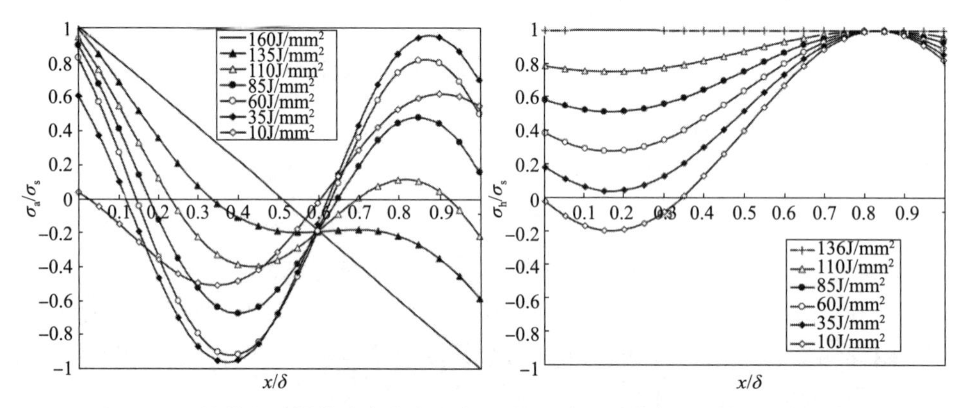

图 2 - 7　热输入对焊接残余应力分布影响(x 为距离内表面距离，δ 为壁厚)

2.2　焊接残余应力的计算与测试

有限元分析是目前技术开发和科学研究的重要途径，能综合反映各物理场的演变规律，节省了应力分析时间和成本。随着焊接传质传热、应力应变、组织相变等相关理论研究的深入，焊接有限元模拟计算的精度逐渐提高。焊接计算模型需要使用实验方法进行正确性验证，通过有限元模拟计算和应力测试相结合的方法是研究焊接残余应力分布规律的主要手段。

2.2.1　焊接残余应力计算

在数值模拟方面，基于连续介质理论的热 - 弹 - 塑性有限元分析法已较成熟地应用于宏观残余应力计算。经过数十年的发展，目前有限元分析法已经实现了从简单到复杂、从二维到三维、从定性到定量的焊接残余应力分析，能够综合考虑焊接过程中的复杂非线性问题，可以较准确地设置实际焊接过程中的各类边界条件，在焊接数值模拟领域的应用越来越广泛，尤其是对厚壁焊接结构的残余应力研究有明显的优势。根据热－弹－塑性理论，目前广泛采用的是温度－应力顺次耦合计算方法。热－弹－塑性有限元分析法跟踪整个焊接热力过程，因此它能够较为准确地预测焊接结构中的应力，工程人员可发挥有限元分析法的便捷性，以部分实验验证有限元分析法在解决某一案例上的有效性，其余大量的计算工作均可通过数值模拟手段来完成。尽管如此，热－弹－塑性有限元分析仍然具有一定的局限性，一方面是因为缺乏材料的高温热物理参数和力学参数；另 ·方面是因为热－弹－塑性有限元分析需要较长的计算时间。

随着对残余应力形成机理的深入了解，经典的热－弹－塑性有限元计算法无法实现对焊接组织场的模拟，在实际焊接过程中，焊缝和热影响区会发生铁素体、马氏体与奥氏体相互转变，这些转化伴随着微观水平上比体积的增加，从而影响最终残余应力分布。一般而言，固态相变效应对温度场的计算影响较小，影响范围也仅在焊缝及焊缝附近的高温区，而固态相变对焊接应力和变形的影响较大。考虑固态相变效应的热－弹－塑性本构模型如下：

$$\varepsilon^{total}=\varepsilon^{e}+\varepsilon^{th}+\varepsilon^{p}+\varepsilon^{vol}+\varepsilon^{tp} \tag{2-1}$$

式中：ε^{e}、ε^{p} 与 ε^{th}分别为弹性、塑性与热应变，ε^{vol}与 ε^{tp}分别为由相变导致的相变体积膨胀/收缩应变与相变塑性应变。

2.2.2 残余应力测试方法

焊接残余应力的测试根据原理可划分为机械释放法和物理测量方法。机械释放法包括分割法、钻孔法和轮廓法。机械释放法均属于破坏性方法，被测试样被分割或钻孔，物理测量方法包含 X 射线衍射法、中子衍射法、压痕法、超声波法。物理测量方法均属于无损测试方法，但均具有一定的局限性。

钻孔法：钻孔法基本原理是在待测构件上钻一个直径 2mm 左右的小孔，利用孔周围部分的应力释放而产生相应的位移和应变，通过使用机械引伸仪测量孔周围标定点钻孔前后的位移变化，根据弹性力学即可得到残余应力。目前，钻孔法已成为最为成熟的残余应力测试方法之一。

轮廓法：该方法根据应力释放与弹性变形的关系获取残余应力分布。首先将试样沿待测截面切开，切割面由于应力释放而产生变形，再对切割截面的正向位移进行测试及拟合，将拟合后的数据作为边界条件施加到有限元模型中，根据线弹性计算得到垂直于切割截面的初始残余应力分布。轮廓法测试精度较高、测试费用相对较低、测试装置也相对简单，测试结果对微观组织变化不敏感，可获取整个截面的应力分布全貌。

X 射线衍射测试法：X 射线衍射残余应力测试的基本原理为布拉格方程。当多晶材料受到应力影响时，其晶面间距会发生改变。当产生布拉格衍射时，衍射峰也会产生一定偏移，通过测试不同入射角度对应的衍射角根据弹性力学理论可求出残余应力。其测试结果受表面质量影响较大，若表面质量处理不当则难以获取理想的残余应力分布数据。

中子衍射法：中子是目前唯一真正意义上的体探针。中子衍射测试残余应力的基本原理与X射线相同，一束波长为λ的中子入射到多晶材料内，在满足布拉格关系的位置出现衍射峰。在恒定波长模式下，残余应力的存在会改变衍射峰峰形(偏移或宽化)，进而可通过获取衍射峰角度的变化以计算弹性应变值。在飞行时间模式下，衍射角保持不变，此时可根据波长变化确定应变，最终采用广义胡克定律计算相应的应力。

压痕应变法：压痕应变法测量残余应力属于一种微损的应力测量技术，可避免工程部件因有损性测试方法造成的破坏。该方法通过制造压痕形成外加应力场，并与原有残余应力场引起应变增量，利用高精度应变片记录应变差值，进而通过弹性力学方法计算出残余应力。在压痕应变法测试中，塑性区的大小严重影响测试结果的精度，应保证其与应变敏感元件的测试区域保持合理的距离；同时，需确立应变增量与残余应力合理的函数关系以及应变增量与材料特性间的关系，从而高效准确地完成结构表面残余应力的测试。

超声波法：超声波法以声双折射现象和声弹性理论为基础，通常采用对应力变化敏感的临界折射纵波，利用其传播速度与应力的线性关系来获取残余应力。当超声波以一定的角度入射到测试样品内部时，会在样品内部产生90°折射角及在表层传播的折射纵波。受到残余应力的影响，超声波进入材料内部后其声速会发生改变且与应力之间呈线性关系。

以上几种测试方法的特征比较如表2-1所示。可以看出，破坏性和半破坏性测试方法的残余应力测试精度较高，受材料微观特征、几何结构的影响较小，可广泛用于大量材料与结构的焊接残余应力测试。但该方法会对材料造成损伤，难以进行重复性试验，并且在去除材料、释放应力的过程中若产生塑性变形则会增加测试的误差。而无损性残余应力测试方法可对样品进行多次重复性试验以提高测试精度，但其试验成本通常较高，材料的微观组织特征、不理想的结构特征都易导致其测试精度显著降低。因此，需要根据所测试样品的需求、材料和几何特征，合理选择一种或者综合运用多种方法对样品的残余应力进行准确测试。

表2-1　不同残余应力测试方法对比

测试方法	测试精度	测试深度	适用情况	缺　陷
深孔法	5%~15%	样品厚度	厚大样品	易受塑性变形影响
轮廓法	5%~20%	样品厚度	任意厚度样品平面的正向应力	对切割质量要求高，近表面应力的测试误差较大
钻孔法	10%~30%	<2mm	近表面的平面应力	测试的最大应力不宜超过屈服强度的70%
压痕法	~15MPa	<0.3mm	近表面的平面应力	计算理论模型不统一
X射线法	~20MPa	<0.03mm	多晶材料的近表面应力	易受材料织构和晶粒特征影响
同步辐射X射线法	~50MPa	>5mm	穿透深度远大于传统X射线	成本高昂，需要同步辐射源
中子衍射法	~50MPa	80mm	穿透深度远大于同步辐射X射线	成本高昂，需要中子源
超声波法	~50MPa	1~20mm	测试成本要求低	需要进行材料标定

2.3　焊接残余应力分布规律

2.3.1　国内外标准对焊接残余应力分布的规定

我国在用含缺陷压力容器安全评定（GB /T 19624）、欧洲工业结构完整性评定（SINTAP）、英国金属结构缺陷验收评估方法指南（BS 7910）、英国核电站结构完整性评定（R6）和美国石油学会标准合于使用（API 579）等国内外含缺陷结构安全评定标准均对焊接残余应力的分布作出了相关规定。各标准依据焊接接头类型进行区分，总结了承压容器环焊缝、纵焊缝及平板对接焊缝、T形焊缝、接管焊缝、补焊焊缝的环向应力、轴向应力分布规律。应力分布数据主要来自文献、数值分析以及实验结果的总结。

1. 环向焊接残余应力分布

图2－8给出了以上五个标准中环向应力 σ_h 沿壁厚方向的分布规律，其中BS 7910、API 579、R6给出的分布规律一致，均根据不同的壁厚 δ 给出了不同的应力分布曲线，且以线性关系定义了 σ_h 的分布。当 $\delta \leq 15$mm时，σ_h 在整个壁厚上均等于 σ_s；当 $\delta > 15$mm时，σ_h 由内表面向外表面线性增大，应力最小值可根据表2－2中的公式确定。当 $\delta \geq 85$mm时，σ_h 由内表面的零应力线性增大至外表面的 σ_s。以上三个标准给定的环向残余应力可能低估了实际 σ_h。尤其当径厚比 r/δ 较大时，约束相对较小，在内表面位置更容易存在较大的拉应力。

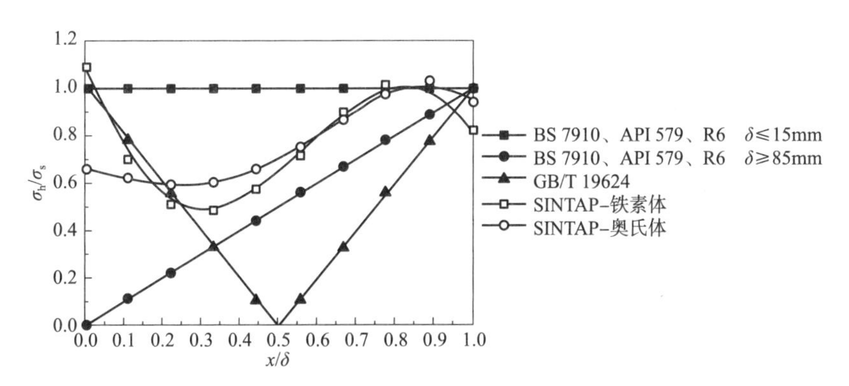

图2－8　环向焊接残余应力沿壁厚方向分布规律

SINTAP根据材料类型规定了 σ_h 的分布，铁素体钢和奥氏体钢焊接残余应力在整个截面上均为正弦分布，两者在内表面区域存在较大差异。对于径厚比 r/δ 较小的设备，比如壁厚较大的压力容器，约束较大，内表面应力较小，两种材料的 σ_h 均过于保守。但当壁厚较小或 r/δ 较大时，比如大型塔器，约束较小，内表面应力较大，SINTAP给定的奥氏体钢 σ_h 分布可能会低于实际值。我国安全评定标准GB/T 19624中认为当 $\delta < 25$mm时，σ_h 在整个厚度上均等于 σ_s，相对于BS 7910、API 579 、R6扩大了高应力的适用范围，可认为比国外更保守一些；当 $\delta \geq 25$mm时，GB/T 19624认为 σ_h 在内外表面最大，在壁厚中心

最小。GB/T 19624 给出的 σ_h 分布与双 U 形或 X 形坡口应力分布比较相似，但对于约束较大的厚壁焊缝，GB/T 19624 在内表面附近的规定过于保守。以上标准均认为环向应力最大值分布在表面，与实际环向应力相符。表 2－2 给出了不同标准关于环向应力的分布公式，均认为 σ_h 是关于 δ、σ_s、x(距内表面的距离)的函数，GB/T 19624、BS 7910、R6 将应力表达为简单的一次函数，而 SINTAP 通过幂函数多项式描述应力分布。

表 2－2　环向残余应力分布公式

标　准	应用条件	分布规律表达式
GB/T 19624	厚度 $\delta<25$mm	$\sigma_h/\sigma_s=1$
	厚度 $\delta\geqslant25$mm	$\sigma_h/\sigma_s=\begin{cases}1-2\left(\frac{x}{\delta}\right), & 0\leqslant x<0.5\delta\\ -1+2\left(\frac{x}{\delta}\right), & 0.5\delta\leqslant x<1\delta\end{cases}$
SINTAP	铁素体钢	$\sigma_h/\sigma_s=0.82+2.892\left(1-\frac{x}{\delta}\right)-11.316\left(1-\frac{x}{\delta}\right)^2+10.545\left(1-\frac{x}{\delta}\right)^3-1.846\left(1-\frac{x}{\delta}\right)^4$
	奥氏体钢	$\sigma_h/\sigma_s=0.95+1.505\left(1-\frac{x}{\delta}\right)-8.287\left(1-\frac{x}{\delta}\right)^2+10.571\left(1-\frac{x}{\delta}\right)^3-4.08\left(1-\frac{x}{\delta}\right)^4$
BS 7910 R6 API 579	$\sigma_h=\sigma_{h.in}+(\sigma_s-\sigma_{h.in})(x/\delta)$	
	$\delta<15$mm	$\sigma_{h.in}/\sigma_s=1$
	$15\leqslant\delta<85$mm	$\sigma_{h.in}/\sigma_s=1-0.0143(x-15)$
	$\delta\geqslant85$mm	$\sigma_{h.in}/\sigma_s=0$

2. 轴向焊接残余应力分布

承压设备环焊缝轴向应力 σ_a 沿壁厚方向由内表面至外表面的分布如图 2－9 所示。BS 7910、API 579 及 R6 认为影响 σ_a 分布的主要因素是焊接热输入量 Q，标准规定 $Q<50\text{J/mm}^2$ 为低热输入，$50\leqslant Q\leqslant120\text{J/mm}^2$ 为中热输入，$Q>120\text{J/mm}^2$ 为高热输入。低

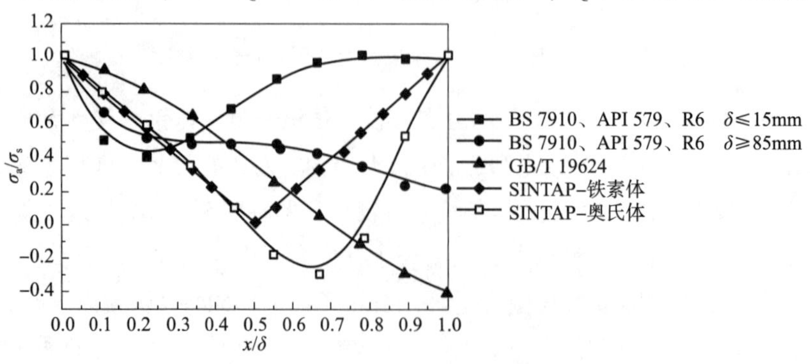

图 2－9　轴向焊接残余应力沿厚度分布规律

热输入时，σ_a 由内表面的最大值(1 倍 σ_s)先减小后增大；中、高热输入时，沿壁厚逐渐减小，Q 越小，位于外表面的 σ_a 越大。根据残余应力实际分布，当壁厚、约束较大时，内表面 σ_a 较小，标准规定的轴向应力过于保守；对于中、厚板焊缝，σ_a 在外表面附近约等于 σ_s，中、高热输入规定的轴向应力明显低于实际应力值。GB/T 19624 和 SINTAP 对 σ_a 沿壁厚方向的规定比较相似，认为 σ_a 在内外表面最大，在壁厚中部最小。这两个标准规定的轴向应力分布与低约束、壁厚较大的设备或双 U 形、X 形坡口应力比较相似，如果用于评估其他工况的应力分布，在内外表面可能过于保守，而在壁厚中部却低估了实际值。

表 2－3 给出了各标准关于轴向应力 σ_a 的分布公式，式中，x 为距内表面的深度，δ 为壁厚，σ_s 为材料屈服强度，各标准均将 σ_a 作为关于 δ、x、σ_s 的函数。

表 2－3　轴向残余应力分布公式

标　准	应用要求	分布规律表达式
GB/T 19624	球罐、厚壁 高压容器	$\sigma_a/\sigma_s=\begin{cases}1-2\left(\frac{x}{\delta}\right), & 0\leqslant x<0.5\delta\\ -1+2\left(\frac{x}{\delta}\right), & 0.5\delta\leqslant x<1\delta\end{cases}$
SINTAP	奥氏体 铁素体	$\sigma_a/\sigma_s=1-0.917\left(\frac{x}{\delta}\right)-14.533\left(\frac{x}{\delta}\right)^2+83.115\left(\frac{x}{\delta}\right)^3-215.45\left(\frac{x}{\delta}\right)^4+244.16\left(\frac{x}{\delta}\right)^5-96.36\left(\frac{x}{\delta}\right)^6$
BS 7910 R6 API 579	低热输入，$Q\leqslant 50\text{J/mm}^2$	$\sigma_a/\sigma_s=1-6.8\left(\frac{x}{\delta}\right)+24.3\left(\frac{x}{\delta}\right)^2-28.68\left(\frac{x}{\delta}\right)^3+11.18\left(\frac{x}{\delta}\right)^4$
	中热输入， $50<Q\leqslant 120\text{J/mm}^2$	$\sigma_a/\sigma_s=1-4.43\left(\frac{x}{\delta}\right)+13.53\left(\frac{x}{\delta}\right)^2-16.93\left(\frac{x}{\delta}\right)^3+7.03\left(\frac{x}{\delta}\right)^4$
	高热输入，$Q>120\text{J/mm}^2$	$\sigma_a/\sigma_s=1-0.22\left(\frac{x}{\delta}\right)-3.06\left(\frac{x}{\delta}\right)^2+1.88\left(\frac{x}{\delta}\right)^3$

受约束、壁厚、热输入等条件的影响，标准中规定的应力分布并不适用于所有工况，这将导致对焊缝部位安全评定存在偏差。需要总结所有工况的应力分布规律，得到普适性且精确的应力分布模型，进而对承压设备做出更准确的安全评估。

2.3.2　焊接残余应力分布案例

蒋文春教授团队对焊接残余应力进行了多年深入研究，具有丰富的相关成果及经验积累，利用有限元方法，考虑热弹塑性、相变、蠕变等多场耦合，做到了焊接残余应力的精确高效计算。利用中子衍射试验台、轮廓法试验台、压痕法等做了大量焊接残余应力测试。下面以不同厚度的焊接模型案例介绍焊接残余应力的分布规律。

1. 10mm 厚平板

图 2－10 为 10mm 平板对接焊缝残余应力计算结果。焊接残余应力主要集中于焊缝及

热影响区附近，且焊缝处发生角变形。试板焊缝中心处的横向和纵向应力沿壁厚方向分布如图 2－10(b)所示。横向应力 σ_x 整体较小，在 －50～50MPa 之间；纵向应力 σ_y 较大，约为 350MPa，分布近似水平直线，σ_y 的分布与国外标准 BS 7910 给出的薄板焊接应力分布基本一致。从而可以得出薄板焊接残余应力的分布规律：纵向应力在整个壁厚方向分布均匀，约为材料的屈服强度，而横向应力较小，这是由于壁厚较薄，约束小，试板容易发生横向变形，横向应力得以释放所致。

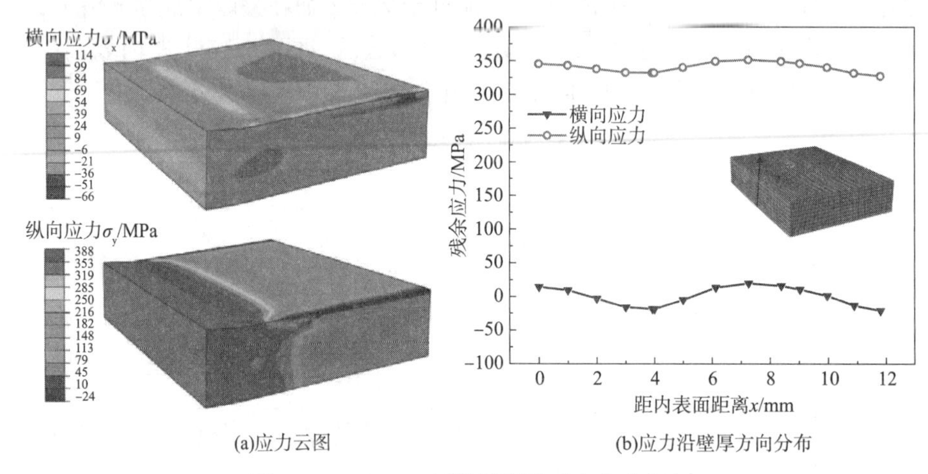

(a)应力云图　　(b)应力沿壁厚方向分布

图 2－10　10mm 厚薄板焊接残余应力分布

2. 20mm 厚平板

图 2－11(a)给出了 20mm 厚平板焊接残余应力云图。由于约束较小，试板发生了角变形。横向残余应力 σ_x 在上下表面为拉伸应力，在壁厚中部为压缩应力；纵向残余应力 σ_y 在焊缝处均为拉伸应力。取试板中间位置，沿壁厚方向的焊接残余应力进行分析，如图 2－11(b)所示。可以看出，σ_x 呈 V 形分布，拉应力峰值出现在上下表面，壁厚中间位置为压缩应力。σ_y 与 σ_x 分布相似，即最大值分布在上下表面，最小值分布在壁厚中心位置，但纵向焊接应力整体大于横向应力。

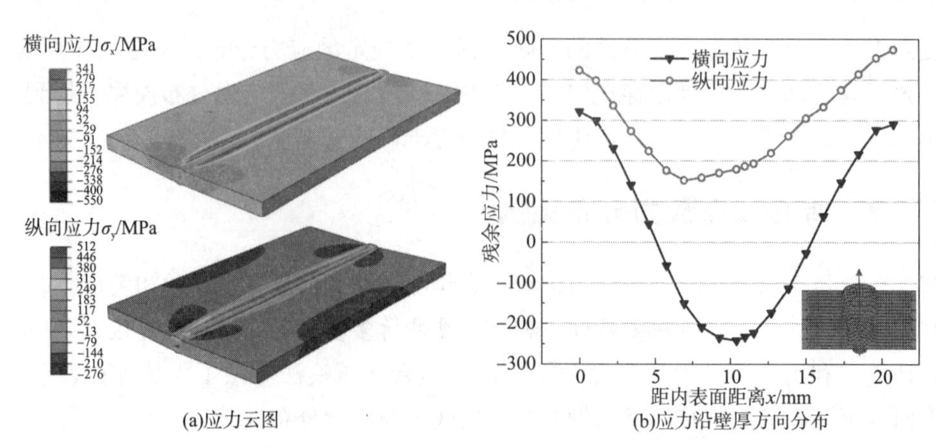

(a)应力云图　　(b)应力沿壁厚方向分布

图 2－11　20mm 厚试板焊接残余应力分布

3. 32mm 厚平板

图 2－12(b)给出了 32mm 厚平板对接焊缝的残余应力分布。采用轮廓法对模拟结果进行了验证。可以看出，轮廓法得到的纵向应力 σ_y 与模拟结果整体分布趋势一致，验证了有限元方法的准确性。σ_y 在焊缝处均为拉伸应力，应力峰值位于上下表面，最小值位于壁厚中心位置，由上表面至下表面先减小后增大。横向应力 σ_x 峰值同样位于上下表面，最小值位于壁厚中间位置，为压应力，其沿厚度方向的分布规律呈现抛物线状。

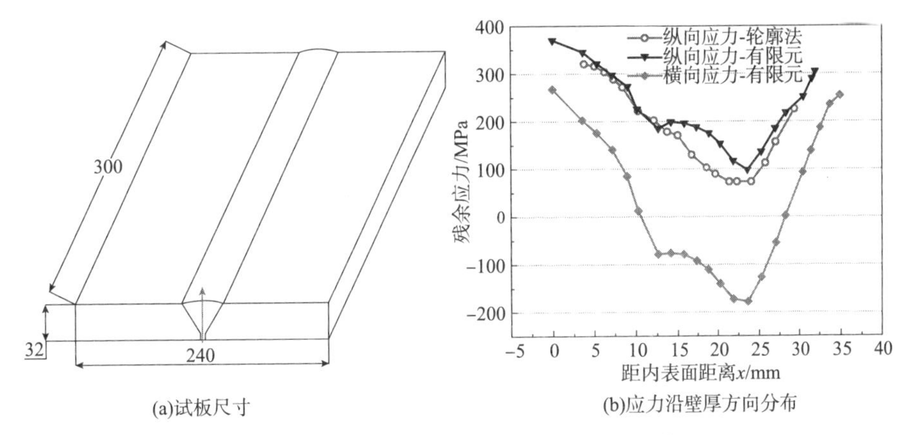

(a)试板尺寸　(b)应力沿壁厚方向分布

图 2－12　32mm 厚试板焊接残余应力分布

4. 80mm 厚平板

图 2－13 为 80mm 厚平板焊接模拟得到的残余应力云图，σ_y 代表纵向应力，σ_x 代表横向应力，σ_z 代表法向应力。可以看出，纵向应力在整个焊缝区域处于高水平应力状态，横向应力在上下表面较大，而法向应力在整个焊缝截面均很小，所以重点分析纵向和横向应力的分布。

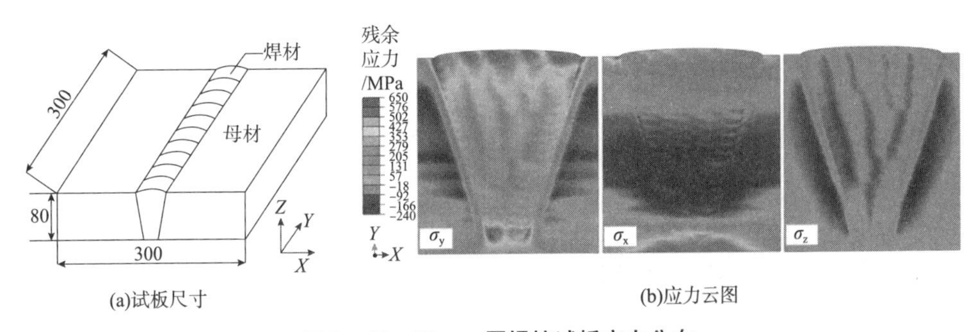

(a)试板尺寸　(b)应力云图

图 2－13　80mm 厚焊接试板应力分布

图 2－14 给出了焊缝处沿壁厚方向由下表面至上表面的应力分布曲线。可以看出，σ_y 和 σ_x 的有限元计算结果与中子衍射结果基本一致，验证了有限元分析的可靠性。σ_y 最大值位于上下表面，最小值位于壁厚中间位置，整体呈抛物线状分布。σ_x 同样近似抛物线分布，上下表面为拉应力，壁厚中间为压应力，然后逐渐上升，在上表面浅层产生了超过母材屈服强度的残余应力。σ_x 在内表面较大，这是由于每焊一层，产生一次角变形，在

根部多次拉伸塑性变形的积累造成应变硬化，使应力不断升高。严重时，甚至因塑性耗竭，导致焊缝根部开裂。

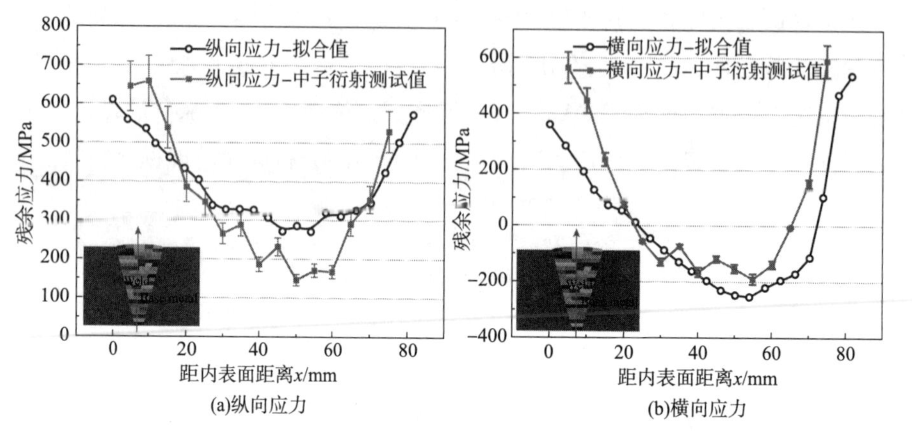

(a)纵向应力　(b)横向应力

图 2－14　80mm 厚试板焊接残余应力分布

5. 390mm 厚试板

390mm 厚、双 U 形坡口平板焊接残余应力云图如图 2－15(a)所示。横向应力 σ_x 和纵向应力 σ_y 的最大值均分布在上下表面，最小值位于壁厚中心坡口钝边位置。σ_x 和 σ_y 关于壁厚中心线对称分布。图 2－15(b)给出了焊缝处沿壁厚方向的残余应力分布。由图可知，σ_y 和 σ_x 分布趋势一致，最大峰值位于上下表面，中间位置应力较小。双 U 形坡口的应力关于壁厚中心线对称分布，这与 V 形坡口的非对称抛物线分布存在差异，但相似点是应力最大值均分布在上下表面，最小值位于壁厚中间部位。由于焊接过程中实施了两边配重、翻转交替施焊防变形措施，使得角变形较小，所以横向应力比 80mm 案例中的小。

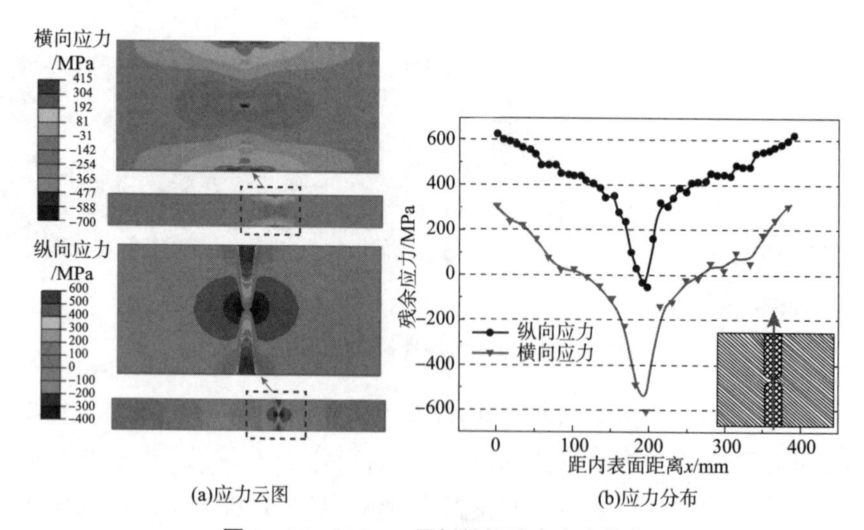

(a)应力云图　(b)应力分布

图 2－15　390mm 厚板焊接残余应力分布

6. 800mm 厚试板

图 2－16(a)为核电反应堆中旋转屏蔽塞厚板尺寸图，其厚度达 800mm，焊接坡口为非对称双 U 形窄间隙，图 2－16(b)为横向应力云图。横向应力 σ_x 在上下表面均存在较高应力，且下表面高应力区域大于上表面，这是由于上部 U 形坡口沉积了更多的焊道数量，促使下表面多次拉伸所致。最小应力位于双 U 形坡口钝边位置。

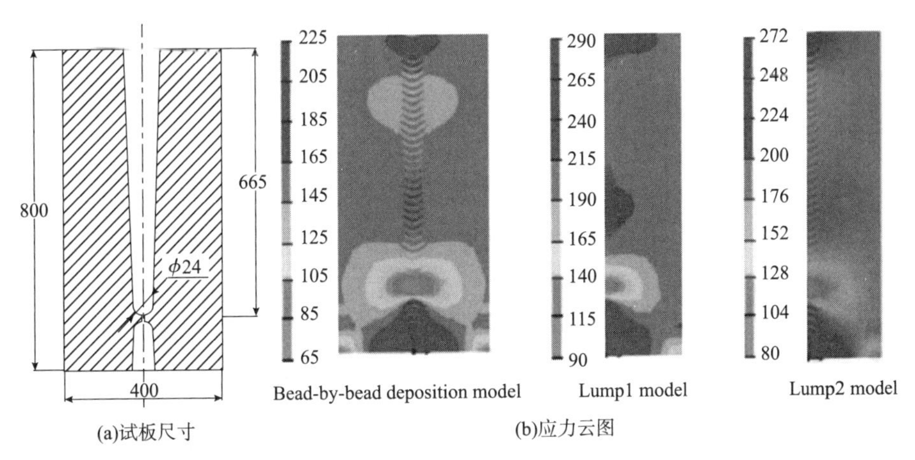

(a)试板尺寸 (b)应力云图

图 2－16 800mm 焊接钢板

图 2－17 为沿壁厚方向由上表面至下表面 σ_x 分布曲线，模拟结果与 X 射线衍射结果进行了对比。应力测试结果与模拟结果一致，验证了有限元模拟的可靠性。σ_x 在上部 U 形坡口的分布为：由上表面的高应力先减小，后增大，然后减小至钝边处的最小值。这与窄间隙坡口横向应力分布极为相似。在下部 U 形坡口的分布规律为：由钝边的最小值逐步增大到下表面附近的最大峰值。

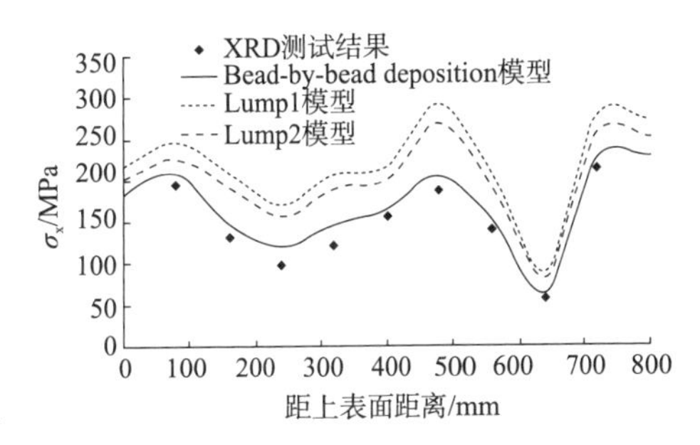

图 2－17 800mm 钢板焊接中心应力分布

7. 中、厚板焊接残余应力分布规律

图 2－18 给出了厚度 32mm、50mm、70mm、80mm、100mm、130mm、390mm、800mm 中、厚板沿焊缝中心的应力分布，其中 32～130mm 为 V 形坡口，390～800mm 为双 U 形坡口。图中应力大小根据材料的屈服强度 σ_s 进行归一化、横坐标根据板厚 δ 进行了归一化，可以发现，对于 V 形坡口中、厚板，在约束较小的条件下，板厚对残余应力分布规律的影响很小，不同厚度的焊接接头残余应力分布规律基本一致。对 32～130mm 厚板的焊接残余应力分布规律进行拟合(图 2－18 中黑粗线)，可发现应力分布趋势整体呈“V”形，最大值出现在靠近上下表面处，最小值在厚度中心区域。纵向残余应力 σ_y 从下表面的最大值($1.1\sigma_s$)降至 0.5δ 位置的最小值 $0.65\sigma_s$，随后逐渐增大至上表面的 $1.1\sigma_s$。σ_x 与 σ_y 分布相似，即沿厚度方向先减小后增大，但应力值小于环向应力。

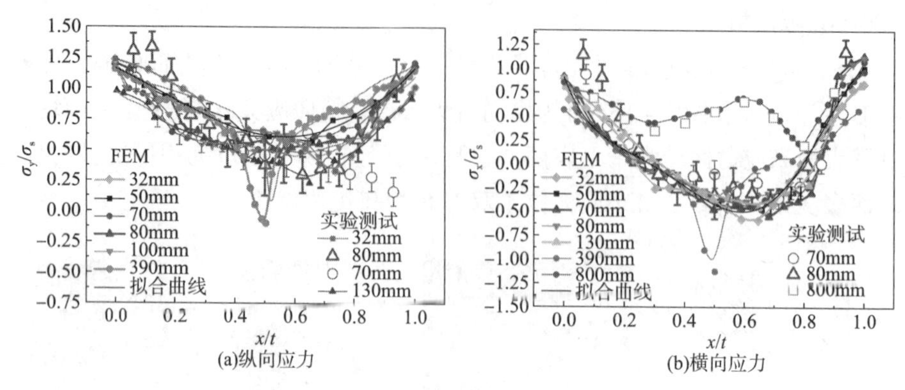

(a)纵向应力　(b)横向应力

图 2－18　不同厚度钢板焊接残余应力计算、测试结果

宏观焊接残余应力对厚板焊接构件的结构完整性会产生重要的影响。然而，厚板残余应力的测试和计算都存在较大难度，将限制实际的工程应用。BS 7910、R6 和 API 579 标准中给出的应力分布更适用于薄壁焊接评定，对于中、厚板，给出的应力分布相较于实际情况偏低。GB/T 19624和 SINTAP 给出的应力分布在评价壁厚内部的应力时过于保守。总结以上不同壁厚的应力分布，可以得到沿厚度方向的中、厚板焊接残余应力评估模型，如表 2－4 所示。利用表 2－4 中的公式，便可计算出中、厚板 V 形坡口焊接接头沿厚度方向任意位置处的残余应力大小。双 U 形坡口的应力分布比较复杂，且影响因素较多，利用表 2－4 的公式可评估双 U 形坡口上下表面的应力值。

表 2－4　V 形坡口应力分布公式

适用范围	V 形坡口、壁厚 $\delta \geqslant 20\text{mm}$
横向应力	纵向应力
$\sigma_x/\sigma_s=4.54\left(\frac{x}{\delta}-0.61\right)^2-0.5\quad(0\leqslant x\leqslant 0.61\delta)$ $\sigma_x/\sigma_s=13.14\left(\frac{x}{\delta}-0.61\right)^2-0.5\quad(0.61\delta\leqslant x\leqslant \delta)$	$\sigma_y/\sigma_s=2.01\left(\frac{x}{\delta}-0.61\right)^2+0.52\quad(0\leqslant x\leqslant 0.61\delta)$ $\sigma_y/\sigma_s=5.52\left(\frac{x}{\delta}-0.61\right)^2+0.52\quad(0.61\delta< x< 0.89\delta)$ $\sigma_y/\sigma_s=-40.44\left(\frac{x}{\delta}-0.93\right)^2+1.03\quad(0.89\delta\leqslant x\leqslant \delta)$

注：σ_x 为横向应力（MPa），σ_y 为纵向应力（MPa），σ_s 为屈服强度（MPa），x 为距内表面距离（mm），δ 为壁厚（mm）。

2.3.3　窄间隙坡口焊缝残余应力分布

窄间隙坡口是厚壁承压设备使用最为广泛的工艺之一，但关于窄间隙坡口焊接残余应力分布的研究很有限，国内外关于压力容器含缺陷安全评定标准中缺乏窄间隙焊接残余应力的规定。其中 BS 7910 明确规定了该标准不适用于窄间隙焊缝的安全评估，所以需要进一步研究窄间隙的应力分布，为安全评定标准提供数据支撑。

蒋文春教授团队以 12Cr2Mo1R 加氢反应器为研究对象，建立半径 r 为 2m，壁厚 δ 分别为 100mm、200mm、300mm、400mm 的四种有限元模型，用以研究窄间隙焊缝的焊接残余应力分布，应力计算云图如图 2－19 所示。四种壁厚模型的最大轴向焊接残余应力 σ_a 均位于外表面，约为 $0.7\sigma_s$，σ_a 最小值为压应力，位于内表面。同时可以看出，壁厚越大，内表面的轴向压应力区域越小。焊缝处的环向应力 σ_h 在内表面附近较小，在外表面附近较大，最大值分布在外表面浅层，其幅值大于 σ_s。

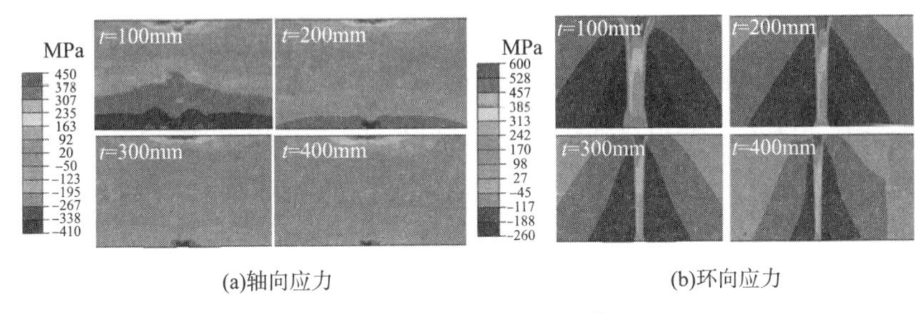

(a)轴向应力　　(b)环向应力

图 2－19　窄间隙焊应力计算云图

图 2－20 给出了沿壁厚方向由内表面向外表面焊缝处残余应力的分布。坐标值分别根据 σ_s 和 δ 进行了归一化处理。从图 2－20(a) 中可以看出，不同壁厚的环向应力 σ_h 分布基本一致，在 $(0\sim0.1)\delta$ 的范围内，由内表面的最小值迅速增大到 $0.75\sigma_s$，然后在 $(0.1\sim1)\delta$ 的范围内缓慢增大，在靠近外表面浅层位置略微降低。σ_h 最小值约为 0，最大值约为 $1.2\sigma_s$。不同壁厚的轴向应力 σ_a 分布同样非常相似。在 $(0\sim0.1)\delta$ 的范围内，σ_a 由压应力迅速上升至 0 左右，在 $(0.1\sim1)\delta$ 的范围内，σ_a 先减小后增大至外表面浅层的最大值。σ_a 的最大值约等于 $0.7\sigma_s$，位于 0.95δ 处。

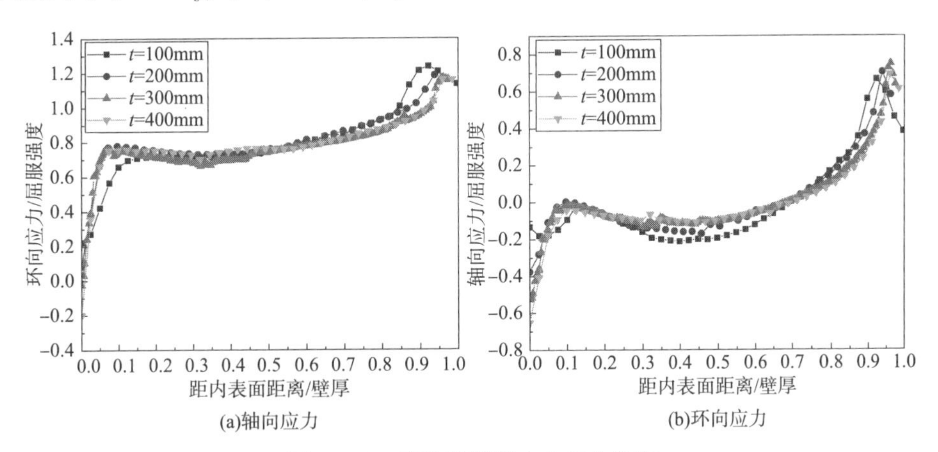

(a)轴向应力　　(b)环向应力

图 2－20　窄间隙焊缝中心应力分布

窄间隙坡口焊接残余应力与上述案例中 V 形坡口残余应力分布存在差异，原因在于窄间隙坡口尺寸较小，焊接时约束大，内表面焊道熔覆时生成的环向膜应力较小，同时壁厚较大，轴向弯曲挠度小，所以造成内壁应力较小。

根据以上应力分布，将应力进行线性化分解为薄膜应力、弯曲应力、自平衡应力，分别拟合以上应力成分，即可得出窄间隙坡口焊缝沿壁厚方向的残余应力分布公式。轴向应力为轴向弯曲应力 σ_a^b 与轴向自平衡应力 $\sigma_h^{s.e.}$ 之和；环向应力为环向弯曲应力 σ_h^b、环向自

平衡应力 $\sigma_h^{s.e.}$、环向薄膜应力 σ_h^m 之和。残余应力分布公式主要考虑了径厚比 r/δ、壁厚 δ、材料屈服强度 σ_s 的影响。

窄间隙焊缝壁厚方向轴向应力分布公式如下：

$$\sigma_a = \sigma_a^{s.e.} + \sigma_a^b \tag{2-2}$$

$$\begin{aligned}\sigma_a/\sigma_s = {} & [3.83\ln t - 0.12\ln(r/\delta) - 16.053]\zeta - 0.3\ln\delta + 0.06\ln(r/\delta) \\ & + 0.9823 + (\zeta/2n)\sin(2n\pi - \pi/2) \qquad (\zeta = 0 \sim 0.1)\end{aligned} \tag{2-3}$$

$$\begin{aligned}\sigma_a/\sigma_s - {} & 0.4021\zeta^4 + 1.4227\zeta^3 - 1.138\zeta^2 + [1.443 - 0.2\ln\delta - 0.12\ln(r/\delta)]\zeta + \\ & 0.1\ln\delta + 0.06\ln(r/\delta) - 0.757 + (\zeta/2n)\sin(2\pi\zeta - \pi/2) \qquad (\zeta = 0.1 \sim 1)\end{aligned} \tag{2-4}$$

环向应力：

$$\sigma_h = \sigma_h^m + \sigma_h^b + \sigma_h^{s.e.} \tag{2-5}$$

$$\begin{aligned}h = {} & -0.004\delta - 0.013(r/\delta) + (5.8147\times10^{-6})\delta^2 + (2.034\times10^{-4})(r/\delta)^2 - \\ & (1.327\times10^{-5})r + 1.23607\end{aligned} \tag{2-6}$$

$$\begin{aligned}\sigma_h/\sigma_s = {} & 0.0458\ln r + (h + 3.61\ln\delta + 1.236)\zeta - 0.5h - 0.361\ln\delta - 11.9 + \\ & (\zeta/2n)\sin(2\pi\zeta - \pi/2) \qquad (\zeta = 0 \sim 0.1)\end{aligned} \tag{2-7}$$

$$\begin{aligned}\sigma_h/\sigma_s = {} & 0.0458\ln r + 1.685\zeta^4 - 2.63\zeta^3 + 2.066\zeta^2 + (h + 0.04)\zeta - \\ & 0.5h + 0.06(\zeta/2n)\sin(2\pi\zeta - \pi/2) \qquad (\zeta = 0.1 \sim 1)\end{aligned} \tag{2-8}$$

式中：σ_a 为轴向应力；σ_h 为环向应力；σ_s 为母材或焊材的最大屈服强度；δ 为壁厚；r 为半径；$\zeta = x/\delta$，其中 x 为距内表面的距离。

1. 清根焊接对窄间隙焊残余应力分布的影响

对于质量要求较高的焊接接头，比如加氢反应器窄间隙焊，施焊完成后会在内表面焊根处进行清根，目的是清除根部缺陷(气孔、凹坑、杂质等)。通常在焊根处使用碳弧气刨、风动铲子、电动砂轮等方式，清理出深度为 10mm 左右的坡口，去除缺陷，然后对坡口封底焊，如图 2-21 所示。清根后的封底焊接，会改变原焊接残余应力的分布规律，尤其在内表面，使原低应力或压缩应力变为较高的拉伸应力。

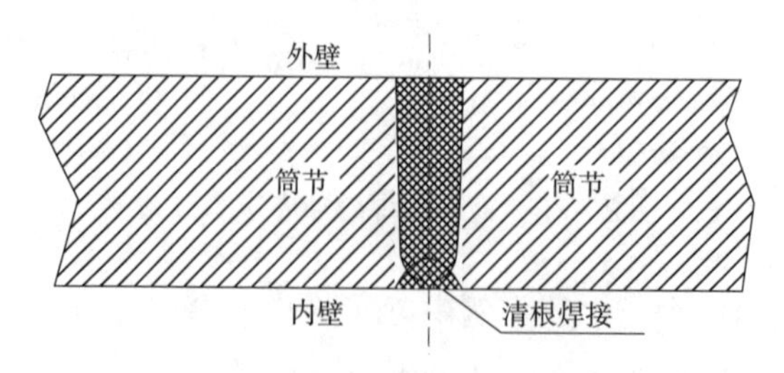

图 2-21　窄间隙焊内表面清根焊接

图 2-22 给出了以半径 r 为 2m，壁厚 δ 为 100mm、200mm 窄间隙坡口焊接模型清根焊接前后的应力分布云图。清根焊接对外表面附近应力分布影响较小，但改变了内表面应力分布规律。应力最小值所在位置由原来的内表面转移到了壁厚内部，其位置与清根深度

h 有关。清根深度、宽度越大，高应力区域面积越大，所以在保证焊接质量的前提下，应尽量减小清根区域。

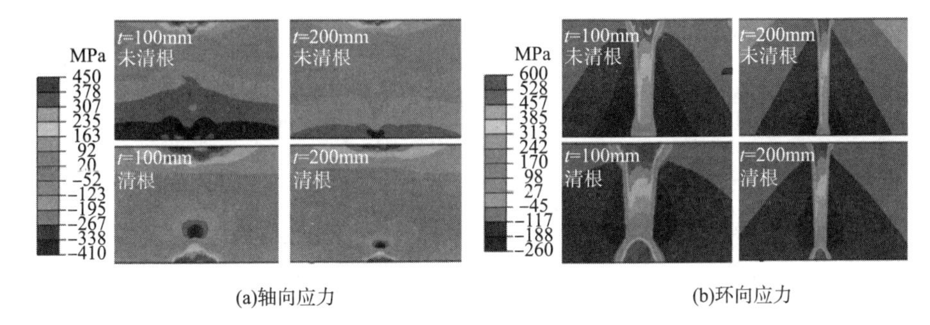

(a)轴向应力　　(b)环向应力

图 2－22　清根焊接前后应力云图

图 2－23 给出了清根前后焊缝处沿壁厚方向由内表面向外表面焊接残余应力分布，残余应力根据 σ_s 进行了归一化处理。可以看出，清根焊接的热输入使得 $0 \leqslant x \leqslant 50$mm 范围内 σ_a 和 σ_h 分布发生巨变，原应力沿壁厚方向逐渐增大，清根焊接后，σ_a 由内表面的 $0.7\sigma_s$ 迅速降低，在距离内表面 25mm 的位置降为 $-0.9\sigma_s$，然后逐渐上升；σ_h 与 σ_a 分布相似，即沿壁厚先减小后增大。$x \geqslant 50$mm 的范围内，残余应力分布基本无变化，说明清根焊接对应力影响范围有限。通过比较，100mm、200mm 模型在清根区域的应力分布基本一致，说明壁厚对应力重分布的影响很小，清根的热输入、深度 h 和宽度是影响应力大小和分布的关键因素。

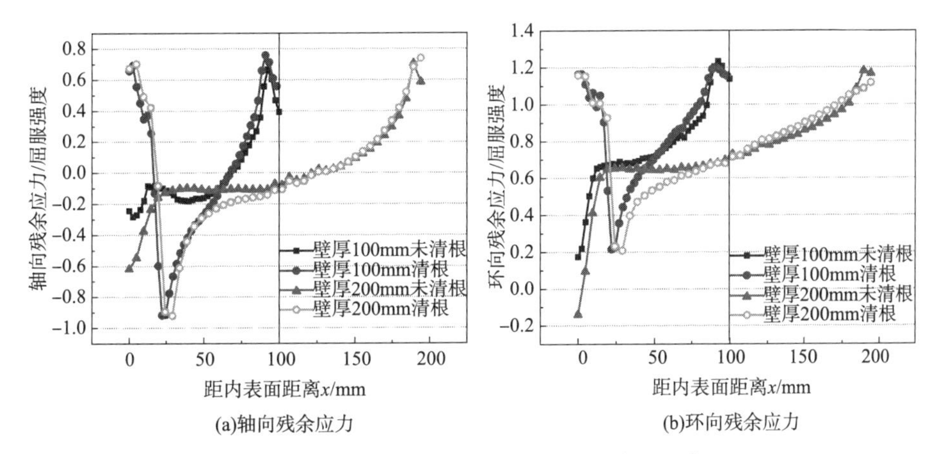

(a)轴向残余应力　　(b)环向残余应力

图 2－23　清根焊接前后沿壁厚方向应力分布

清根焊接后的残余应力可利用分段函数进行表达，在 $0 \leqslant x \leqslant (h+15)$mm 的范围内，$\sigma_h$ 与 σ_a 线性递减，可使用一次函数表达；在 $x \geqslant (h+15)$mm 范围内，可使用多项式进行表达。式(2－9)、式(2－10)给出了清根焊接后轴向应力沿壁厚的分布公式：

$$\sigma_a/\sigma_s = -1.6x/(h+15) + 0.7 \qquad 0 \leqslant x \leqslant (h+15) \tag{2-9}$$

$$\sigma_a/\sigma_s = -0.75 + 4.89\xi - 13.26\xi^2 + 14.73\xi^3 - 4.78\xi^4 \qquad x \geqslant (h+15) \tag{2-10}$$

式(2－11)、式(2－12)为清根焊接后环向应力沿壁厚的分布公式：

$$\sigma_h/\sigma_s = -0.9x/(h+15)+1.1 \quad 0\leqslant x\leqslant (h+15) \tag{2-11}$$

$$\sigma_h/\sigma_s = 0.21+3.18\xi-8.61\xi^2+11.17\xi^3-4.86\xi^4 \quad x\geqslant (h+15) \tag{2-12}$$

式中：σ_s 为材料屈服强度，$\xi=\dfrac{x-h-15}{\delta-h-15}$，$x$ 为距内表面的距离，h 为清根深度，δ 为壁厚。

2. 带有凸台的窄间隙坡口焊接残余应力分布

以上清根焊接是窄间隙焊去除焊根缺陷必须经历的工艺，尤其像加氢反应器等高压容器必须进行清根，但同时带来三个问题：一是清根加工难度大，耗费大量人力物力，降低生产效率；二是使用碳弧气刨会对焊缝造成渗碳，从而使材料脆性增高；三是清根后的封底焊接，会在内表面产生非常高的焊接残余应力，增大了裂纹和开裂倾向。针对以上问题，提出了一种带有凸台的窄间隙坡口结构(图 2－24)，在加氢反应器上得到广泛应用。加工筒体时，在两端预留一定尺寸的凸台，焊接结束后使用打磨机将凸台打磨去除，即可达到降低内表面焊接残余应力的效果。

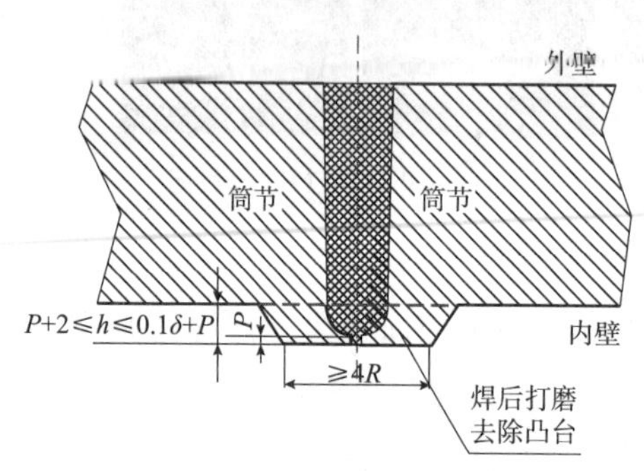

图 2－24　带有凸台的窄间隙坡口

注：R 表示坡口根部弧形半径，h 表示凸台高度，P 表示钝边深度，δ 表示壁厚，单位均为 mm。

图 2－25 给出了带有凸台和无凸台两种窄间隙坡口内表面残余应力对比。可以看出，带有凸台的结构明显优于没有凸台的结构。无凸台窄间隙坡口经清根后，内表面存在很高的残余应力，很容易发生应力腐蚀，威胁设备安全运行。采用有凸台的结构，打磨去除凸台后，内表面轴向应力在焊缝及热影响区平均降低 300MPa 左右，接近零应力，环向应力平均降低 200MPa 左右。内表面直接接触介质，降低内表面应力可以防止应力腐蚀开裂，对设备安全使用、延寿具有重要意义。同时，避免了碳弧气刨清根对焊缝造成渗碳，节约了劳动、时间成本，具有明显优势。

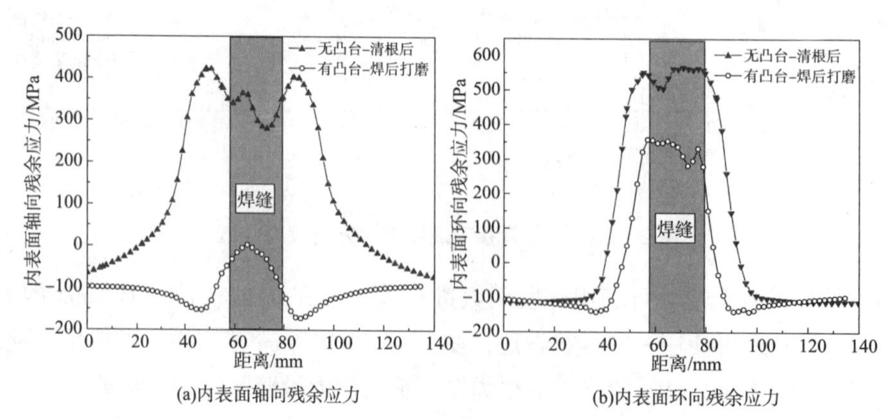

图 2－25　带凸台和无凸台窄间隙坡口内表面应力对比

3. 堆焊对窄间隙焊残余应力分布的影响

堆焊是金属晶内结合的一种熔化焊接方法，其来源于焊接，又有区别于焊接，有独特的技术特点。堆焊最大的优点是能在工件表面获得耐磨、耐热、耐蚀、抗氧化等所需性能的可控堆焊层，达到节约用材和延长产品使用寿命等目的，同时要求有较小的母材稀释率、较高的熔敷效率、适当的变形量和优良的堆焊层性能。堆焊分为两层，先堆焊过渡层，材料常用309L，再堆焊防腐层，材料常用316L。

堆焊的热输入会使得焊接残余应力重新分布，图2－26为堆焊后焊接残余应力分布云图，可以看出，经过内表面堆焊后，内壁的焊接残余应力发生巨大变化。堆焊前，焊缝周围的母材应力水平较小或为压应力，但堆焊后，内表面母材和堆焊层均存在较大的残余应力，其中轴向焊接残余应力为400MPa左右，环向残余应力为500MPa左右。

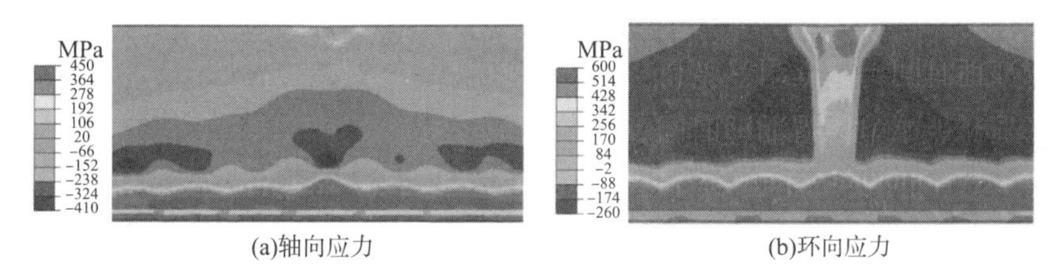

图2－26 堆焊后应力分布云图

为了更为清晰地定量分析堆焊对焊缝应力分布的影响，沿壁厚方向，选取焊缝位置的应力进行比较，如图2－27所示。可以看出，堆焊后，在距离内表面20mm的范围内，轴向和环向应力均大幅升高；轴向和环向应力在距离内表面30mm的位置降至最小值，然后逐渐增大，其分布趋势与原应力分布相似，但应力值略低。由于堆焊是在整个内表面都会存在，所以内表面区域均存在较大的焊接残余应力。因堆焊材料和基材力学性能的差异，尽管经过热处理，内壁堆焊层处的焊接残余应力仍难以消除。

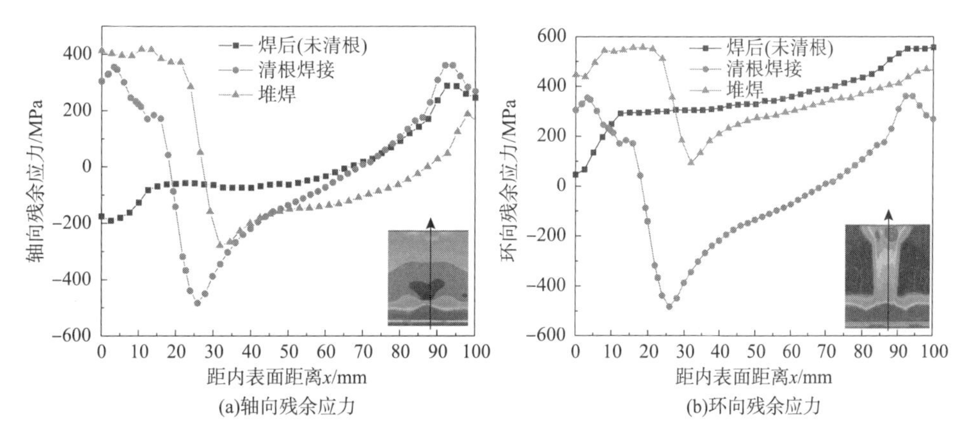

图2－27 堆焊对应力分布的影响

堆焊后的残余应力可利用分段函数进行表达，在$0 \leqslant x < 20$mm的范围内，σ_h与σ_a变化幅度较小，可使用定值表达；在$20 \leqslant x \leqslant 30$mm的范围内，$\sigma_h$与$\sigma_a$迅速下降，可使用一次函数表达表达。在$x > 30$mm的范围内，轴向残余应力约等于公式(2－4)计算出的结果减去110MPa、环向残余应力约等于公式(2－8)计算出的结果减去70MPa。

堆焊后轴向应力沿壁厚的分布公式为：

$$\sigma_a/\sigma_s = 0.78 \qquad 0 \leqslant x < 20\text{mm} \tag{2-13}$$

$$\sigma_a/\sigma_s = -0.15x + 3.75 \qquad 20 \leqslant x \leqslant 30\text{mm} \tag{2-14}$$

$$\sigma_a = \sigma_a^{2-4} - 110 \qquad x > 30\text{mm} \tag{2-15}$$

堆焊后环向应力沿壁厚的分布公式为：

$$\sigma_h/\sigma_s = 1.1 \qquad 0 \leqslant x < 20\text{mm} \tag{2-16}$$

$$\sigma_h/\sigma_s = -0.09x + 2.9 \qquad 20 \leqslant x \leqslant 30\text{mm} \tag{2-17}$$

$$\sigma_h = \sigma_h^{2-8} - 70 \qquad x > 30\text{mm} \tag{2-18}$$

式中：σ_s 为材料屈服强度，x 表示距内表面的距离，σ_a^{2-4} 为公式(2-4)计算出的结果，σ_a^{2-8} 为公式(2-8)计算出的结果。

以上公式是考虑堆焊层厚度为7mm计算得到的，由于承压设备堆焊层厚度一般为6～8mm，所以以上公式具有普适性。

参考文献

[1]郑津洋，董其伍，桑芝富．过程设备设计[M]．北京：化学工业出版社，2010.

[2]蒋文春，涂善东，孙光爱．焊接残余应力的中子衍射测试技术、计算与调控[M]．北京：科学出版社，2019.

[3]陈炜，陈学东，顾望平，等．加氢装置高温氢损伤机理与风险分析[J]．腐蚀与防护，2019，40(8)：4.

[4]宋延达，王雪峰，张小建，等．炼油装置连多硫酸应力腐蚀开裂及防护研究进展[J]．石油化工腐蚀与防护，2019，36(6)：6.

[5]许文．化工安全工程概论[M]．北京：化学工业出版社，2002.

[6]Chong Wang，Shengjun Huang，Shugen Xu. Optimization of girth welded joint in a high－ pressure hydrogen storage tank based on residual stress considerations[J]. International journal of hydrogen energy，2018，43(33)：16154－16168.

[7]Francis J A，Bhadeshia H K D H，Withers P J. Welding residual stresses in ferritic power plant steels[J]. Metal Science Journal，2007，23(9)：1009－1020.

[8]宋天民．焊接残余应力的产生与消除[M]．北京：中国石化出版社，2010.

[9]Bouchard P J. Validated residual stress profiles for fracture assessments of stainless steel pipe girth welds[J]. International Journal of Pressure Vessels & Piping，2007，84(4)：195－222.

[10]蒋文春，罗云，万娱，等．焊接残余应力计算、测试与调控的研究进展[J]．机械工程学报，2021，57(16)：306－328.

[11]国家市场监督管理总局，中国国家标准化管理委员会．在用含缺陷压力容器安全评定：GB/T 19624—2019[S]. 2019.

[12]Guide to methods for assessingthe acceptability of flaws inmetallic structures BS 7910—2013[S]. London：

British Standards Institution (BSi), 2013.

[13]Procedure R6 Revision 4: Assessment of the integrity of structures containing defects[S]. Gloucester: British Energy Generation Ltd, 2006.

[14]SINTAP: structural integrity assessment procedures for European industry[S]. Brussels, EC Contract BRPR – CT95 – 0024 Final Report, 1999.

[15]API Recommended Practice 579[S]. Washington: American Petroleum Institute, 2009.

[16]Jiang Wenchun, Woo Wanchuck, Wan Yu, et al. Evaluation of Through – Thickness Residual Stresses by Neutron Diffraction and Finite – Element Method in Thick Weld Plates[J]. Journal of Pressure Vessel Technology, 2017, 139(3).

[17]王艳飞，耿鲁阳，巩建鸣，等. EO反应器20MnMoNb特厚度管板拼焊残余应力与变形有限元模拟[J]. 焊接学报，2012，33(11)：4.

[18]Mitra A, Prasad N S, Ram G J. Estimation of residual stresses in an 800mm thick steel submerged arc weldment[J]. Journal of Materials Processing Technology, 2016, 229: 181 – 190.

第3章　传统单加热区域局部热处理

焊后热处理的主要目的是消除焊接残余应力，改善焊接接头的组织和性能，提高延性、韧性和耐腐蚀性。通常是将焊件均匀加热到金属的相变点 A_{C1} 以下足够高的温度，并保持一定时间，然后均匀冷却。当承压设备受直径、长度、热处理现场、热处理炉等条件的限制而无法进行整体热处理时，只能进行局部热处理。

3.1　单加热区局部热处理相关术语

单加热区局部热处理是指用单个加热区在焊接接头位置所进行的局部热处理，主要包括带状加热和点状加热。带状加热也叫环状加热，例如对筒体合拢焊缝进行局部热处理。点状加热也叫“牛眼式”加热，典型的应用是接管焊缝的局部热处理。GB/T 150.4—2011《压力容器　第4部分：制造、检验和验收》规定：B、C、D、E类焊接接头，球形封头与圆筒连接接头及缺陷焊补部位，允许采用局部热处理。嵌入式接管属于A类焊缝，不允许进行点状加热。美国ASME锅炉及压力容器规范第Ⅲ卷第Ⅰ册NE分卷规定：嵌入式接管允许点状加热，但是要通过数值模拟验证。国内外标准对单加热区定义了均温带宽度、加热带宽度及隔热带宽度，如图3－1所示。

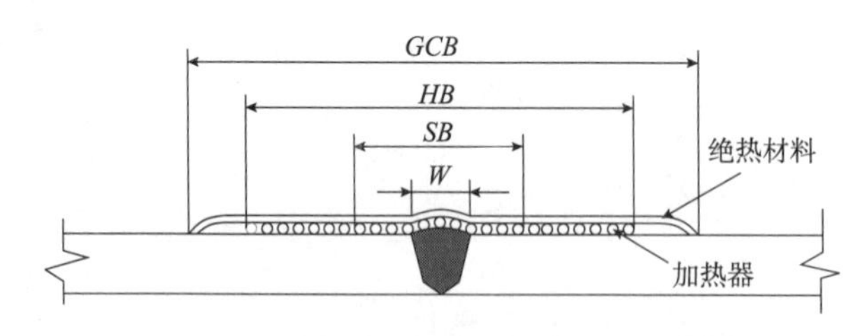

图3－1　单加热区局部焊后热处理示意图

W—焊缝最大宽度；*SB*—均温带宽度；*HB*—加热带宽度；*GCB*—隔热带宽度

3.1.1　均温带

均温带定义为在局部焊后热处理时焊件的温度必须加热到规定温度的区域，包括焊缝、热影响区和部分母材，均温带应确保达到热处理的最佳效果所需的温度。表3－1比较了不同制造标准对局部热处理均温带的相关规定。ASME第Ⅲ卷对均温区的尺寸是明确的，该规定可避免均温带的宽度随着厚度的增加而变得过宽的问题。

表3-1　局部焊后热处理均温带尺寸的比较

制造标准	均温带尺寸
ASME 第Ⅷ卷，第1册	壳体焊缝：焊缝最大宽度加上焊缝每侧壳体厚度的2倍 接管或其他焊接附件：接管或附件焊缝的两侧各为板厚的6倍 接管焊缝：焊缝中心线每侧为焊缝最大宽度的3倍。
ASME 第Ⅷ卷，第2册	壳体焊缝：焊缝最大宽度加上焊缝每侧壳体厚度的2倍 接管和外部焊接附件：接管或附件焊缝的两侧各为板厚的6倍 管或管口颈焊缝：焊缝两侧各为管或管口颈厚度的6倍
ASME 第Ⅲ卷，NB 分卷	在焊缝表面最大宽度的两侧加上焊缝厚度或2in，取较小者
BS 5500	焊缝和热影响区
AS 1210	焊缝和热影响区

沿厚度和轴向方向的温度均匀性是恢复焊接接头组织和性能的关键。从热传导理论来看，如果外表面的加热速率能够保持在加热过程中遵循准稳态热传导定律，则始终可以实现沿厚度方向的均温性分布。就热应力而言，无论内外表面之间的实际温差如何，沿厚度方向的温度分布不应在焊缝区域内产生任何显著的热应力。应该注意的是，除了准静态加热的要求之外，内表面对流和辐射条件决定了实际的内表面温度，热处理时应采取相应的保温措施。

ASME 第Ⅲ卷和第Ⅷ卷均没有定义在局部热处理期间有害的轴向温度梯度。BS 5500 和 AS 1210 规定了限制加热带边缘温度梯度的具体要求，即在距离保温带 $2.5\sqrt{Rt}$ 范围内，温度下降不超过峰值温度的一半，假设均温带温度为593℃，则加热带边缘允许的最低温度为288℃。

在德国热处理标准中，通过一个简化模型来估计加热带尺寸变化对诱发应力的影响，当加热带边缘的温度控制在均温带温度的一半（小至 $4\sqrt{Rt}$）时，可以有效地控制热处理过程中有害的应力。荷兰压力容器规范将温度下降限制在两个位置：加热带边缘距离的一半和加热带的边缘。其中，加热带边缘距离的一半处所需的最低温度为均温带温度的80%，而加热带的边缘处的温度为均温带温度的50%。这种要求为均匀的轴向温度梯度提供了更大的保证。建议至少控制局部热处理期间的轴向温度梯度，使得在加热、保温和冷却期间，离均热带边缘 $2\sqrt{Rt}$ 处的温度不低于均温带边缘温度的一半。如果考虑变形或残余应力的存在，可以指定更大的距离和多个位置来指定轴向温度梯度。

3.1.2　加热带

加热带是指局部焊后热处理时，为保证焊件获得规定的均温体积范围而实施加热的区域。为了确保厚度方向的温度均匀性，加热带须足够大。此外，如果存在较大的轴向和厚度方向的温度梯度，局部环状加热会在环向和轴向产生较大的热应力。局部热处理过程中产生较大的弯矩导致结构屈曲变形。最大热应力和诱导残余应力受加热带宽度、轴向温度分布和整个厚度方向温度梯度的影响。对于容器或管道的局部焊后热处理，目前国际上多个标准和规范都提供了相应的指导意见和规定，比如 ASME Ⅷ—2013，PD 5500：2015、EN 13445－4：2009 以及 GB/T 150.4—2011。目前国际主流标准和规范对压力容器和管道局部热处理中加热带宽度的规定并不一致。ASME Ⅷ—2013 和 GB/T 150.4—2011 对有效加热宽度的设置提供了建议，认为有效加热宽度为焊缝边界两侧各加上 1 倍的筒体壁厚或 50mm，但并未提供加热带宽度的计算方法。ASME Ⅷ—2013 还指出局部热处理过程中要注意避免有害的轴向温度梯度，但并未对何为"有害的轴向温度梯度"以及如何避免作进一步说明。为降低残余应力，英国压力容器标准 BS 5500：2015 和欧盟 EN 13445－4：2009 建议加热带宽度不应小于 $5\sqrt{Rt}$，WRC 452 建议加热带宽度为 $5t+4\sqrt{Rt}$。

为了解局部热处理中加热带宽度对超大厚壁筒体对接焊缝消除残余应力的影响，以焊缝为中心对称布置单侧加热，如图 3－2 所示，分别设置加热带宽度为 100～3000mm 共 13 种方案对其局部热处理效果进行有限元分析。

图 3－3 表明了有限元模拟得到的不同宽度加热带热处理后焊缝内外表面最大轴向和环向应力，图中加热带宽度为零表示焊后状态。从图 3－3 中可以看到，内外壁面上的轴向和环向应力最大值并不随着加热带宽度的增加而单调变化。外壁面的轴向和环向应力最大值都表现出随加热带宽度的增加，先下降后上升的变化趋势，轴向应力在加热带宽度为 500mm（接近 $0.8\sqrt{Rt}$）时达到最低，环向应力在 1400mm（接近 $2.3\sqrt{Rt}$）时达到最低，然后逐渐增加。而内壁面的轴向和环向应力最大值则表现出随加热带宽度的增加，先上升后下降的趋势，分别在 200mm（接近 $0.4\sqrt{Rt}$）和 500mm（接近 $0.8\sqrt{Rt}$）处到达最高点，然后逐步下降。内外壁面轴向应力的变化趋势刚好相反，两条曲线关于 0 应力线近似对称，且都在 500mm 处取得各自极值。

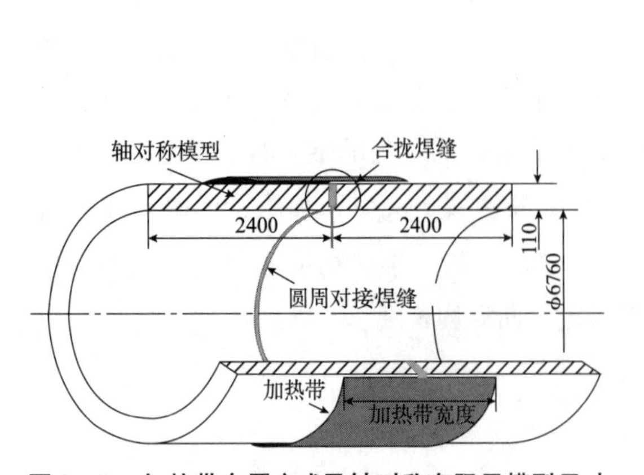

图 3－2　加热带布置方式及轴对称有限元模型尺寸

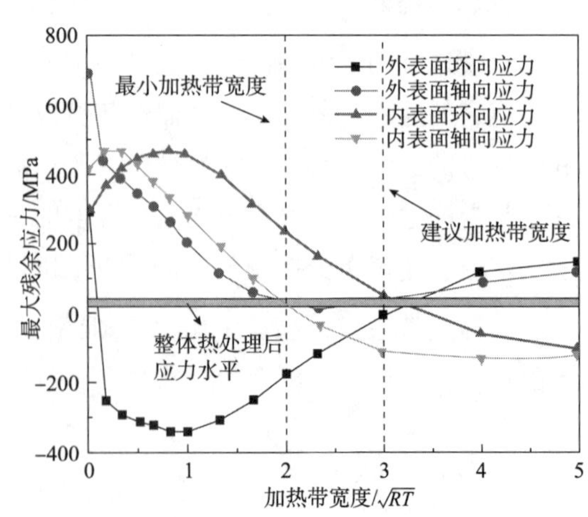

图 3－3　局部热处理加热带宽度的确定

从降低内壁残余应力水平以降低设备应力腐蚀开裂风险的角度考虑，建议加热带的宽度不应低于 $2\sqrt{Rt}$（在本例中约为 1200mm），否则局部热处理后的内壁轴向应力不但没有下降，反而会比热处理前有所提高。然而，虽然随着加热带宽度的增加，内壁的轴向和环向应力会进一步降低，但也要注意到此时外壁面的应力将会同时增加。当加热带宽度为 $3\sqrt{Rt}$ 时，内外壁面的环向应力都接近于各自的最小值，而轴向应力则降低到接近于零。更重要的是，此时内外壁面的各项应力水平均低于或接近于整体热处理后的状态。以整体热处理效果为参照，取加热带最佳宽度为 $3\sqrt{Rt}$ 对于超大厚壁筒体是合适的。

加热宽度为 $3\sqrt{Rt}$ 是消除残余应力的最小加热宽度。国外方法建立在深入研究加热带宽度对残余应力消除效果的影响规律基础上。对超大承压设备，壁厚和直径超大，采用上述方法加热带宽度过大，热处理过程变形容易超标。同时，当采用电加热时需要的电功率过大，现场无法实施。加热带尺寸的确定原则：首先要明确热处理的目的，当热处理的目的仅仅是用来改善接头组织和恢复接头性能时，所需要的加热带宽度满足均温区即可；当热处理的目的是用来降低残余应力时，确保加热带足够宽才能将残余应力降至最低。

3.1.3 隔热带

隔热带是指局部焊后热处理时，为防止焊件均温范围和加热范围散热而在其表面铺设绝热材料的区域。包括均温带、加热带和相邻的母材，以避免过大的轴向温度梯度。顾名思义，隔热带是用来控制轴向温度梯度的。隔热带通常有两个功能：将加热带的热损失降至最低，并有助于控制轴向温度梯度。隔热层的特性(厚度和热性能)直接影响热源的功率要求。隔热区域的大小直接影响轴向温度梯度。ASME 未提供任何关于隔热带尺寸的指导。BS 5500 和 AS 1210 推荐以焊缝为中心，宽度为 $10\sqrt{Rt}$ 作为局部热处理隔热带。通常，推荐局部热处理隔热带的尺寸为加热带的 2～3 倍。基于之前建议最小加热带宽度为均温带两侧各加 $2\sqrt{Rt}$，建议局部热处理最小梯度带控制在加热带两侧各加 $2\sqrt{Rt}$，这导致总的隔热带宽为 $8\sqrt{Rt}$ 以上。还需要注意的是，如果容器壁厚发生变化，或者梯度控制带内存在附件，则可能需要使用补充热源(辅助加热)。

不同制造标准局部焊后热处理隔热带要求的比较如表 3－2 所示。

表 3－2 局部焊后热处理隔热带要求的比较

制造标准	隔热带控制要求
ASME 第Ⅷ卷，第 1 册和第 2 册	保护容器环向带外的部分，使温度梯度无害
ASME 第Ⅲ卷，NB 分册	工件的温度从隔热带边缘逐渐降低，以避免有害的热梯度
BS 5500	加热带边缘的温度不小于峰值温度的一半。此外，加热区外容器的相邻部分应布置隔热保温，以不产生有害的温度梯度
AS 1210	轴向温度梯度应使筒体在焊缝两侧各距离不小于 $2.5\sqrt{Rt}$ 的温度不小于热处理温度的一半

3.2 局部热处理的工艺参数

热处理效果的保证也取决于与热处理相关的热循环工艺参数，主要包括升温速率、保温温度和保温时间以及冷却速率。ASME 第Ⅲ卷和第Ⅷ卷要求碳钢和低合金钢热处理温度在427℃以上时需控制升降温速率，而 BS 5500 和 AS 1210 要求热处理温度在400℃以上时需控制升降温速率。焊后热处理过程中升降温速率的规定，主要目的是限制不均匀膨胀或收缩产生的应力。热处理焊件的温度梯度会导致应力的产生，如果采用单侧加热，整个厚度方向就会出现温度梯度。对于给定的热量输入，温度梯度随着厚度的增加而增大。尽管缓慢的加热或冷却速率无法完全消除该梯度，但降低速率在一定程度上会降低温差和温差应力。增大加热带的尺寸可以减小焊缝附近沿厚度方向的梯度。如条件允许，应在与加热面相反的表面上布置隔热材料，以减小沿厚度方向的温度梯度。焊后热处理(应力松弛、回火和消氢)效果取决于时间和温度。其中，温度是更重要的变量，除非规范要求限制温度的选择，否则最好选择在合理的短时间内产生预期效果的温度，这有助于限制结果的可变性，而不是在较低的温度下选择较长的时间。虽然时间会有一定影响，但预热/层间加热(驱除水分、减缓冷却速率和增加氢气扩散率)的效果还是主要取决于温度。

与焊后热处理相关的应力松弛和回火的时间－温度依赖性可以用碳钢和低合金钢的一个参数来表示。Holloman－Jaffe 或 Larson－Miller 参数(分别为 H_p 或 LMP)通常用于表示回火或蠕变松弛残余应力保温期的时间－温度关系。该参数用式(3－1)描述，为在保温期建立等效的热处理时间－温度组合提供了一种方便的方法。

$$H_p \text{ or } LMP = T(C + \log t) \times 10^{-3} \tag{3-1}$$

式中：T 为保温温度(K 或℃)；t 为保温时间(h)；C 为常数，对于碳钢和低合金钢约为20。

3.2.1 加热速率

焊后热处理过程中的加热速率会影响内外表面的温差。在有外部热源的情况下，径向温度梯度的存在会产生环向应力，外表面处于压缩状态，内表面处于拉伸状态。加热过程中外表面膨胀，但受到下面较冷材料的限制。应力与内外表面的温差成正比，随着升温速率的增大，温差增大。但是由于相关残余应力在保温期间会松弛，如果出现可接受的变形或无开裂，则可以容许较高的加热速率。表3－3比较了 ASME 第Ⅲ卷和第Ⅷ卷、BS 5500 和 AS 1210 焊后热处理期间的最大允许加热速率和冷却速率。在规范要求不限制加热速率的情况下，如果经验或分析表明产生可接受的变形或残余应力水平结果，则可以考虑比这些速率更快的速率。

表3-3　焊后热处理期间最大加热速率和冷却速率的比较

制造标准	最大加热速率	最大冷却速率
ASME 第Ⅲ卷，NB 分册	温度大于427℃时，加热速率为222.2℃/h除以厚度（mm）；最小加热速率为55.6℃/h；最大加热速率为222.2℃/h	温度大于427℃时，冷却速率为222.2℃/h除以厚度（mm）；最小冷却速率为55.6℃/h；最大冷却速率为222.2℃/h
ASME 第Ⅷ卷，第1册和第2册	温度大于427℃时，加热速率为222.2℃/h除以厚度（mm）；最小加热速率为55.6℃/h；最大加热速率为222.2℃/h	温度大于427℃时，冷却速率为277.8℃/h除以厚度（mm）；最小冷却速率为55.6℃/h；最大冷却速率为222.2℃/h
BS 5500	根据容器的复杂性、材料和厚度，温度大于300℃时，加热速率可以在6000℃/h除以厚度（mm）到200℃/h之间变化	根据容器的复杂性、材料和厚度，温度大于300℃以上，冷却速率可以在6000℃/h除以厚度（mm）到200℃/h之间变化
AS 1210	根据材料和厚度，温度大于400℃时，加热速率可以在5000℃/h除以厚度（mm）到200℃/h之间变化	根据材料和厚度，温度大于400℃时，冷却速率可以在6250℃/h除以厚度（mm）到250℃/h之间变化

大型厚壁压力容器的最大加热速率可能远小于适用规范允许的最大加热速率。此外，还应考虑先前讨论的焊后热处理循环加热部分对应力松弛和回火的影响。因此，虽然可能需要缓慢的加热速率，但是如果考虑到焊后热处理循环的加热部分的影响，这种缓慢的速率可能会增加焊后热处理时间、成本和性能退化的可能性。

3.2.2　保温温度和保温时间

焊后热处理保温温度和保温时间取决于工件的材料类型和厚度。对于某些材料类型，BS 5500和AS 1210提供了不同的温度范围，用于优化蠕变性能和回火软化。保温时间随厚度改变适用于退火和焊后热处理，这是因为厚度决定了温度的扩散路径。焊后热处理（回火和应力松弛）的预期效果是时间和温度的函数，其中，温度优先级高于时间。对于焊后热处理，保温时间与厚度的关系主要与确保整个厚度达到所需的最低温度有关。虽然人们认识到厚度和整体结构可能由于约束效应而影响应力松弛，但将焊后热处理保温时间与厚度关联的主要考虑因素是确保通过壁厚达到最低温度。

ASME第Ⅲ卷和第Ⅷ卷将焊后热处理时间视为与厚度相关的阶跃函数。对于厚度超过2in（50.8mm）的工件，保温时间为2h加上超过2in（50.8mm）部分的每英寸的1/4h。BS 5500和AS 1210规定了单位厚度时间的线性函数。在适当选择温度的情况下，一旦所有要求的材料达到最低温度，就有可能使用比目前规定的更短的保温时间。当考虑热循环的加热部分的影响时，同样可以采用较短的保温时间。

对于某些材料，延长焊后热处理时间可以降低拉伸强度和屈服强度，增加夏比冲击转变温度。AS 1210通过对总时间设置最大限制来解决这一问题。ASME第Ⅲ卷和第Ⅷ卷要求对试样进行热处理，使其在温度下的总时间为产品所有实际热处理期间在温度下总时间的80%。在确定总预期时间时，制造商会考虑通常与制造相关的时间、制造过程中的维修以及使用后的维修余量。除了总时间外，可能还需要考虑不同温度下的多次焊后热处理循环。在制造和返修过程中可能会导致保温时间过长。因此，在这些情况下，使用较短保温时间的理由是可取的。

ASME 第Ⅲ卷和第Ⅷ卷允许某些材料的在较低温度下进行较长时间的焊后热处理，而 BS 5500 和 AS 1210 仅允许在买方同意的情况下进行。根据 Larson – Miller 关系，所允许的较低温度和较长的时间并不是相等的。在低温下长时间实验的适宜性应始终根据目标和使用环境进行评估。

3.2.3　冷却速率

加热过程中产生的热应力在保温过程中可能会松弛，而在冷却过程中产生的应力往往会保持不变。因此，人们通常更关注冷却速率的影响。冷却速率还可能影响机械性能，例如硬度和延展性。对于亚临界焊后热处理，由于等效保温时间的影响，冷却速度会影响最终硬度。在某些情况下，由于希望降低硬度，规定了较慢的冷却速率。由于这种影响是基于保温时间的等效性，因此更理想和可控的方法是简单地增加保温时间。对于某些材料，例如铁素体不锈钢，较慢的冷却速度可能造成其在导致脆化的温度范围内的暴露时间更长，从而降低了韧性。由于在较高温度下自然冷却速率是最高的，因此有必要在冷却的早期阶段继续加热，以免超过规定的冷却速率。在温度低于需要控制的温度之前，通常不会拆除隔热层。

表 3 – 3 比较了 ASME 第Ⅲ卷和第Ⅷ卷、BS 5500 和 AS 1210 节焊后热处理期间的最大允许冷却速率。在规范要求不限制冷却速率的情况下，如果经验或分析表明产生可接受的变形或残余应力水平结果，则可以考虑比这些速度更快的速度。然而，大型厚壁压力容器的最大可能冷却速率可能会比适用规范所允许的最大冷却速率低很多。

3.3　热处理过程应力演变规律

3.3.1　整体热处理

为了说明整体热处理过程中的应力分布规律，以某高压锁紧换热器筒体为研究对象，筒体直径为 1213mm、壁厚为 90mm，材质为 12Cr2Mo1R，采用 V 形坡口焊接。热处理过程模拟采用 Norton – Bailey 方程考虑蠕变的影响。图 3 – 4 给出了整体热处理前后轴向和环向应力云图。热处理前，轴向和环向应力最大值分别为 424.8MPa、534.3MPa，均出现在焊缝外表面。热处理后，轴向和环向应力最大值降至 10MPa 左右，沿壁厚方向分布均匀。

为分析整体热处理过程应力演变规律，图 3 – 5 给出了整体热处理过程应力随时间的变化。当不考虑蠕变作用时，残余应力降幅很小，热处理后轴向应力降低 32MPa，降幅为 7.1%；环向应力降低 43MPa，降幅为 8.3%。考虑蠕变，焊缝轴向和环向应力均得到充分

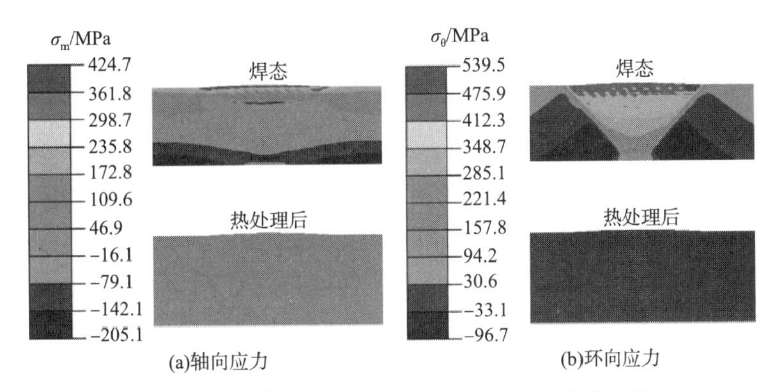

(a)轴向应力　　(b)环向应力

图3－4　整体热处理前后轴向和环向应力分布云图

释放，可见蠕变对残余应力的调控起到关键作用。在热处理过程中，焊接残余应力的释放主要发生在升温阶段，当热处理温度低于450℃时，材料的屈服强度和弹性模量随着温度的升高而降低，导致残余应力少量释放，约为20%；当热处理温度到达蠕变温度450℃时，发生蠕变，使残余应力在短时间内迅速释放，当温度超过一定值后，蠕变的作用不明显。在保温阶段，温度较高，但应力水平较低，蠕变基本不再发挥作用，残余应力变化不明显。在冷却阶段，应力不再发生明显变化，最终沿壁厚方向趋于一致(图3－6)，整体应力最大值在10MPa左右。可见，整体热处理可以明显降低焊接残余应力。

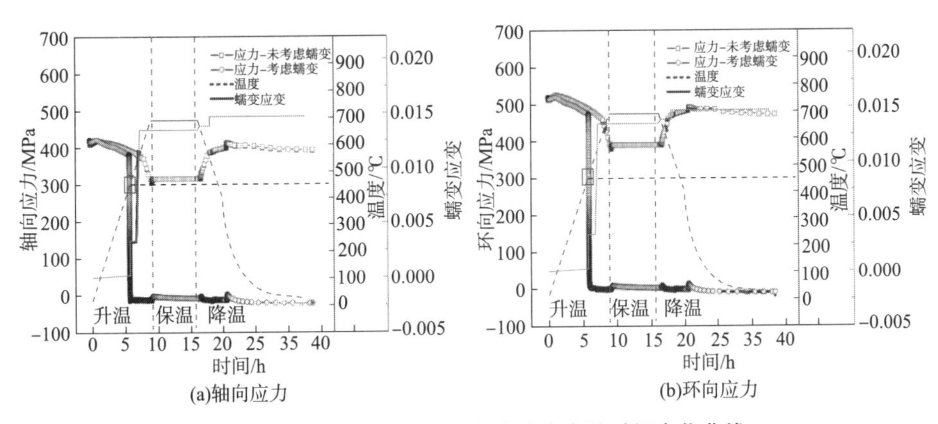

(a)轴向应力　　(b)环向应力

图3－5　整体热处理过程中外壁应力随时间变化曲线

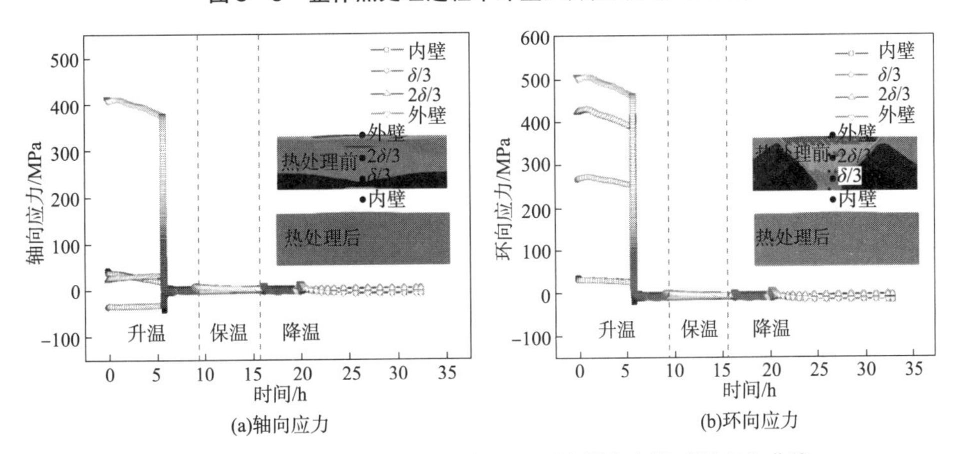

(a)轴向应力　　(b)环向应力

图3－6　整体热处理过程厚度方向不同位置应力随时间变化曲线

3.3.2 局部热处理

采用上述模型研究局部热处理过程应力演变规律，局部热处理温度为690℃，加热带宽度为500mm。图3－7给出了热处理前后轴向应力和环向应力分布云图。不同于整体热处理，局部热处理后，内壁残余应力没有降低，反而增加，轴向应力和环向应力在内壁附近存在较大的拉应力区，轴向拉应力最大值为260.5MPa，环向拉应力最大值为145.4MPa。

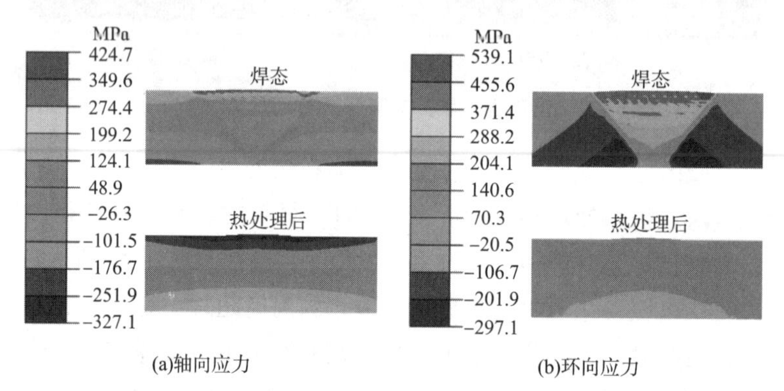

图3－7　局部热处理前后轴向和环向应力分布云图

图3－8给出了局部热处理过程应力随时间变化曲线。局部热处理升温和降温阶段残余应力演变规律与整体热处理差别较大。当不考虑蠕变时，升温阶段，由于膨胀变形，轴向应力先升至492MPa，然后降低至433MPa左右；环向应力由534MPa持续降低至287.3MPa。在保温阶段，轴向和环向应力基本没有变化。在降温阶段，应力呈持续下降趋势，到达室温后，轴向应力降至－65.3MPa，降幅为115.4%；环向应力降至201.4MPa，降幅为59.1%。考虑蠕变时，在热处理升温阶段，当温度低于蠕变温度450℃时，由于加热膨胀，轴向应力在局部拘束的影响下上升，增幅为19.8%；环向应力受材料软化的影响使残余应力少量释放，约为21.5%；当温度达到蠕变温度450℃时，应力在短时间内充分释放，后续残余应力基本不发生变化。在保温阶段，由于应力较低，蠕变不再增加。在降温阶段，局部热处理呈现出与整体热处理完全不同的变化趋势，焊缝外壁应力持续降低，

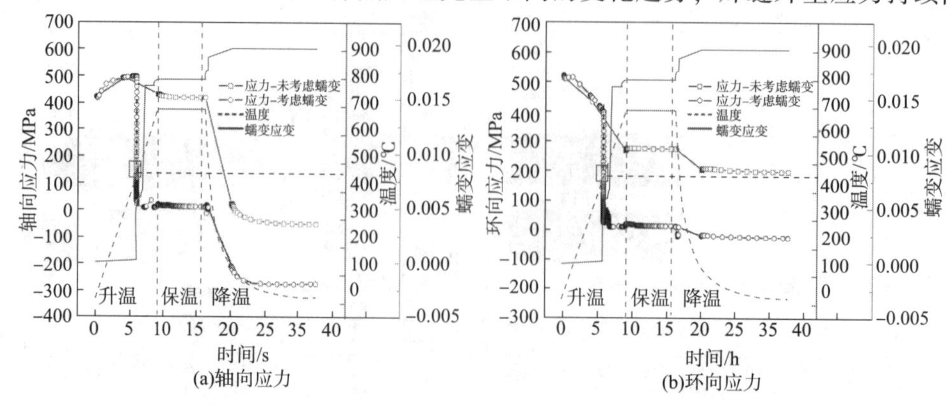

图3－8　局部热处理过程中外壁应力随时间变化曲线

其中轴向应力降幅明显，在冷却至室温后呈现 -270MPa 左右的压应力；内壁应力持续升高，最终轴向应力增加至 260.5MPa，相比焊态增加 216.5MPa，增幅为 83.1%；环向应力增加至 145.1MPa，相比焊态增加 98.6MPa，增幅为 67.9%（图 3-9）。主要原因是在降温阶段，焊缝收缩，由于端部的拘束作用，使内表面受拉，外表面受压，导致内壁残余应力不但没有降低，反而增加，即在降温阶段，由于拘束的影响，产生了新的二次应力。因此，需要研发新的局部热处理方法来解决这一难题。

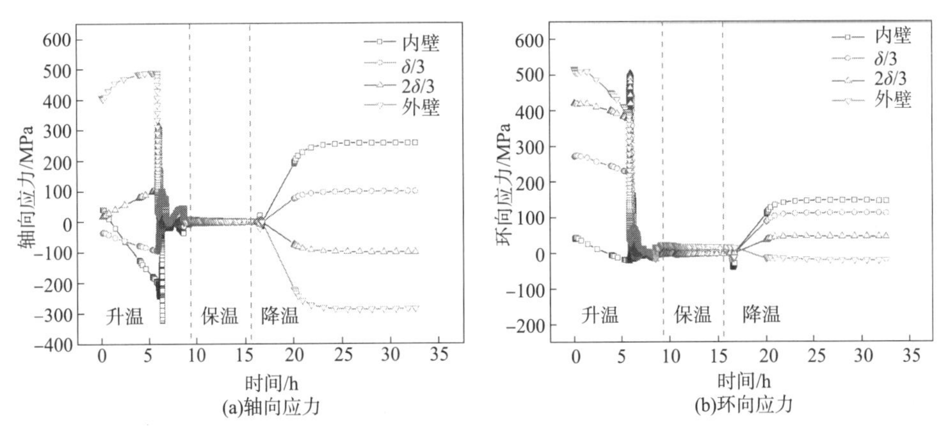

图 3-9 局部热处理过程厚度方向不同位置应力随时间变化曲线

参考文献

[1] Qiang Jin, Wenchun Jiang, Wenbin Gu, et al. A primary plus secondary local PWHT method for mitigating weld residual stresses in pressure vessels[J]. International Journal of Pressure Vessels and Piping, 2021, 192: 104431.

[2] Qiang Jin, Wenchun Jiang, Chengcai Wang, et al. A rigid - flexible coordinated method to control weld residual stress and deformation during local PWHT for ultra - large pressure vessels. International Journal of Pressure Vessels and Piping. 2021, 191: 104323.

[3] Luyang Geng, Shan - Tung Tu, Jianming Gong, et al. On Residual Stress and Relief for an Ultra - Thick Cylinder Weld Joint Based on Mixed Hardening Model: Numerical and Experimental Studies[J]. Journal of Pressure Vessel Technology, 2018, 140: 041405.

[4] Joseph W. McEnerney, Pingsha Dong. Recommended Practices for Local Heating of Welds in Pressure Vessels, Welding Research Council, WRC Bulletin No, NY, 2000, vol. 452.

[5] 董永志，晏桂珍. ASME MC 级部件焊后热处理[J]. 电焊机. 2017, 47(3): 60-63.

[6] 中华人民共和国国家质量监督检验检疫总局，中国国家标准化管理委员会. 承压设备焊后热处理规程：GB/T 30583—2014[S]. 北京：中国标准出版社，2011.

[7] 中关村材料试验技术联盟. 承压设备局部焊后热处理规程：T/CSTM 00546—2021[S]. 2021.

[8] ASME. Boiler & Pressure Vessel Code Section Ⅲ, Rules for Construction of Nuclear Facility Components, Division 1, Subsection NE. Class MC Components[S]. New York: ASME, 2015.

[9] 全国锅炉压力容器标准化技术委员会. 压力容器 第4部分：制造、检验和验收：GB 150.4—2011[S]. 北京：中国标准出版社，2012.

[10] Procedure for the heat treatment after welding, FDBR 18, January 1984. (In German)

第4章　主副加热分布式热源局部热处理

4.1　主副加热局部焊后热处理方法及原理

采用传统的局部热处理方案，有时并不能有效消除焊接残余应力，反而加剧了应力腐蚀开裂、疲劳裂纹萌生等风险。这主要是因为整体热处理的消应力机理并不适用于局部热处理。当采用传统局部热处理时，加热区受热时筒体向外膨胀，焊缝附近应力状态表现为外拉内压。在降温阶段，焊缝开始收缩，受到端部拘束作用，应力分布表现为外压内拉，出现“收腰”变形，从而导致局部热处理无法有效消除内壁残余应力，如图4－1所示。在腐蚀环境中，内壁拉应力与腐蚀介质相互作用极易引发应力腐蚀开裂。本章针对现有的传统局部热处理方法无法有效调控大型承压设备内壁残余应力的问题，提出了主副加热分布式热源局部热处理方法。

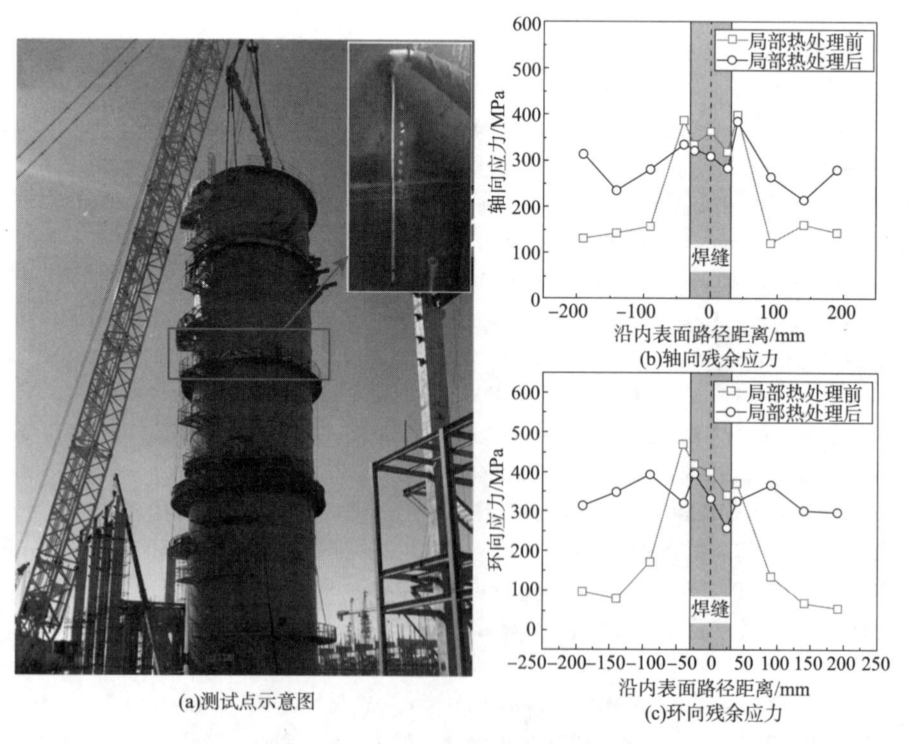

(a)测试点示意图　(b)轴向残余应力　(c)环向残余应力

图4－1　超大常压塔残余应力测试

4.1.1 方法介绍

将主加热区作用在焊接接头外表面，调控焊接接头微观组织、硬度和部分残余应力，使得焊接接头组织均匀，实现微观残余应力调控；将副加热区施加在距离焊接接头一定距离的壳体外表面，通过改变副加热区的保温温度、主副加热区之间的间距、加热顺序，调控焊接接头内、外表面热处理过程中的应力或热处理后的残余应力。

4.1.2 原 理

传统局部热处理对焊缝部位加热，加热膨胀，冷却收缩产生“收腰变形”，如图4－2(a)所示，内表面产生新的二次拉伸应力，对应力腐蚀开裂影响较大，现有的局部焊后热处理标准和规范可能不足以实现有效的焊接残余应力降低，特别是在超大压力容器中的应用。

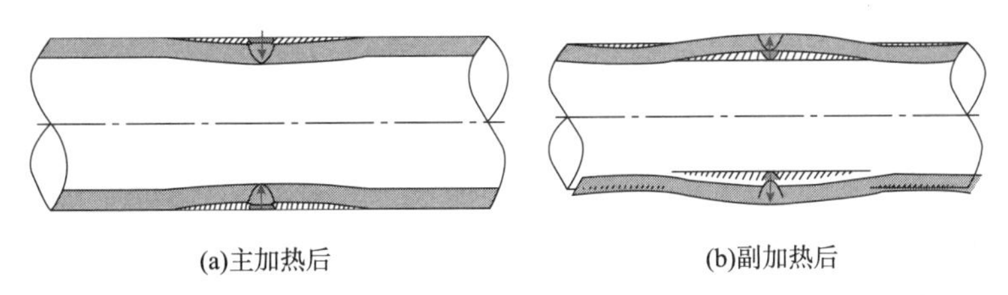

图4－2 主加热产生的“收腰变形”和副加热产生的“反变形”示意图

主副加热局部焊后热处理示意图如图4－3所示，采用两种加热区：

(1)主加热区：施加在焊接接头处，目的是调控微观组织、微观残余应力和部分宏观残余应力；

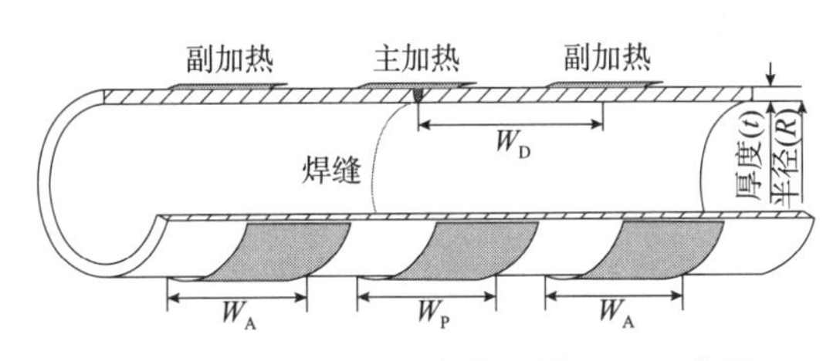

图4－3 主副加热局部焊后热处理示意图

(2)副加热区：施加在离焊缝一定距离处，与焊缝形成温度梯度，产生反变形，如图4－2(b)所示，抵消焊态残余应力和主加热因“收腰变形”产生的二次应力，使得内表面拉伸残余应力降低甚至变为压应力。

为消除焊接残余应力，WRC 452标准推荐的加热宽度为$5t+4\sqrt{Rt}$，但是当设备直径增大时，加热带宽度增大，现场无法实施。主副加热局部热处理的优点就是解决这一难题，对主加热区的宽度要求是要能够满足均温区的均温性要求，改善焊接接头的组织和性能，而内表面的残余应力调控通过副加热实现。对于存在应力腐蚀开裂、临氢环境、高温环境、疲劳工况等对消除残余应力有切实要求的焊接结构，推荐使用主副加热区局部焊后热处理方法。

4.2 主加热对改善焊接接头性能和组织的影响

加氢反应器制造过程中需要进行大量的焊接，常用钢种为CrMo钢，虽然该钢具有较高的韧性，但经过多次焊接热循环及各种因素的影响，热影响区的晶粒粗化和组织结构的转变将使热影响区的韧性显著恶化并造成材料的力学性能下降，且由于加热和冷却过程中温度分布的不均匀性，以及构件本身产生拘束或外加拘束，在焊接工作结束后会产生焊接应力，降低焊接接头区的实际承载能力，产生塑性变形，严重时还会导致构件的破坏。为了改善焊接组织，恢复力学性能，降低焊接残余应力，通常采用消氢热处理、中间消应力处理及最终高温回火热处理等措施。不同的热处理方法如下：

(1)焊后消氢热处理：使工件内部的氢从表面逸出，防止因氢而引发的裂纹，在焊接工作完成后应对焊接接头进行消氢热处理(若焊后随即进行中间消除应力热处理，就可省去消氢热处理)。

(2)中间焊后热处理：主要针对单节筒体，目的是消除内应力及消除焊接接头中的氢。

(3)最终高温回火热处理：在反应器一切焊接工作全部完成并检验合格后进行，即在高温状态下，通过使焊接的工件屈服强度下降来松弛焊接应力，获得母材、焊缝的抗回火脆化性能。

4.2.1 焊后消氢热处理

焊后消氢热处理，是指在焊接完成以后，焊缝尚未冷却至100℃以下时进行的低温热处理。一般规范为加热到200～350℃，保温2～6h。焊后消氢处理的主要作用是加快焊缝及热影响区中氢的逸出，对于防止低合金钢焊接时产生焊接裂纹的效果极为显著。

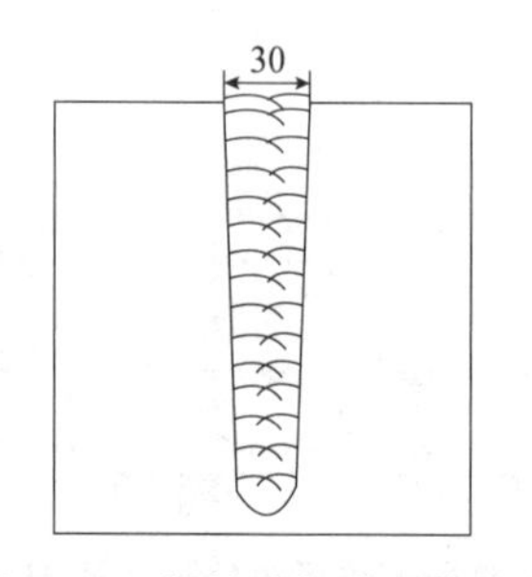

图4－4 焊接试板坡口截面图

二重(镇江)重型装备有限责任公司研究了2.25Cr－1Mo－0.25V钢在不同的消氢热处理状态下扩散氢的分布和性能，以600mm×140mm×150mm的焊接试样为研究对象，采用窄间隙坡口形式，坡口截面如图4－4所示，焊后进行7组后热处理试验(A、B、C、D、E、F、G)，对应试样的热处理状态及说明如表4－1所示。

表4－1 A～G不同热处理状态的说明

编号	试样状态	过程说明
A	焊接自然冷却	切割后立即放入冰水中固氢并加干冰快速降温
B	250℃×2h 消氢	采用恒温炉加热，出炉后快速放入冰水中固氢，然后加干冰快速降温
C	280℃×2h 消氢	采用恒温炉加热，出炉后快速放入冰水中固氢，然后加干冰快速降温
D	300℃×2h 消氢	采用恒温炉加热，出炉后快速放入冰水中固氢，然后加干冰快速降温
E	350℃×2h 消氢	采用恒温炉加热，出炉后快速放入冰水中固氢，然后加干冰快速降温
F	350℃×4h 消氢	采用恒温炉加热，出炉后快速放入冰水中固氢，然后加干冰快速降温
G	660℃×3h ISR(消应力处理)	采用恒温炉加热，并附偶监控，待偶温显示到达400℃后保持升温速度不超过55℃/h，到达650℃开始计时，保温3h后进入降温阶段，降温速度不超过55℃/h，降至400℃后，然后快速放入冰水中固氢并加干冰快速降温

1. 消氢热处理对组织的影响

对7种不同工艺处理后的试板采用以数控水切割的方式沿厚度度取9件扩散氢试样，试样尺寸为5mm×15mm×50mm，质量为32g。第一件扩散氢试样的上表面位置距焊缝上表面为3mm；第二件扩散氢试样的上表面位置距焊缝上表面为14mm；第三件扩散氢试样的上表面位置距焊缝上表面为30mm，所有的试样位置如图4-5所示。

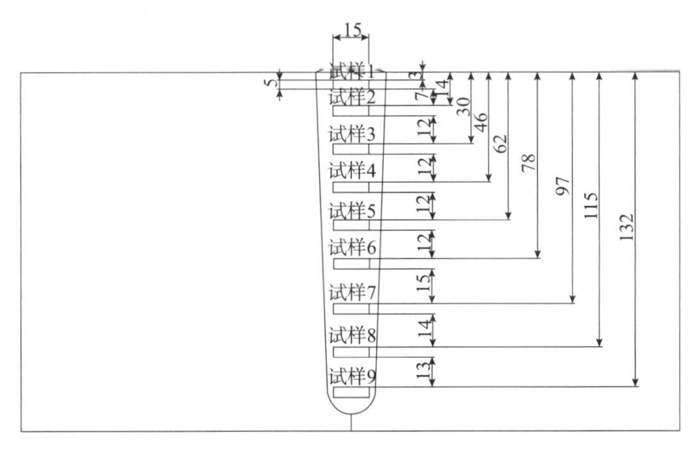

图4-5　扩散氢取样位置分布图

按照GB/T 3965—2012《熔敷金属中扩散氢测定方法》(或ISO 3690：2000)标准中的热导法进行试验分析，检测仪器为德国布鲁克公司生产的G4 Phoenix DH。

焊接试板的7种后热状态下截面扩散氢含量分布如图4-6所示，横坐标为取样中心位置到试板上表面的距离，纵坐标为试样中扩散氢的含量，从图中可以观察到：

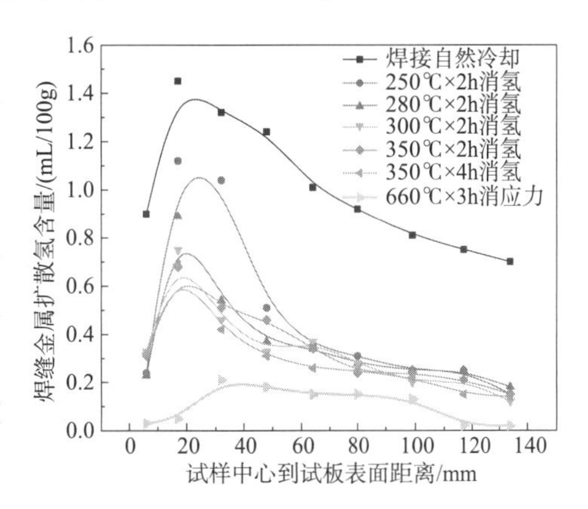

图4-6　不同后热状态下截面扩散氢含量分布曲线图

(1)150mm的试板接头处于焊态时，其焊缝截面的扩散氢含量相对最高，见图4-6中最上方的曲线，其焊缝中扩散氢最大值为1.45mL/100g。经过消氢热处理后，截面上扩散氢含量降低，其焊缝中的扩散氢最大值为0.21mL/100g，且变化趋于平缓；在不同状态下消氢处理后，扩散氢含量均在距表面15～20mm范围内最高。

(2)随着后热温度的升高，整个截面焊缝的扩散氢含量逐步降低；350℃×2h和350℃×4h两种状态下的扩散氢分布基本相当，说明保温时间的长短对扩散氢的影响很小；当试样中心与上表面距离大于50mm时，不同后热状态下扩散氢含量相差不大。

2. 消氢热处理对组织的影响

对7种不同后热状态下的焊缝接头的不同区域进行了200倍金相分析，其母材、热影响区HAZ、焊缝中心三个区域在热处理前的低倍组织照片如图4-7～图4-13所示，图中

H 表示焊缝，M 表示母材，R 表示热影响区。

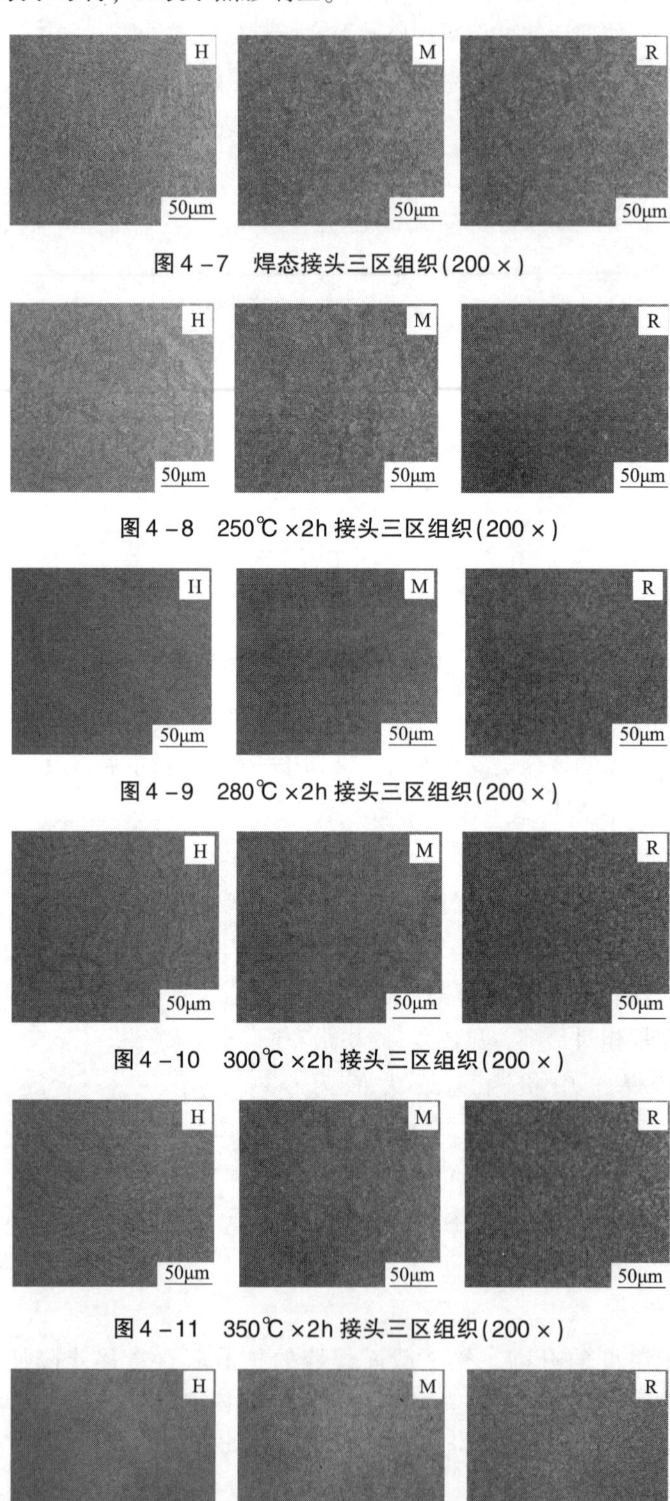

图 4-7　焊态接头三区组织(200×)

图 4-8　250℃×2h 接头三区组织(200×)

图 4-9　280℃×2h 接头三区组织(200×)

图 4-10　300℃×2h 接头三区组织(200×)

图 4-11　350℃×2h 接头三区组织(200×)

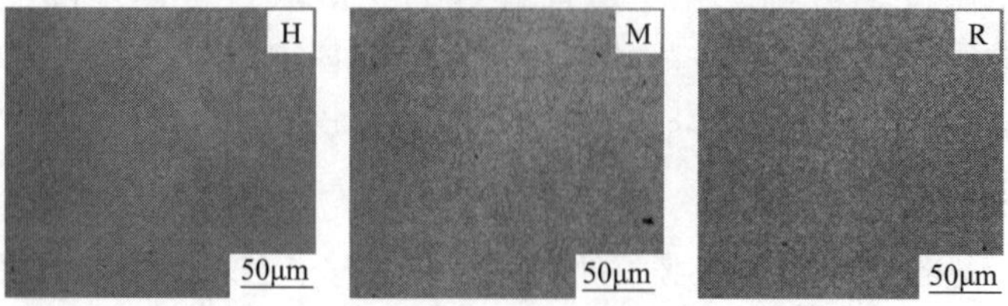

图 4-12　350℃×4h 接头三区组织(200×)

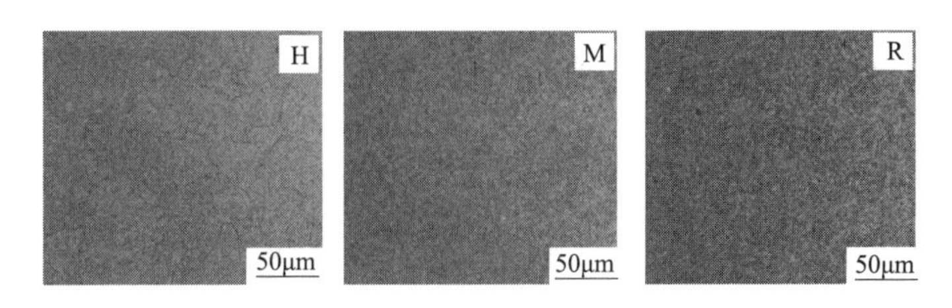

图 4－13　660℃ ×3h 接头三区组织(200 ×)

不同后热状态下焊接接头不同区域的组织照片如图 4－7 ~ 图 4－13 所示，其焊缝中心、母材、热影响区均为贝氏体组织。经过焊接热循环，焊态试样的焊缝区在快速冷却过程中形成板条状贝氏体，母材区为粒状贝氏体，热影响区有碳化物析出，250℃ ×2h 消氢处理后，焊缝区板条状贝氏体发生细化交叉分布；280℃ ×2h 焊缝区和热影响区组织细化，岛状组织不明显；300℃ ×2h 焊缝区发生板条状粗化，350℃ ×2h 焊缝区组织粗化更加严重，随着保温时间增加，焊缝区组织细化，母材和热影响区有碳化物析出且晶粒粗化。660℃ ×3h 焊缝区晶粒变大，板条状贝氏体变为粒状贝氏体，母材区和热影响区晶粒粗化；消氢处理的温度变化对焊缝区影响较大，对母材和热影响区影响较小。

对 7 种不同后热状态下的焊缝接头在经过最小热处理(Min. PWHT)条件下的三区组织进行了检测分析，方案如图 4－14 所示，焊缝接头经过 7 种不同后热状态下的 Min. PWHT，其焊缝、母材、热影响区的 200 倍组织金相照片如图 4－15 ~ 图 4－21 所示。

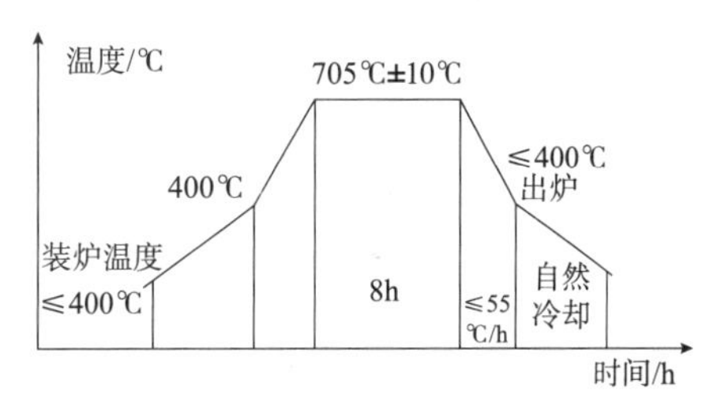

图 4－14　焊后 Min. PWHT 工艺曲线

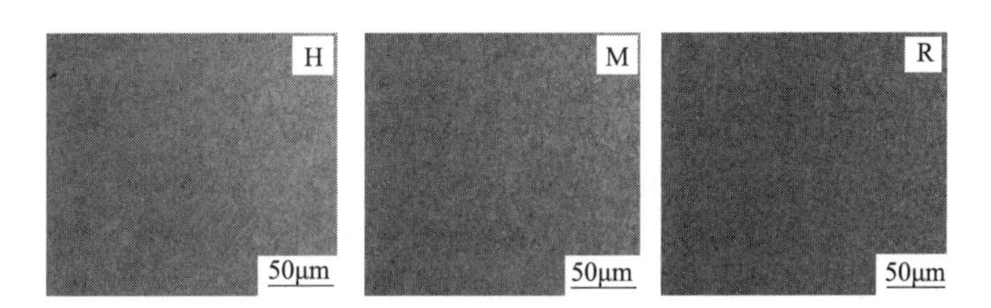

图 4－15　焊态经过 Min. PWHT 接头三区组织(200 ×)

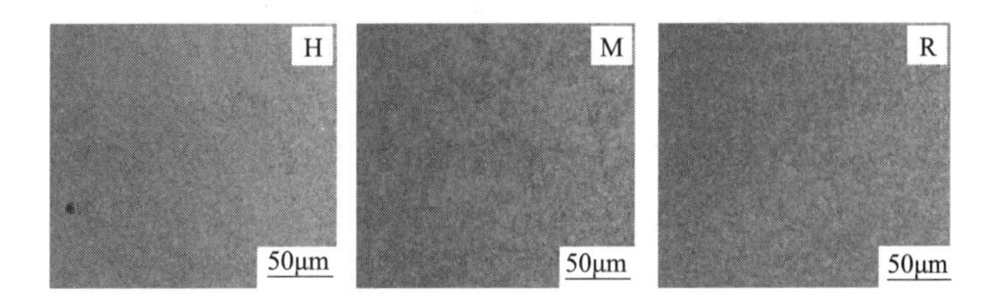

图 4－16　250℃ ×2h 试板经过 Min. PWHT 接头三区组织(200 ×)

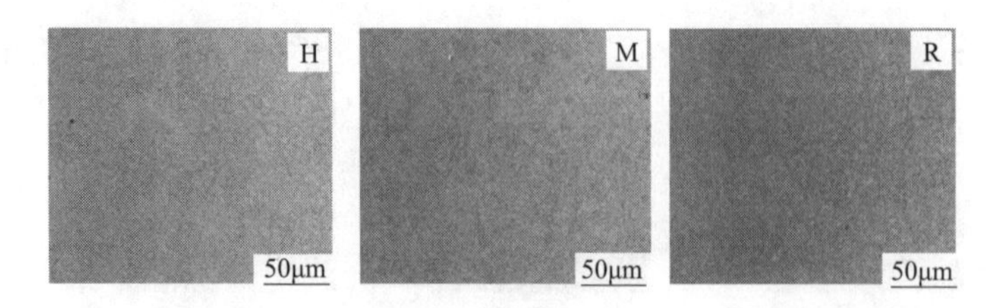

图 4－17　280℃ ×2h 试板经过 Min. PWHT 三区组织（200 ×）

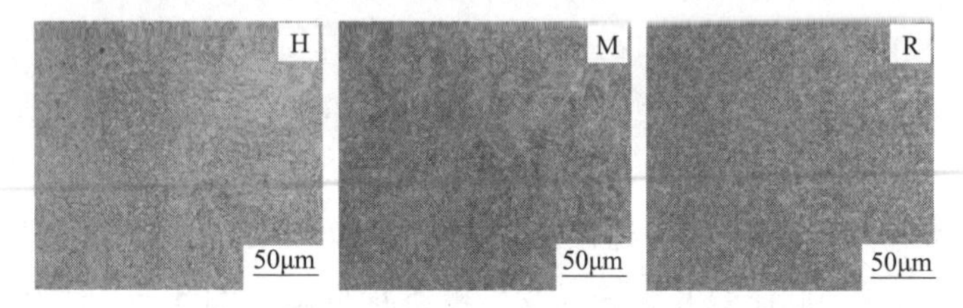

图 4－18　300℃ ×2h 试板经过 Min. PWHT 三区组织（200 ×）

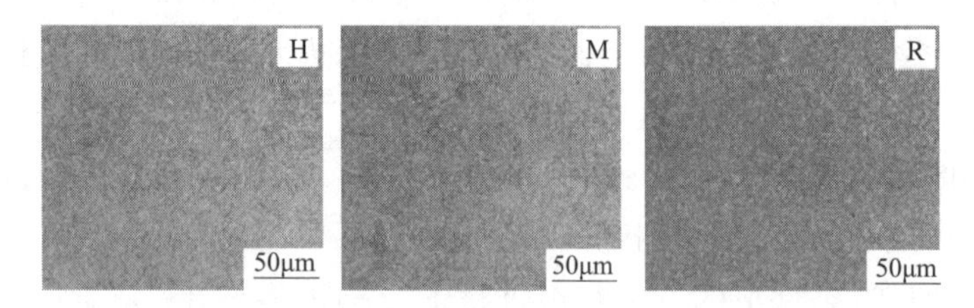

图 4－19　350℃ ×2h 试板经过 Min. PWHT 三区组织（200 ×）

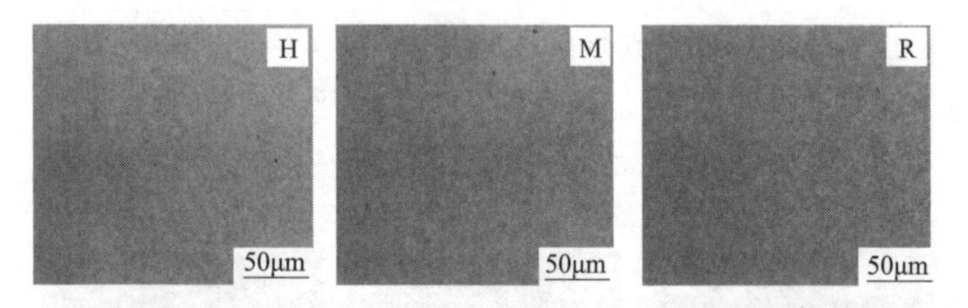

图 4－20　350℃ ×4h 试板经过 Min. PWHT 三区组织（200 ×）

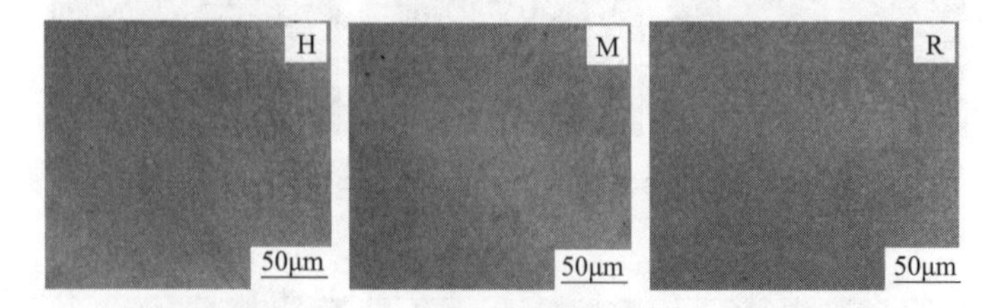

图 4－21　660℃ ×3h 试板经过 Min. PWHT 三区组织（200 ×）

经过 Min. PWHT，7 组试样的焊缝区组织均发生改善，板条状贝氏体减少，晶粒细化，热影响区组织发生细化；300℃ ×2h 和 350℃ ×2h 处理的试样焊缝区板条状贝氏体分解，形成大量岛状组织，母材区组织粗化并形成大量岛状组织。

3. 消氢热处理对强度的影响

不同后热状态及 Min. PWHT，焊缝中心 $\delta/2$ 处全熔敷金属的室温拉伸数据汇总如图

4－22所示，每组试验做两次取平均值，由图可知：

(1) 未经过热处理的焊缝金属强度较高，其抗拉强度约为1000MPa，屈服强度大约为950MPa。在350℃以下的后热条件下，其强度的变化不明显；在660℃×3h的后热条件下，其抗拉强度下降了大约100MPa，仍呈现出较高的强度。

(2) 虽然不同消氢热处理后的焊接接头强度偏高，但经过Min. PWHT后其焊接接头的强度均得到了改善，且不同消氢热处理对最终热处理后强度几乎没有影响。

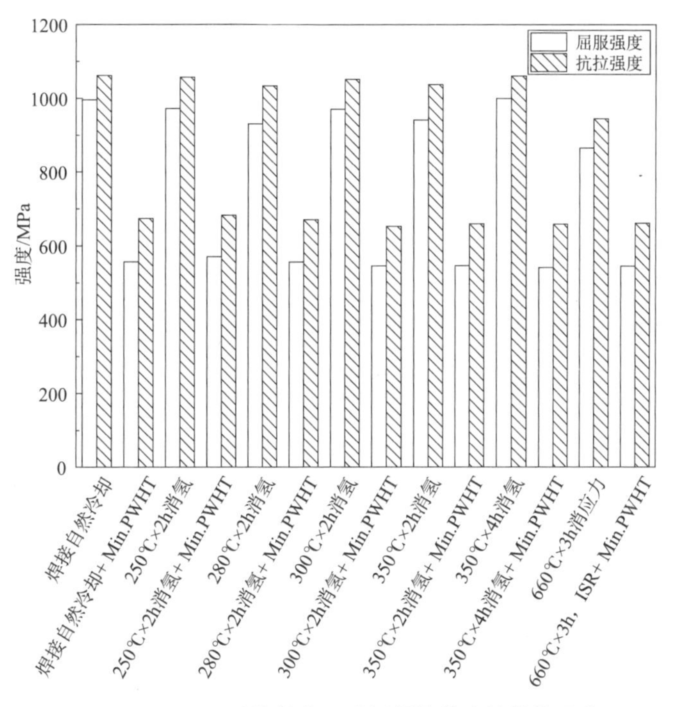

图4－22　不同后热状态下试板焊接接头的抗拉强度

4. 消氢热处理对硬度的影响

对7种不同消氢处理状态下的焊接接头全截面进行了硬度检测，δ为试板的厚度。每种状态检测两处位置，分别在距离试板上表面1.6mm处和试板$\delta/2$厚度处。其具体的检测位置如图4－23所示。

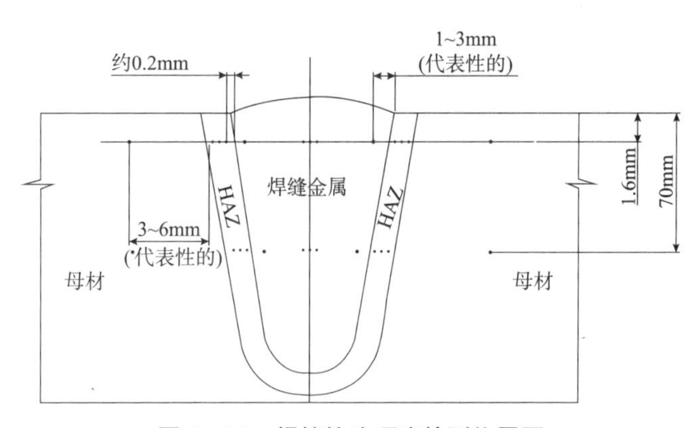

图4－23　焊接接头硬度检测位置图

在测量过程中，沿设定的直线检测位置，其接头处左边母材检测了 1 点，左边热影响区检测 3 点，焊缝中心检测 5 点，右边热影响区检测 3 点，右边母材检测 1 点。

不同消氢热处理的试板在距离上表面 1.6mm 处的接头硬度分布如图 4－24 所示，焊缝区的硬度值远高于热影响区和母材区，最大值为 362HV10，硬度整体呈现“几”形分布；母材区的硬度在整个试验过程中较平稳，在 220HV10 左右；焊接自然冷却试样的整体硬度最高，经消氢热处理后整体硬度下降，且随着温度的升高，整体硬度发生下降。

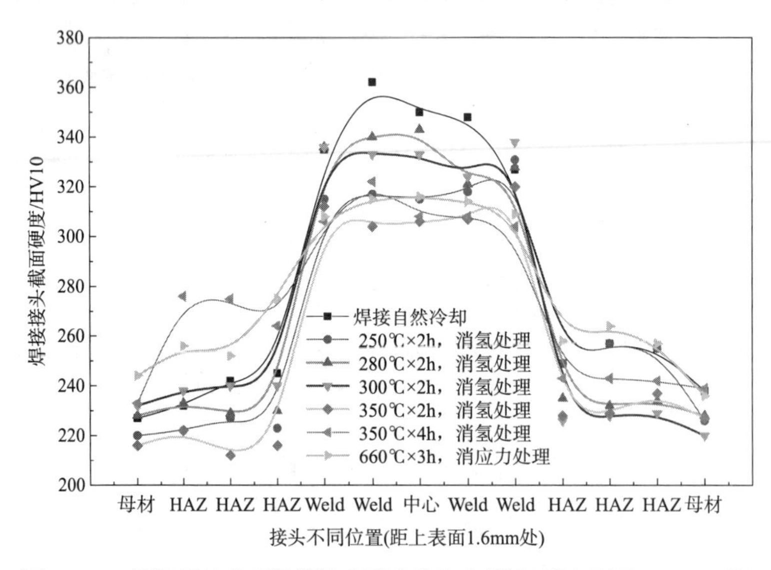

图 4－24　不同后热处理焊缝接头硬度分布曲线图（距上表面 1.6mm 处）

不同消氢热处理的试板在 $\delta/2$ 处的接头硬度分布如图 4－25 所示，分布趋势与表面相同，焊缝区的硬度值远高于热影响区和母材区，硬度整体呈现“几”形分布；保温时间较短时，焊缝 $\delta/2$ 厚度处的硬度变化不明显，甚至有一定程度的升高，当 350℃ ×4h 和 660℃ ×3h 时，该处硬度变化较为明显，有较大程度的降低。

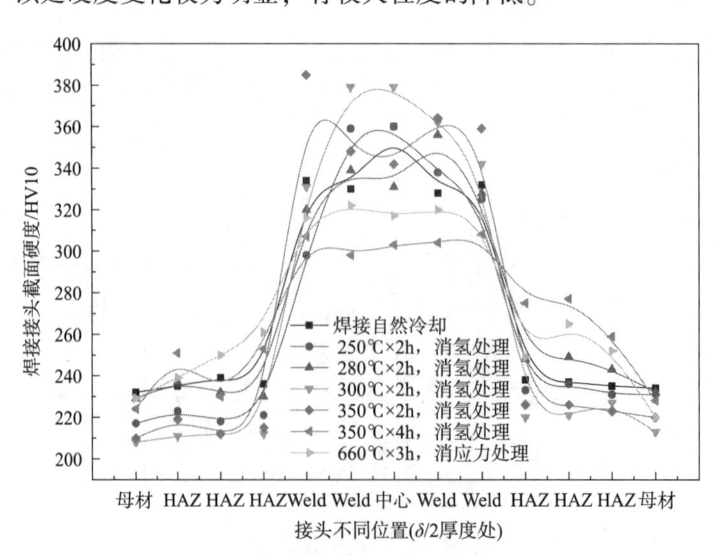

图 4－25　不同后热处理焊缝接头硬度分布曲线图（$\delta/2$ 处）

用 A～G 分别代表 7 种不同消氢热处理状态：A(焊接自然冷却)，B(250℃×2h，消氢)，C(280℃×2h，消氢)，D(300℃×2h，消氢)，E(350℃×2h，消氢)，F(350℃×4h，消氢)，G(660℃×3h，ISR)。焊接接头的母材、HAZ、焊缝区硬度的平均值对比如图4－26所示。焊缝中心 δ/2 处的硬度和距离上表面 1.6mm 处的硬度在数值上差异不大，随着加热温度的提高、保温时间的加长，其硬度呈下降趋势，母材区在表面和 δ/2 处的硬度基本相同(220HV10)，D、E 消氢处理后 δ/2 处母材硬度值略微下降，焊缝区硬度升高。

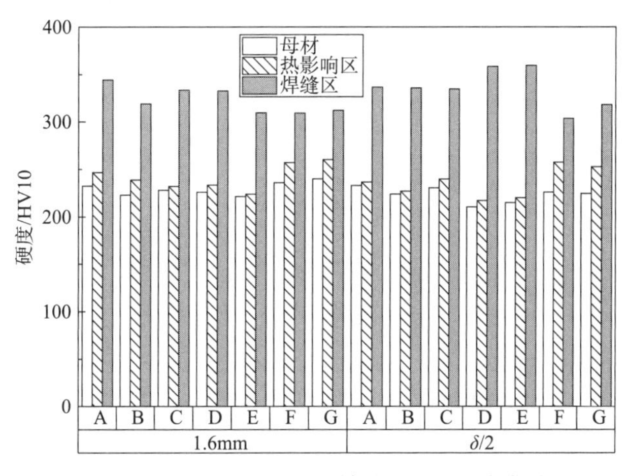

图 4－26 不同后热处理焊缝接头硬度分布曲线图

5. 消氢处理对韧性的影响

为了分析不同状态下焊缝韧性情况，对 7 种不同状态下的焊缝取样进行了 80℃、60℃、40℃、20℃、0℃、－18℃、－30℃、－40℃、－60℃、－80℃、－100℃ KV2 冲击试验，每种状态分别在距离上表面 1.6mm 处、试板厚度方向 δ/2 处的焊缝中心取样。

图 4－27 为 7 种状态下距离上表面 1.6mm 处焊缝中心的冲击值。消氢热处理对韧性影响较小，不同消氢热处理后焊缝的整体韧性分布趋势相同且数值相近，在 20℃及以下温度的冲击值均低于 25J，BC 的冲击韧性略高；随着冲击试验温度的升高，冲击功逐渐增大；由于高温回火组织会改善，力学性能恢复，经过 660℃×3h 的中间消应力热处理在－20～40℃的冲击功大幅提升，大约为 38J。

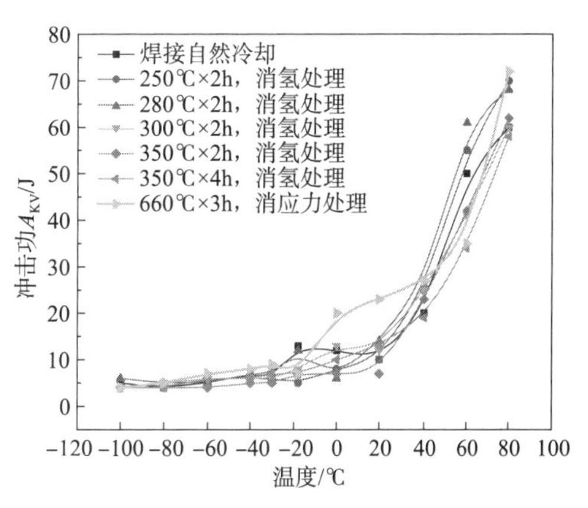

图 4－27 7 种状态焊缝中心冲击曲线(距离上表面 1.6mm 处)

图 4－28 为 7 种状态下 δ/2 处焊缝中心的冲击值。整体冲击功分布趋势相同，在－20℃以下差别不大，随着消氢热处理温度的升高，δ/2 处的冲击功数值逐渐升高，经过

660℃ ×3h 后，由于高温回火组织发生改善，冲击功大幅升高。此试验结果表明：150mm 厚 2.25Cr-1Mo-0.25V 钢焊接接头经过不同温度的消氢处理与消应力处理之后的焊接接头脆性转变趋势相当，都处在较差的水平。

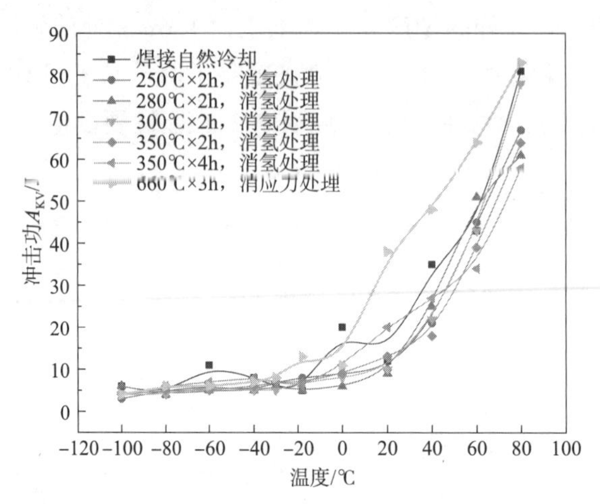

图 4-28　7 种状态焊缝中心冲击曲线（δ/2 处）

4.2.2　高温回火热处理

兰州兰石重型装备股份有限公司研究了高温回火热处理对 12Cr2Mo1R 钢组织及性能的影响。12Cr2Mo1R 钢的化学成分如表 4-2 所示，符合技术要求标准，其组织成分为贝氏体，试板厚度 $\delta=80$mm，钢板为正火（水加速冷却）+回火（N+T），采用埋弧自动焊材 US521S（ϕ4.0mm）+PF200 进行焊接，采用（690±10）℃ ×8h 和（690±10）℃ ×32h 分别进行焊后热处理。

表 4-2　12Cr2Mo1R 钢板化学成分

元素	C	Si	Mn	P	S	Cr	Mo	Ni
含量	0.14	0.04	0.50	0.005	0.002	2.44	1.02	0.11
元素	Sb	Sn	As	Nb	Ti	Cu	V	Al
含量	0.001	0.001	0.003	0.02	0.01	0.02	0.01	0.05

1. 高温回火热处理对组织的影响

按照 GB/T 13298《金属显微组织检验方法》进行金相试验，母材表面及 δ/2 处的金相组织如图 4-29 所示，焊接后经过 690℃ ×8h 和 690℃ ×32h 后的金相组织如图 4-30 和图 4-31 所示，均为贝氏体，但组织形态不同。

经过 690℃ ×8h，表层的组织晶粒变得粗大，出现块状贝氏体且有碳化物析出，δ/2 厚度处组织的晶粒粗大；经过 690℃ ×32h，表层的组织晶粒粗大程度加剧，出现大量的板条状贝氏体，δ/2 厚度处晶粒粗大，且有板条状贝氏体产生。

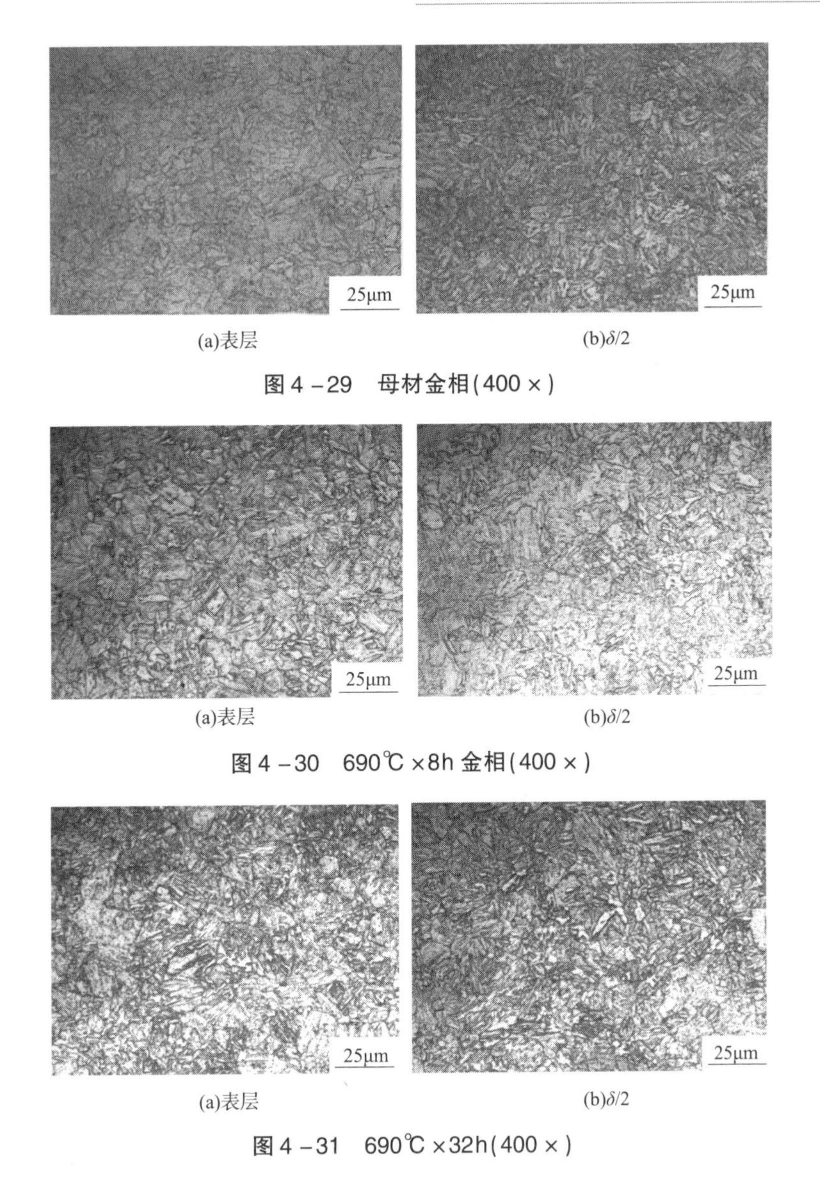

(a)表层　　(b)δ/2

图4－29　母材金相(400×)

(a)表层　　(b)δ/2

图4－30　690℃×8h 金相(400×)

(a)表层　　(b)δ/2

图4－31　690℃×32h(400×)

碳化物的析出对组织及力学性能有重要影响。当回火温度高于650℃以后，随回火温度提高，CrMo 钢的持久强度降低，出现回火脆性，引起回火脆性的决定因素是碳化物分布状态造成晶界结构的变化。由于 Mo 和 C 间较强的相互作用，富含 Fe 的渗碳体和富含 Cr 的 M_7C_3 会被一些富含 Mo 的稳定碳化物代替，例如 M_2C。随着服役时间的延长，晶界处的碳化物便会以 M_2C 和 M_6C 的形式存在，这些改变将使基体中的大部分 Mo 转移到碳化物中，导致基体中 Mo 元素贫化，致使 P 等杂质元素再次偏聚析出于晶界，使 CrMo 钢出现晶界脆性。

经过焊后热处理，析出相明显长大，且含 Cr 的合金碳化物从 CrMo 钢中大量析出。通常 Cr 元素主要以固溶的方式存在于基体，可以有效地降低碳的扩散速度，增加钢的淬透性，提高钢的回火稳定性。当 Cr 元素析出时，就会引起晶界弱化，促进回火脆性，从而产生准解理断口，其降低回火脆性的能力就会削弱，从而引起材料冲击韧性的下降，导致韧脆转变温度的升高。随着碳化物的析出，位错的运动形式发生改变，位错浓度升高，更容易产生位错的塞积，从而提高了材料的韧脆转变温度。随着热处理温度的升高，由于碳化物的聚集长大，位错开始脱离析出物的钉扎，因而使位错强化、析出强化、固溶强化的效果明显减弱，同时贝氏体板条也逐渐粗化，再加上碳化物在晶界上的析出，使晶界弱化，因此冲击韧性、强度和塑性随之下降。

2. 高温回火热处理对强度的影响

关于组织对耐热钢强度的影响机理主要有两种观点：一种是基体中的亚结构及固溶强化；另一种是第二相的弥散强化及随后 Laves 相的弥散强化。按照 GB/T 228 中的金属材料室温拉伸试验方法制备拉伸试样，热处理前后的拉伸试验结果如图 4－32 所示。

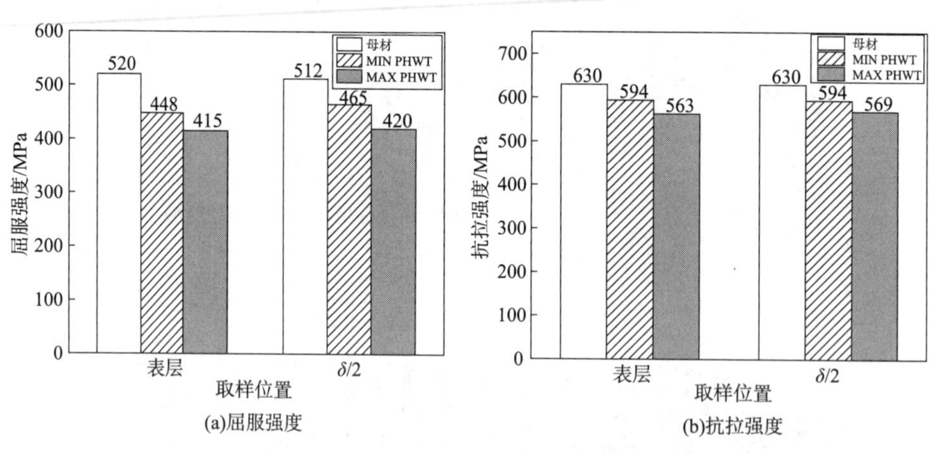

图 4－32　不同热处理后母材强度

经过高温回火，母材的屈服强度和抗拉强度发生下降且随着热处理时间的增加，屈服强度、抗拉强度等下降。由于热处理时间的增加使得焊缝金属中发生了微观组织的变化，金属中存在的影响抗拉强度、屈服强度的位错、空位、变形带在某些因素的影响下发生回复过程形成其他的亚结构。

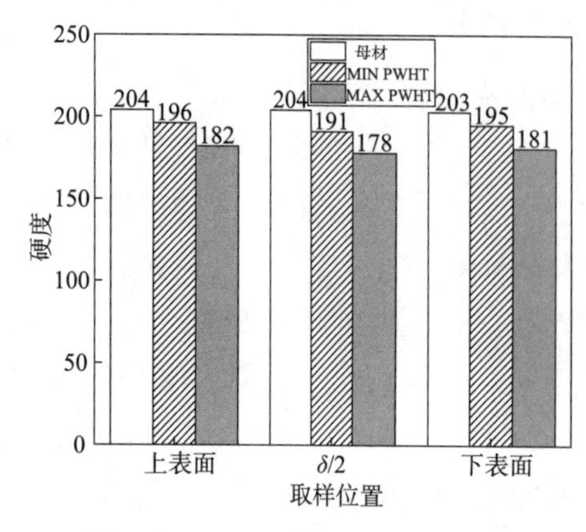

图 4－33　不同热处理后母材硬度

3. 高温回火热处理对硬度的影响

按照 GB/T 4340 中的金属维式硬度试验方法检验硬度，沿钢板厚度方向进行，在上表面 $\delta/2$ 和下表面的焊缝、热影响和母材区分别进行测试，结果如图 4－33 所示。

如图 4－34 所示，随着保温时间增加，各区域的硬度变小，且母材、热影响区和焊缝区的硬度差异变小。在较长的保温时间下，金属中存在的碳元素逐渐消耗形成碳化物，690℃ ×8h 和 690℃ ×32h 均为热影响区硬度 > 焊缝硬度 > 母材硬度，对于承压设备来说焊缝及热影响区过高的硬度是有害的。焊缝硬度强于母材是因为焊接过程中焊缝组织进行了一次剧烈的热循环过程，降温速度快形成淬硬组织，研究认为影响焊缝硬度的另外一个原因是焊接12Cr2Mo1R 时为了增强焊缝热裂性 C 含量比较低，Cr 含量比较高，Cr 对金属硬度的影响比较大。

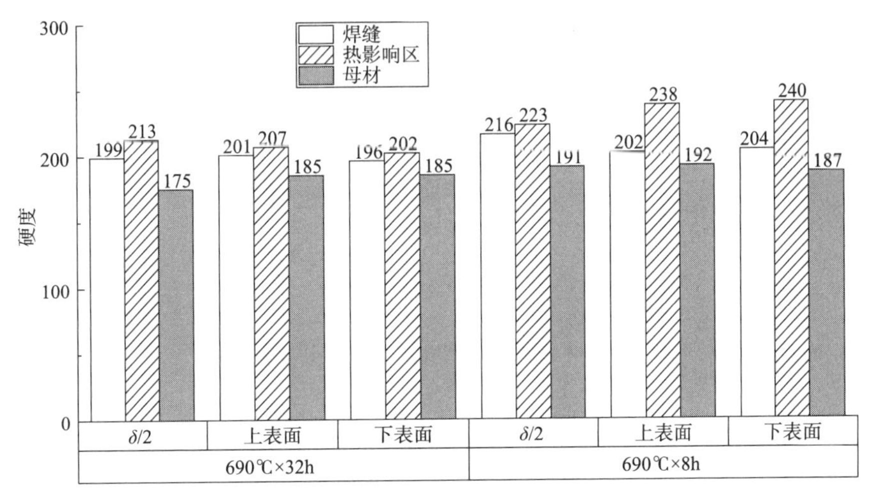

图 4－34　不同温度热处理后截面各区硬度分布

4. 高温回火热处理对韧性的影响

按照 GB/T 229 中的金属夏比缺口冲击试验方法制备冲击试样，KV2 冲击试验温度为－30℃，在钢板厚度方向的距上表面 1.6mm、δ/4、δ/2、3δ/4、距下表面 1.6mm 处取样，试验结果如图 4－35 所示。

690℃×8h 和 690℃×32h 后冲击韧性如图 4－36 所示，焊缝区组织均匀性较差，因此冲击功最小，夏比 V 型试验中的冲击吸收功是塑性变形功和断裂功之和，随着热处理时间的增长，焊接接头强度下降会引起塑性的小幅度上升，所以焊缝区冲击功随着热处理时间的增加变化不大；母材冲击功最高，且随着热处理时间的增加而略微升高；由于受多次焊接热循环的影响，热影响区沿厚度方向的冲击功分布差异较大，且在 δ/4 处最低，该处产生回火脆性的主要原因是边界存在聚集长大的 Fe_3C 及 M_3C 脆性相或者由于碳化物 $M_{23}C_6$ 沿晶界迅速聚集并粗化造成。

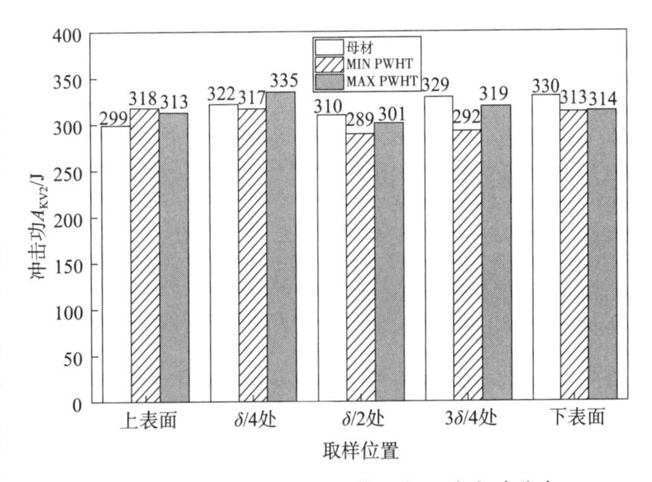

图 4－35　不同热处理后截面各区冲击功分布

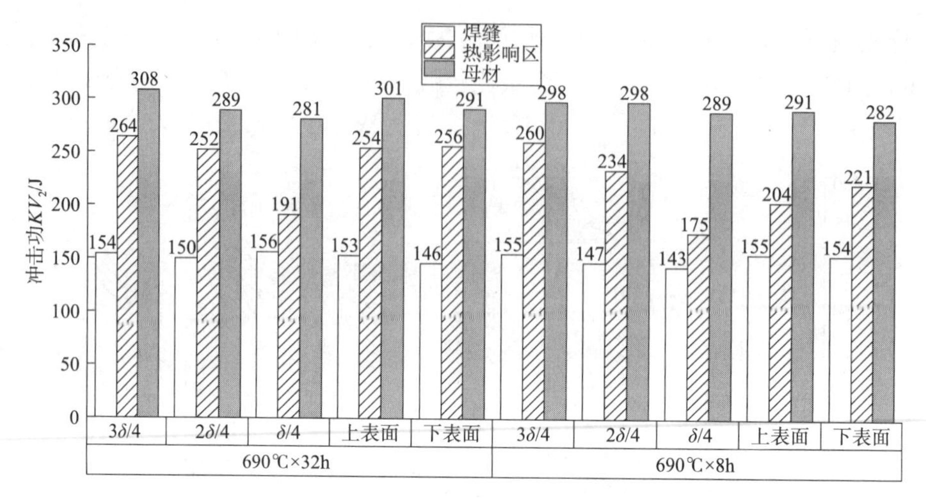

图 4-36 不同温度热处理后截面各区冲击功分布

4.3 主副加热局部热处理关键工艺参数

4.3.1 主加热关键工艺参数

主副加热局部热处理的关键工艺主要包括：主加热区的热处理工艺、副加热区的热处理工艺及主副加热区的升温时机。主加热区热处理工艺规定可参考美国 ASME《锅炉及压力容器规范 第Ⅷ卷 第一册 压力容器建造规则》的 UG-85《热处理》、UW-40《焊后热处理工艺》、UCS-56《焊后热处理要求》、GB/T 150.4—2011《压力容器 第 4 部分：制造、检验和验收》和 GB/T 30583《承压设备焊后热处理规程》。不同的是，主副加热局部热处理技术对加热带的宽度提出了新的要求。关于加热带的规定，国内外的标准是不一致的。ASME 和 GB/T 150 建议均温带宽度为焊缝宽度各加上 1 倍的筒体壁厚或 50mm，取最小值。BS 5500：2015 和 EN 13445-4：2009 则建议加热带宽度不应小于 $5\sqrt{Rt}$。GB/T 30583《承压设备焊后热处理规程》规定为：壁厚不大于 50mm 焊缝的加热带宽度为 $HB=7nh_k$（n 为条件系数，$1<n<3$；h_k 为焊缝最大宽度），厚度大于 50mm 的焊缝没有给出明确的加热带宽度。目前，我国超限塔器的壁厚大多数为 50～200mm，而加氢反应器的壁厚至少在 100mm 以上，最大壁厚已达 352mm，现有的标准对于超大容器已不再适用。

为此，针对 GB/T 30583《承压设备焊后热处理规程》对大于 50mm 的焊缝没有给出明确的加热带宽度和国外标准 BS 5500：2015 和 EN 13445-4：2009 采用 $5\sqrt{Rt}$ 加热带宽度过宽，通过对各种加热方式进行了大量试验，提出了局部加热带的相关规定：

(1) 均温带的最小宽度为焊缝最大宽度两侧各加 δ_{PWHT} 或 70mm，取两者较小值；在返修焊缝两端各加 δ_{PWHT} 或 70mm，取两者较大值。

(2) 当 $\delta_{PWHT}\leqslant$70mm 时，可采用陶瓷电阻加热片加热或者中频感应加热，加热带宽度为 $W_p=(6\sim8)m\cdot\delta_{PWHT}(1<m<3)$，隔热带的宽度为 $GCB=(3\sim4)W_P$。

(3)当 $\delta_{PWHT} > 70mm$ 时，如采用中频感应加热，感应电缆的缠绕宽度为 $W_P = (6 \sim 8) m \cdot \delta_{PWHT} (1 < m < 3)$，隔热带的宽度为 $GCB = (3 \sim 4) W_P$；如采用卡式炉加热，卡式炉有效的加热带宽度为3000mm，卡式炉两侧的保温宽度宜为1000～1500mm。此改进具有合理性和现场可操作性。

4.3.2　副加热关键工艺参数

副加热区的热处理工艺参数主要包括副加热升温速率、副加热最高温度、副加热区宽度、主副加热间距及主副加热区的加热顺序。根据主加热对升降温的规定，在400℃以下，升降温速率是没有要求的。由于副加热区的所需的温度不超过450℃，一方面为了确保沿厚度方向的温度均匀性，另一方面使得副加热区与焊缝形成一定的温差，规定了副加热的升温速率不超过100℃/h。除此之外，副加热区要保证同一位置内外壁温差在60℃以内。

关于副加热区宽度的确定，只要满足副加热的工艺即可，不存在均温区的要求。据此，对副加热区的宽度给出如下规定：

(1)当 $\delta_{PWHT} \leq 70mm$ 时，可采用陶瓷电阻加热片加热或者中频感应加热。当 $\delta_{PWHT} \leq 30mm$ 时，副加热区的宽度为 $W_S = 120mm$，隔热带的宽度为 $GCB = (3 \sim 4) W_S$；当 $30 < \delta_{PWHT} \leq 70mm$ 时，副加热区的宽度为 $W_S = 200mm$，隔热带的宽度为 $GCB = (3 \sim 4) W_S$。

(2)当 $\delta_{PWHT} > 70mm$ 时，如采用中频感应加热，副加热区感应电缆的缠绕宽度为 $W_S = (3 \sim 4) \delta_{PWHT}$，隔热带的宽度为 $GCB = (3 \sim 4) W_S$；如采用卡式炉加热，副加热区的宽度为600～800mm，卡式炉两侧的保温宽度宜为500～700mm。

主副加热间距的确定，是通过有限元模拟和理论推导得到的。为了方便确定间距，以表格的形式给出，如表4－3～表4－5所示，根据热处理对象的壁厚和直径即可确定间距。

表4－3　材料为碳钢、低合金钢制承压设备的主副加热区间距　　mm

直径	壁厚																	
	16	18	20	22	24	26	28	30	32	38	42	46	52	65	75	100	150	200
300	—	—	—	—	—	—	—	—	—	—	—	—	—	—	305	—	—	—
600	—	—	—	4	—	—	—	—	234	229	236	244	324	273	374	464	500	531
1000	256	263	273	280	285	294	301	309	248	265	273	280	334	316	439	554	604	747
1500	284	295	311	319	325	337	348	360	286	287	302	309	380	352	501	626	683	826
2000	312	327	330	339	347	361	374	389	309	309	323	338	402	389	548	674	754	892
3000	347	358	367	371	398	407	416	425	348	352	367	381	444	439	635	762	881	1005
5000	389	406	413	423	435	456	470	505	412	418	432	454	526	526	787	916	1087	1206
8000	445	469	487	502	516	537	569	606	486	490	537	534	618	628	961	1114	1316	1430
12000	522	556	584	601	631	655	680	722	566	563	628	621	712	729	1150	1326	1569	1722
16000	585	620	657	702	743	770	786	816	631	628	708	693	792	816	1302	1504	1775	1946
20000	641	691	729	778	831	867	882	903	688	693	784	758	862	896	1447	1660	1950	2147

表 4 – 4 材料为不锈钢制承压设备的主副加热区间距

mm

直径	壁厚																	
	16	18	20	22	24	26	28	30	32	38	42	46	52	65	75	100	150	200
300	—	—	—	—	—	—	—	—	—	—	—	215	229	236	287	—	—	—
600	—	—	—	—	236	244	266	273	229	236	244	251	265	287	345	370	382	437
1000	203	208	215	222	229	229	280	287	273	287	294	302	331	345	338	412	445	546
1500	221	224	226	244	254	258	312	331	294	316	331	345	381	403	381	456	501	605
2000	235	240	236	258	262	273	345	360	331	352	367	381	410	447	418	516	586	680
3000	256	263	251	287	301	309	374	389	374	403	425	439	454	512	563	582	683	814
5000	291	311	297	338	345	360	439	447	447	483	505	526	555	621	615	666	881	1005
8000	340	350	324	416	479	489	519	531	519	570	599	621	664	740	780	821	1079	1229
12000	445	461	483	492	518	534	613	635	606	664	693	729	773	867	932	1064	1284	1374
16000	466	493	526	555	577	590	693	722	679	744	780	816	867	969	1063	1192	1466	1554
20000	515	548	577	613	642	671	766	795	737	809	853	896	947	1063	1186	1320	1620	1722

表 4 – 5 厚壁设备的主副加热区间距（适用于壁厚 200mm < δ_{PWHT} ≤400mm，内径 3000mm≤ϕ≤6000mm 的加氢反应器及其他超厚壁设备）

mm

直径	壁厚										
	200	220	240	260	280	300	320	340	360	380	400
3000	1005	1039	1083	1133	1177	1216	1270	1302	1334	1356	1380
3500	1061	1105	1122	1188	1221	1270	1324	1367	1388	1426	1435
4000	1105	1144	1210	1221	1248	1307	1340	1388	1426	1459	1485
4500	1144	1193	1232	1281	1303	1329	1367	1410	1442	1486	1519
5000	1206	1232	1276	1314	1347	1388	1410	1442	1475	1513	1544
5500	1221	1270	1314	1353	1397	1415	1448	1491	1507	1529	1573
6000	1254	1309	1353	1397	1430	1464	1502	1523	1556	1572	1596

4.3.3 主副加热区的升温顺序

主副加热区的加热时间是根据主副加热的原理所决定的。副加热的作用就是改善内表面应力分布。所以，加热顺序为：先实施主加热区的热处理，主加热区温度降至室温后，再进行副加热区的热处理。为了确保内表面应力消除效果，主副加热不建议同时进行升温。

4.4　接管主副加热局部热处理

对于接管与筒体相连接的焊接接头，如图 4 – 37 所示，目前推荐使用的热处理工艺如下。如果接管的长度 N_L 小于 $4\sqrt{R_n t_n}$，则应该在包括接管和壳体相连焊接接头均温带之外的接管位置均匀布置一个完整的周向加热带。轴向温度梯度应控制在筒体被加热区域的边缘温度达到筒体与接管焊接接头均温带边缘温度的70%，并且距离被加热到70%的区域 $2\sqrt{Rt}$位置处的温度应至少是筒体和接管焊缝的均温区边缘温度的一半。

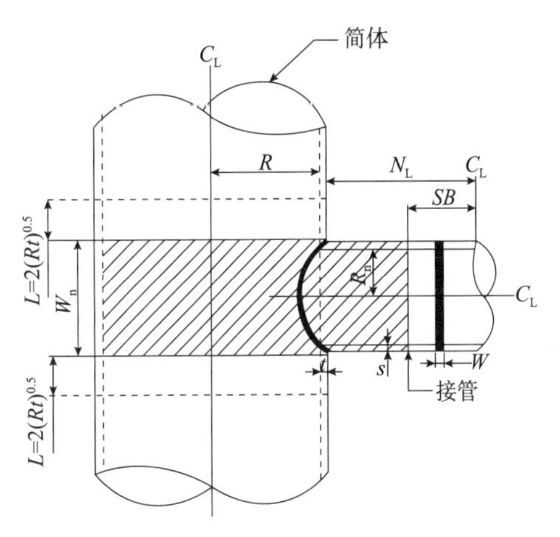

图 4 – 37　壳体与接管连接示意图

接管与筒体连接处局部热处理采用在筒体整圈环绕的加热方式，工程上称为带状加热，然而该加热方式存在加热带过长的问题，如直径 43m 的 CAP1400 核电安全壳，若采用筒体整圈加热的方式所需要的加热面积为 489m^2，现场无法实施。工程常采用的加热方式为在接管焊缝的部分区域进行局部热处理。

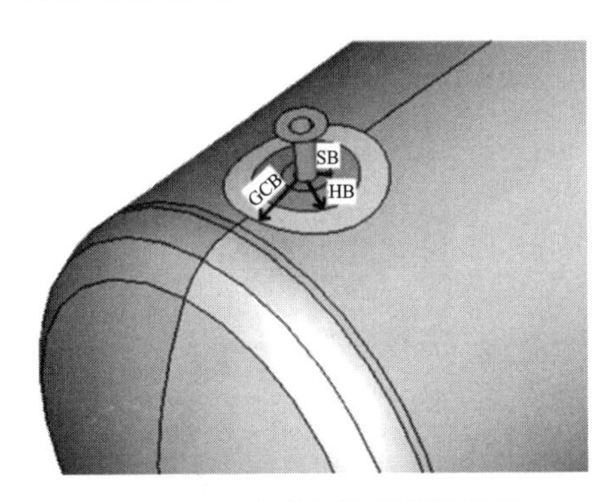

图 4 – 38　点状加热局部热处理

对于必须考虑点状加热的结构，如图 4 – 38 中所示的接管与筒体焊缝的局部热处理，容易因为热应力的影响导致残余应力无法有效消除。点状加热局部热处理在大型容器接管焊缝上产生的热应力有时可能足够高，导致显著的塑性变形或结构失效。有学者提出通过增加加热带宽度来抑制热应力的产生，然而研究发现，通过增加加热带宽度来降低热应力收效甚微。

为了使接管处残余应力经局部热处理得到充分改善，中国石油大学(华东)蒋文春教授提出了一种在保持规范指定的加热带和均热带的基础上引入副加热带来调控焊缝处残余应力。通过这种方法，由加热带温度梯度产生的高热应力可以在很大程度上被副加热带所产生的反变形抵消。该方法可以拓展至球形容器、筒体、封头与接管连接处的焊缝。

下面以筒体接管局部热处理为例，分别研究传统带状加热、点状加热和主副加热热处理对残余应力消除的影响。加热带布置示意如图 4 – 39 所示。基于局部热处理加热规范要求对有限元模型进行传统局部热处理模拟。在接管位置主加热带宽度设置为 $2.5\sqrt{Rt}$，副加热带宽度设置为 $1.25\sqrt{Rt}$。

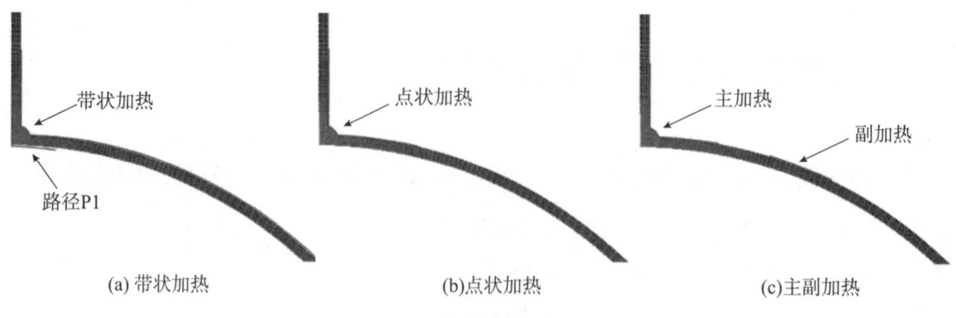

图 4－39　加热带布置示意图

图 4－40 和图 4－41 分别给出了焊态和经不同局部热处理方法后轴向和环向残余应力分布云图。轴向残余应力主要分布在接管内表面，而环向应力在整个焊缝位置均表现为较大的拉应力，其峰值接近所用材料的屈服强度。当采用全圆周加热即带状局部热处理方法时，轴向应力峰值相比焊态有所改善，但仍在内表面存在较大的拉应力，环向应力经处理后外表面表现为较大的拉应力状态。当采用传统点状加热时，其热膨胀在径向方向受到周围温度较低的筒体壳体的抑制，在加热过程形成弯矩，使得其在热处理结束后接管内表面仍存在较大的残余拉应力，应力消除效果较差。为了有效地减少接管与筒体连接焊接接头处的残余拉应力，在该种结构中引入副加热带，副加热带中心位置为距离接管 $1.5\sqrt{Rt}$位置处，加热带宽度为 300mm，副加热温度为 350℃。从云图中可以看出，当引入副加热带后，接管内表面和筒体内表面轴向和环向残余应力明显降低，均呈现为压应力状态，说明对于接管类焊接接头采用主副加热的热处理方式能够很明显地降低内表面残余应力。

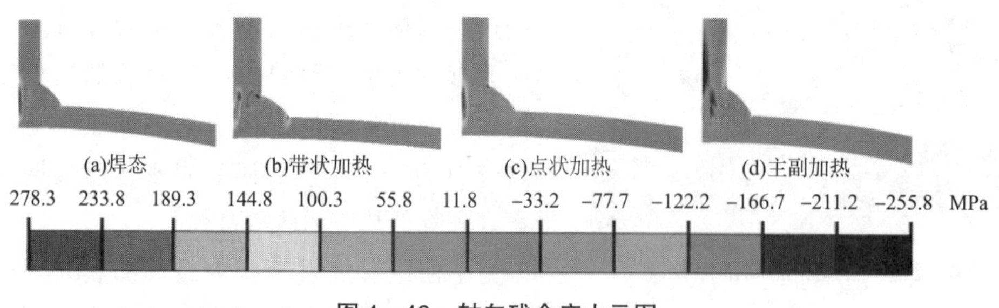

图 4－40　轴向残余应力云图

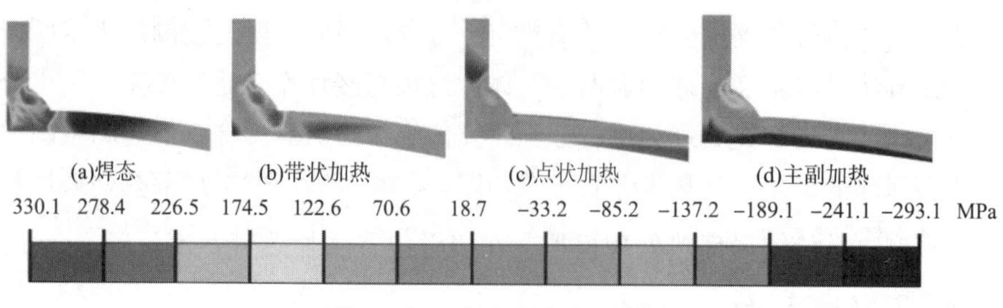

图 4－41　环向残余应力云图

图4－42为传统带状加热、点状加热和主副加热局部热处理方法处理下轴向和环向残余应力分布。在接管焊接接头内表面，焊态两向应力均在与壳体连接处最高，这是由于在接管与壳体连接处，存在严重的几何不连续所致。经传统带状加热后，焊接接头内表面附近轴向应力有一定程度降低，但整体仍表现为拉应力状态，其中应力峰值由焊态287MPa降至115MPa，最大降幅为54%。采用点状加热的方式应力峰值降至271MPa，最大降幅仅为5.6%。当采用主副加热热处理工艺后，其轴向峰值应力由焊态287MPa降为－50MPa，最大降幅为117%，且初始焊接应力较大处均降至压应力，在远离接管的壳体侧最大应力不超过45MPa，应力消除效果明显。环向应力在靠近接管内表面一侧相比其他热处理方法应力降低更为明显，其中峰值应力由焊态的310MPa降至－212MPa，最大降幅达168%。综上所述，点状加热无法有效消除内壁残余应力，而带状加热方法在工程应用中存在加热带过长的问题，因此需要采用主副加热局部热处理方法。主副加热热处理工艺能显著降低接管及筒体内表面附近的轴向和环向应力，其中对接管内表面附近轴向残余应力降低效果最为显著，可以很大程度上提高设备耐应力腐蚀的性能。

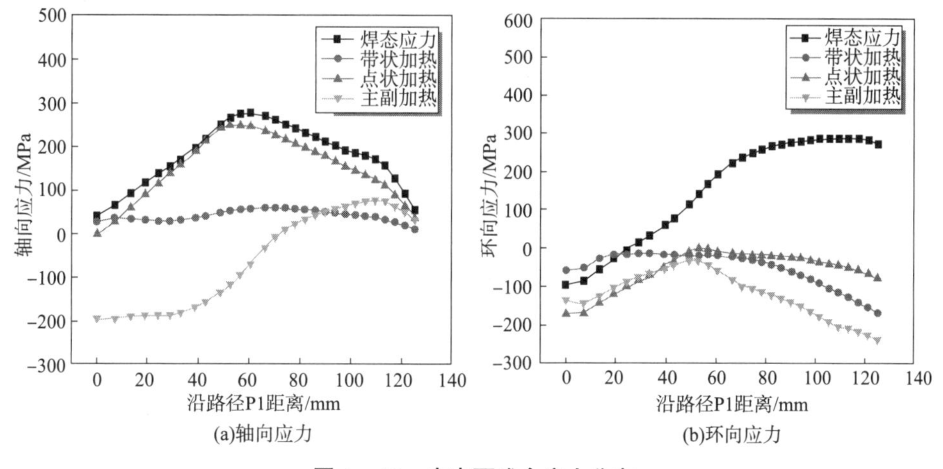

图4－42 内表面残余应力分布

4.5 低温副加热应力转移法

对于不考虑焊缝组织性能改善，仅考虑调控焊缝内壁残余应力的情况，工程单位可以不采用主加热，仅采用低温副加热即可调控焊缝内表面残余应力，即采用低温副加热应力转移法。该方法是在主副加热局部热处理的基础上，综合考虑现场实际需求和用户经济性指标为用户提供的可直接调控焊缝残余应力的方法，对于副加热的具体实施工艺可以参考CSTM团体标准《承压设备焊后热处理规程》。对于存在应力腐蚀开裂、高温服役再热裂纹以及疲劳问题的设备，建议依然采用主副加热局部热处理方法。

对于低温副加热应力转移方法，副加热温度是影响应力消除效果的关键因素。图4－43以内径4400mm、壁厚76mm的常压塔器为例，给出了不同副加热温度的应力消除效果。随着副加热温度的升高，残余应力消除效果增加。当副加热温度从 300℃增加至 600℃时，轴向应力降幅由 130.2% 增至 174.8%，降幅增加 44.6%；环向应力降幅由 118.3%增加至 145.9%，降幅增加 27.6%。由此可见，增加副加热温度可以明显提高残余应力消除效果，这是由于温度升高使副加热对焊缝区域产生更大的反变形，协调焊缝附近在焊接过程所产生的宏观形变，使应力降低更加明显。因此，工程单位可以根据现场工件的安全性能指标，在应用过程中合理选用较高的副加热温度，可以得到更好的应力消除效果。

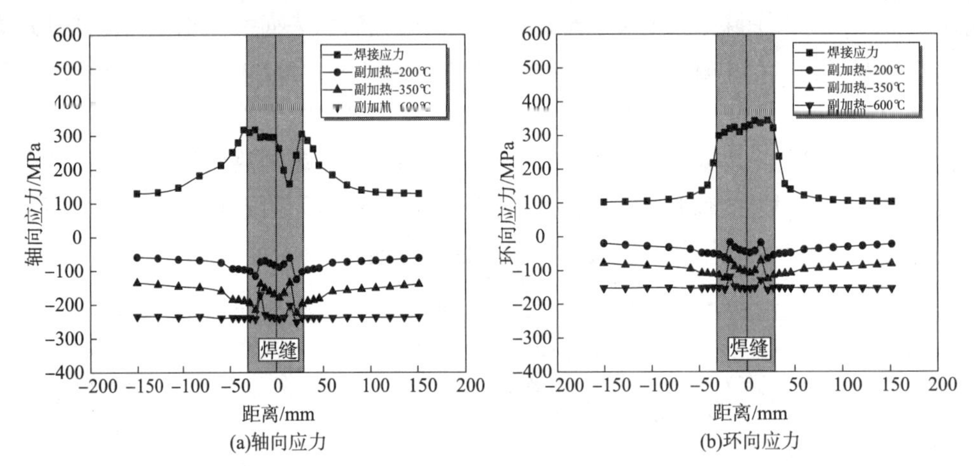

图 4－43　低温副加热应力转移方法应力消除效果

4.6　工程应用案例

4.6.1　316L 奥氏体不锈钢筒体

中国石油大学(华东)和山东美菱集团股份有限公司联合开展 316L 奥氏体不锈钢筒体的主副加热试验研究。其尺寸为 ϕ500 × 12mm × 800mm，焊缝坡口角度为 60°。详细的焊缝几何尺寸和焊接顺序如图 4－44 所示。采用焊条电弧焊，焊接电压为 10～15V，电流为100～170A，速度为100～160mm/min。焊道间温度控制在 150℃以下，最低预热温度为 100℃。

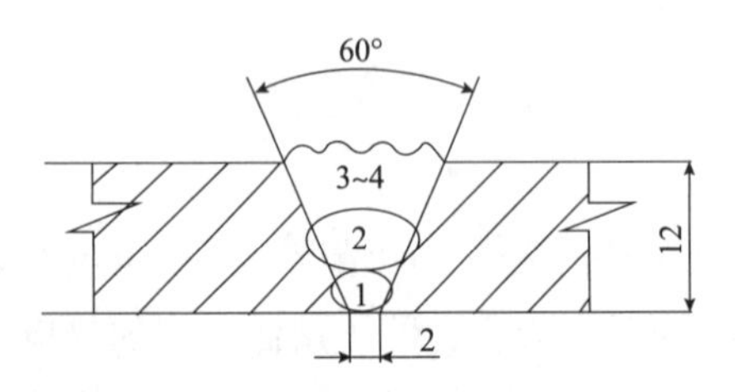

图 4－44　焊缝几何尺寸及焊接顺序

试验试件及压痕测试装置如图 4－45 所示，加热区域主要包括主加热区和副加热区。焊缝位于主加热带中心位置，副加热带位于离焊缝一定距离处。

图 4－46 给出了详细主副加热局部热处理工艺曲线。具体的主副加热工艺为：在焊缝外侧布置主加热带，并进行保温。根据主副加热工艺曲线，将主加热带升温至 600℃，保

温 2h；保温结束后，当温度低于 400℃时，使筒体自然冷却。主加热带温度降至室温时，在焊缝两侧距离焊缝中心 180mm 位置布置副加热带，副加热带再进行升降温过程。

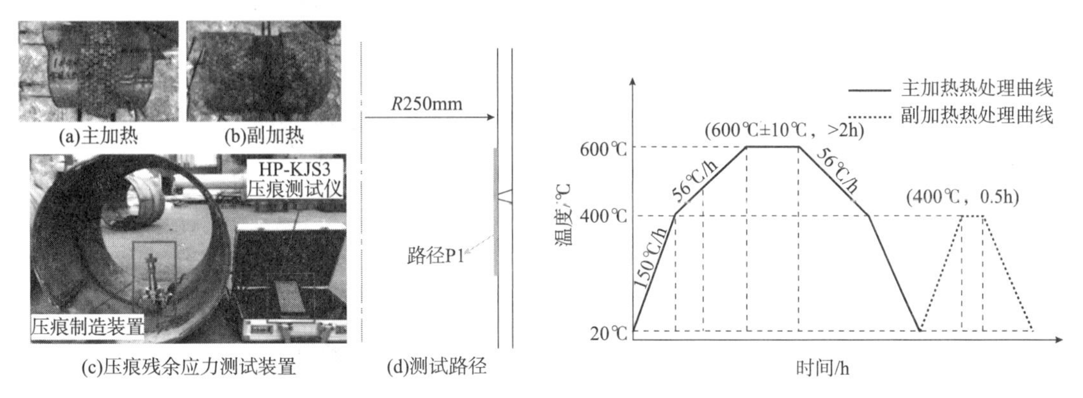

图 4－45　316L 筒体环焊缝局部热处理实验试件

图 4－46　主副加热局部热处理工艺曲线

图 4－47 和图 4－48 分别给出了焊态以及不同热处理后轴向应力和环向应力分布云图。对于轴向应力(图 4－47)，焊态最大应力值为 170MPa，位于内壁焊趾及热影响区。采用传统局部热处理方法后，内表面焊缝处应力大小不仅没有降低反而升高，最大值由 170MPa 增大为 256.9MPa，增大了 51%；采用主副加热局部热处理方法后，在焊缝内表面产生压应力，压应力较为均匀，其值为－35MPa 左右。对于环向应力(图 4－48)，焊态时最大值为 267.8MPa，位于整个焊缝及热影响区。采用传统热处理方法后，焊缝位置沿厚度方向三分之一区域应力水平有所改善，其余区域仍为较大的拉应力，最大值为 254.1MPa，相比焊态仅降低了 5.12%；采用主副加热方法后，整体上在焊缝处的应力明显改善，焊缝位置沿厚度方向中心区域为较小的拉应力，其值约为 140MPa，内外表面为压应力。

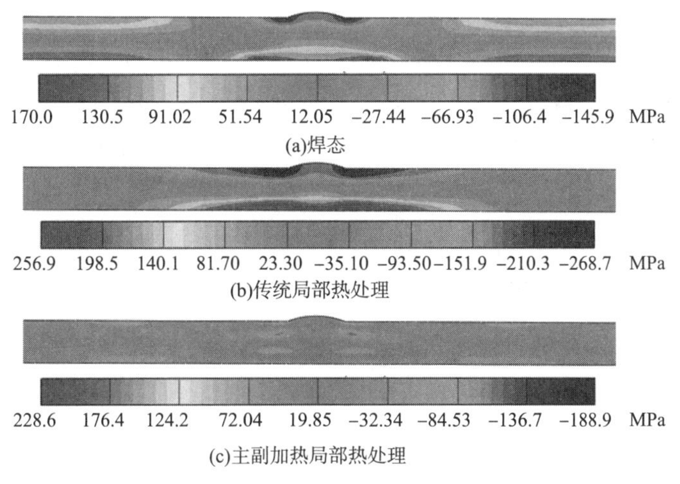

图 4－47　轴向应力分布云图

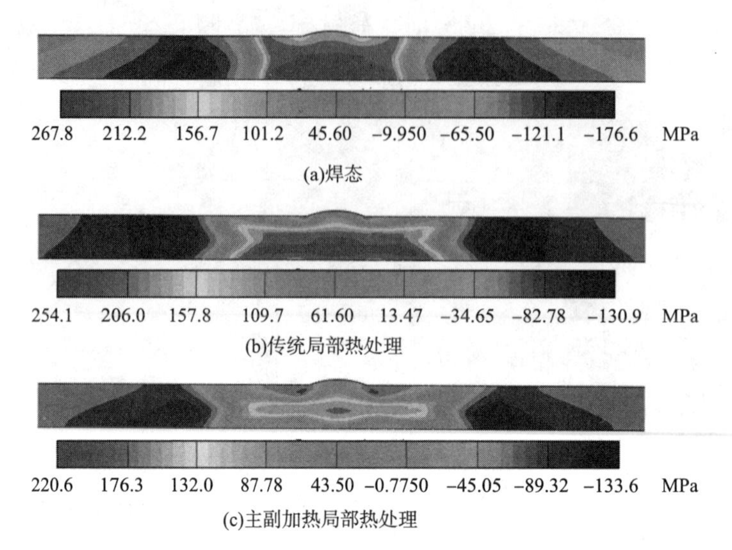

图4-48 环向应力分布云图

为了详细分析不同局部热处理的效果，沿筒体环焊缝的垂直方向取内表面路径P1的应力进行分析，图4-49为采用焊态、传统局部热处理和主副加热局部热处理下热处理前后压痕残余应力测试及有限元模拟结果。有限元计算与实验结果吻合较好。对于传统局部热处理方法，轴向应力不降反升，由188MPa增至307MPa，增幅为63.3%。环向应力仅由328MPa降为244MPa，降幅为25.6%。相比传统局部热处理方法，主副加热局部热处理方法降低残余应力效果明显。不管是轴向应力还是环向应力，在焊缝位置均为压应力。焊缝处轴向应力为-38MPa，环向应力为-12MPa。结果表明，采用主副加热局部热处理方法是可行有效的。

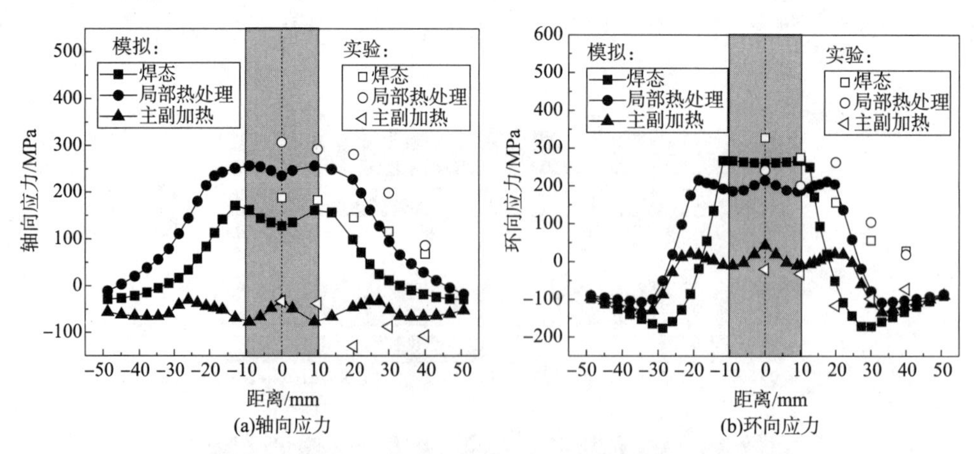

图4-49 采用传统热处理方法和主副加热局部热处理方法残余应力实验与模拟结果对比

4.6.2 二甲苯塔

中国石油大学(华东)、中国石化工程建设公司(SEI)和宁波天翼石化重型设备制造有限公司联合进行了二甲苯塔的主副加热局部热处理应力调控研究。该二甲苯塔作为目前世界上最大的常压塔(长度121m、直径12m)，对焊后消除应力热处理提出了挑战。目前国内外普遍采用两种方案来解决超限设备焊后热处理问题：第一种是建设大型两端开门的热处理炉，分段炉内热处理和重复1.5m加热段的方式；第二种是采用现有加热炉分段炉内热处理，然后局部环缝热处理的方式。第二种是完成焊后消除应力热处理最经济合理的方式。局部热处理采用陶瓷片的加热方式，主要对主副加热间距、副加热温度对残余应力的消除效果展开研究，给国内标准的修订提供可靠的数据支撑和实际案例。二甲苯塔设计基本参数如表4－6所示，热处理的分段及局部热处理焊缝位置如图4－50所示。

表4－6　二甲苯塔设计参数

设计压力/MPa	设计温度/℃	材质	内直径/mm	厚度/mm
1.68	340	Q345R	8200	66
			8800	72/74/78

以热处理第五段为研究对象，其厚度为74mm、高度为11200mm。

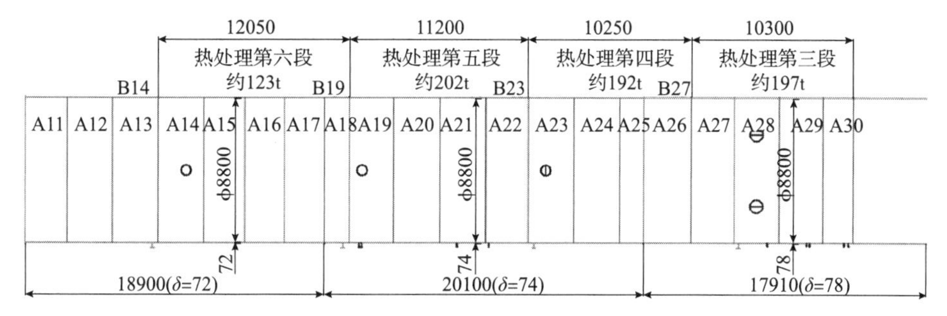

图4－50　二甲苯塔热处理分段示意图

局部热处理焊缝编号：B14，72mm；B19，74mm；B23，74mm；B27，78mm。

为了研究副加热在不同主副加热间距和副加热温度宽度下对残余应力消除效果的影响，分别对环焊缝B19、B23、B27进行不同副加热工艺的主副加热试验。不同热处理工况的副加热热处理工艺如表4－7所示。

表4－7　二甲苯塔副加热工况

工况	主副中心距/mm	副加热温度/℃	加热带宽度/mm
B19	900	600	300
B23	900	400	300
B27	1400	400	300

以B19环焊缝为例，图4－51给出了B19环焊缝主副加热局部热处理工艺曲线。具体的主副加热工艺为：在焊缝外侧布置主加热带，并进行保温；根据主副加热工艺曲线，将主加热带升温至600℃，保温2h；保温结束后，当温度低于400℃时，使筒体自然冷却；

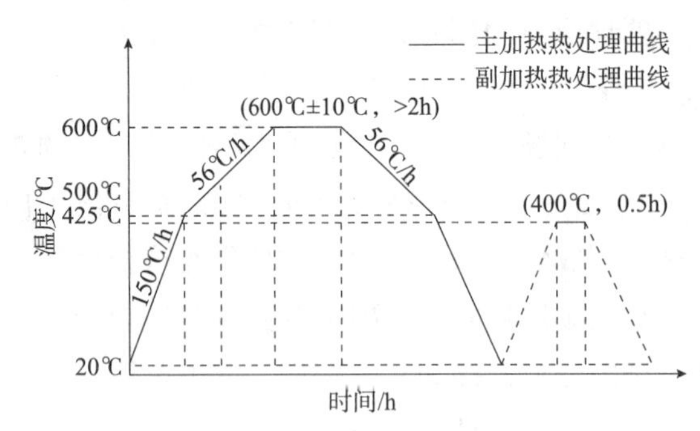

图4-51 主副加热局部热处理工艺曲线

主加热带温度降至室温时，在焊缝两侧距离焊缝中心900mm位置布置副加热带，副加热带再进行升降温过程。

本方案所采用的热处理方案是在常规局部热处理的基础上进一步完善，对局部热处理完的焊缝，通过施加副加热带将距焊缝一定距离处的母材进行加热，从而实现消除内壁残余应力的效果。通过压痕法测试焊态、常规热处理后以及施加副加热处理后内外壁应力变化情况，对本方案热处理效果进行评判。

1. B17焊缝

该工况所采用的副加热温度为600℃，主副加热带间距为1400mm，副加热带宽度为300mm。现场情况和测试照片如图4-52所示。

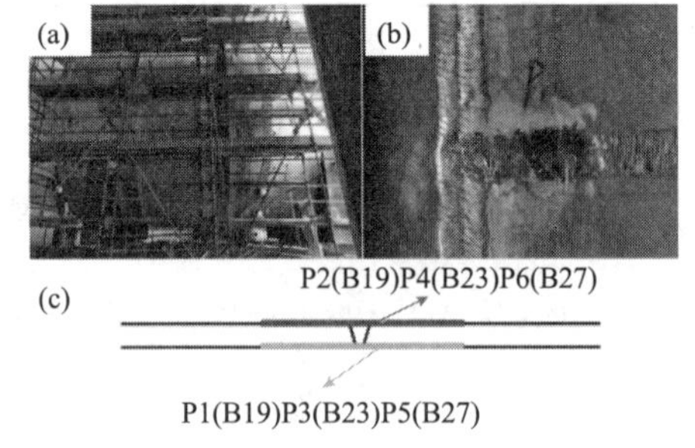

图4-52 副加热现场布置图和测试路径

图4-53给出了B27焊缝沿P1路径在焊态、主加热后及副加热后应力变化情况。从图中可以看出，焊态残余应力为较大的拉应力，峰值位于热影响区。轴向应力和环向应力峰值分别为429MPa和399MPa。经过主加热后，焊缝中心和母材处的应力值略有升高，热影响区附近应力有所降低。副加热后，焊接接头的应力降低，其中轴向峰值应力降至336MPa，环向峰值应力降至262MPa，分别降低21.7%和34.3%。

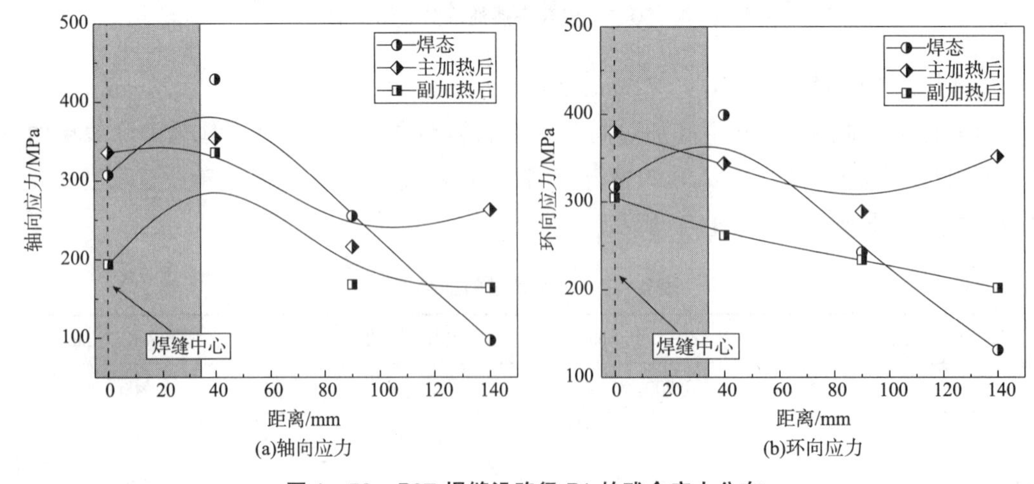

图4-53 B27焊缝沿路径P1的残余应力分布

图4-54给出了B27焊缝沿P2路径在焊态、主加热后及副加热后应力变化情况。从图中可以看出，焊态的轴向应力和环向应力峰值分别为390MPa和337MPa。经主加热后，轴向应力峰值为356MPa，环向应力峰值为390MPa，其应力值在焊缝和热影响区有一定程

度降低，在母材区域应力升高明显。副加后，相比主加热后的应力值明显降低，其中轴向应力相对于焊态最大降幅为 123MPa，环向应力最大降幅为 70MPa，分别降低 31.5% 和 20.7%。

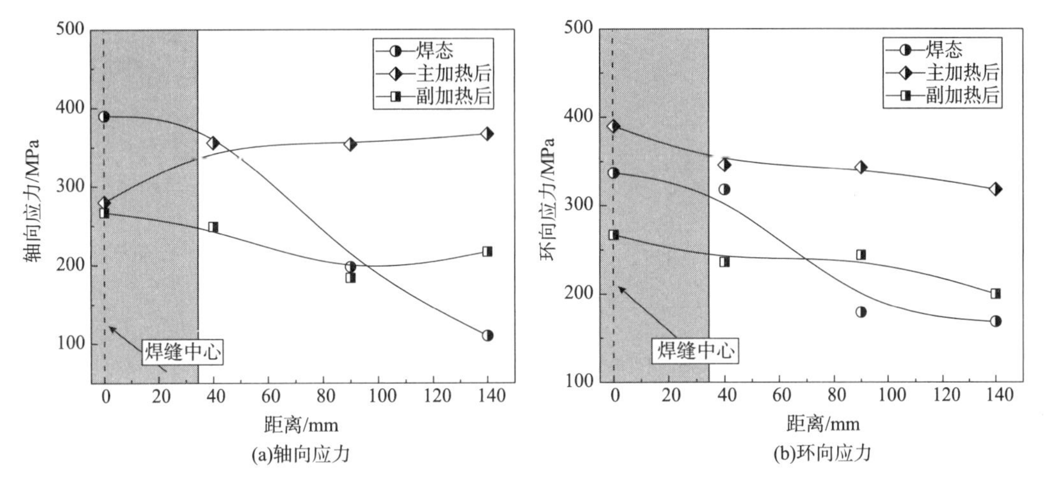

图 4-54　B27 焊缝沿路径 P2 的残余应力分布

2. B14 焊缝

为了研究主副加热间距对内表面残余应力消除效果的影响，B14 环焊缝相比 B27 焊缝仅减小了主副加热带间距，主副加热间距由 1400mm 减小为 900mm。副加热带宽度和最高温度不变。图 4-55 给出了 B14 焊缝沿 P3 路径在焊态、主加热后及副加热后应力变化情况。对于轴向应力，从图 4-55(a) 可以看出，焊态轴向残余应力在焊接接头区域较大，峰值应力位于焊缝中心，为 358MPa。主加热后，轴向应力在焊接接头区域变化不大，母材区域反而增大，应力梯度减小。副加热后，轴向应力降低明显，峰值应力为 200MPa。相比焊态应力降低了 44%。对于环向应力，从图 4-55(b) 可以看出，焊态环向残余应力在焊接接头区域较大，峰值应力位于焊缝中心，为 366MPa。主加热后，环向应力在焊接接头处有所升高，母材区域增大，热影响区最大，最大值为 383MPa。副加热后，环向应力降低明显，峰值应力为 166MPa，相比焊态应力降低了 54.6%。

图 4-56 给出了 B14 焊缝沿 P4 路径在焊态、主加热后及副加热后应力变化情况。对于轴向应力，从图 4-56(a) 可以看出，焊态轴向残余应力和路径 P3 分布类似，均在焊接接头区域较大，峰值应力位于焊缝中心，为 356MPa。主加热后，轴向应力在焊接接头及母材区域增大，轴向应力峰值为 404MPa。副加热后，轴向应力在焊接接头区域降低明显，峰值应力为 171MPa，相比焊态应力降低了 51.9%；在母材区域降幅较小。对于环向应力，从图 4-56(b) 可以看出，焊态环向残余应力在焊接接头区域较大，远离焊缝逐渐减低，峰值应力为 393MPa。主加热后，峰值应力位于母材区域有所升高，焊缝最大，最大值为 411MPa。副加热后，环向应力降低明显，峰值应力为 215MPa，相比焊态应力降低了 47.7%。

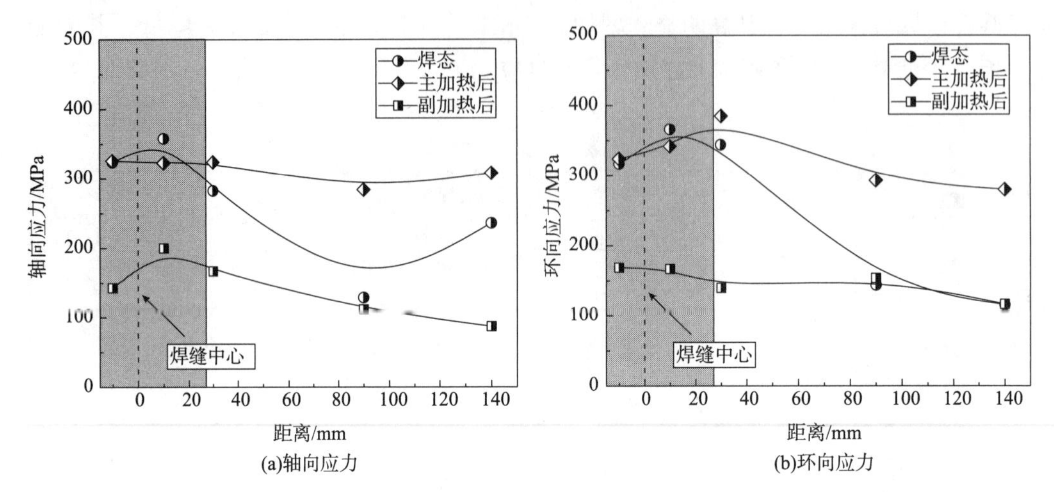

(a)轴向应力　(b)环向应力

图 4-55　B14 焊缝沿路径 P3 的残余应力分布

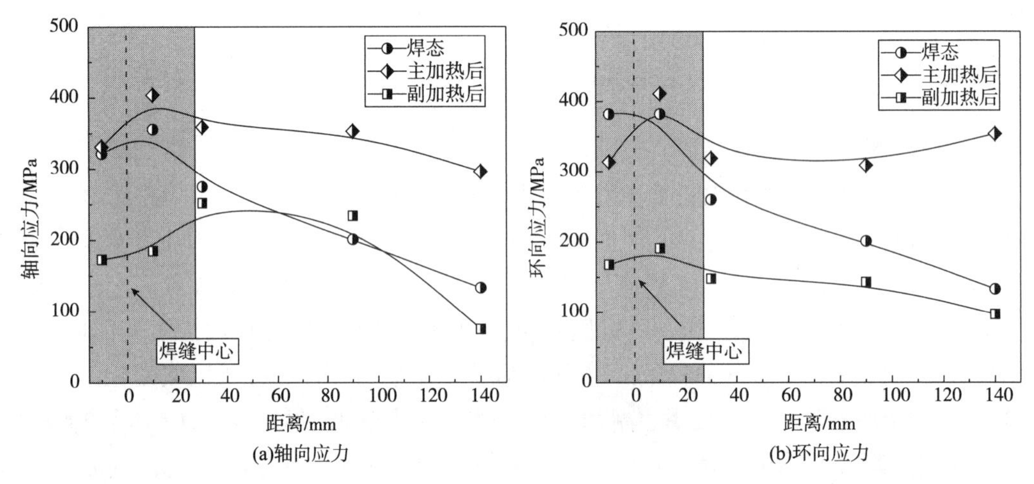

(a)轴向应力　(b)环向应力

图 4-56　B14 焊缝沿路径 P4 的残余应力分布

3. B19 焊缝

由以上分析可知，主副加热的间距为 900mm 时，焊接接头内表面消除效果明显。这和有限元计算的主副加热间距是一致的。为了研究副加热最高温度对内表面残余应力消除效果的影响，B19 环焊缝副加热的最高温度增加至 600℃，主副加热间距仍为 900mm，副加热带的宽度不变。

图 4-50 给出了 B19 焊缝沿 P5 路径在焊态、主加热后及副加热后应力变化情况。对于轴向应力，从图 4-57(a)可以看出，焊态轴向残余应力在焊接接头区域较大，峰值应力为 428MPa。主加热后，轴向应力在焊接接头及母材区域变化不大。副加热后，轴向应力在焊接接头降低明显，峰值应力为 178MPa，相比焊态应力降低了 58.4%。对于环向应力，从图 4-57(b)可以看出，焊态环向残余应力在焊接接头区域较大，峰值应力为 466MPa。主加热后，轴向应力有所升高。副加热后，环向应力降低明显，焊缝处峰值应力为 146MPa，相比焊态应力降低了 68.7%。

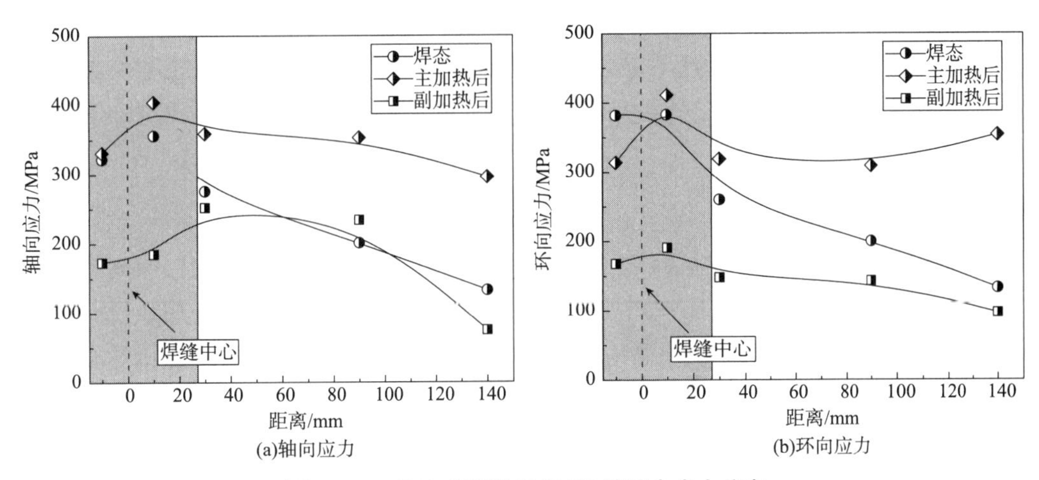

图4－57　B19焊缝沿路径P5的残余应力分布

图4－58给出了B19焊缝沿P6路径在焊态、主加热后及副加热后应力变化情况。对于轴向应力，从图4－58(a)可以看出，焊态轴向残余应力在焊接接头区域较大，峰值应力为432MPa。主加热后，轴向应力在焊接接头区域变化不大，在母材区域增大，应力梯度减小。副加热后，轴向应力降低明显，峰值应力为200MPa，相比焊态应力降低了53.7%。对于环向应力，从图4－58(b)可以看出，焊态环向残余应力在焊接接头区域较大，峰值应力位于焊缝中心，为329MPa。主加热后，环向应力在焊接接头及母材区域有所升高，热影响区最大，最大值为428MPa。副加热后，环向应力降低明显，峰值应力为166MPa，相比主加热后降低了61.2%。

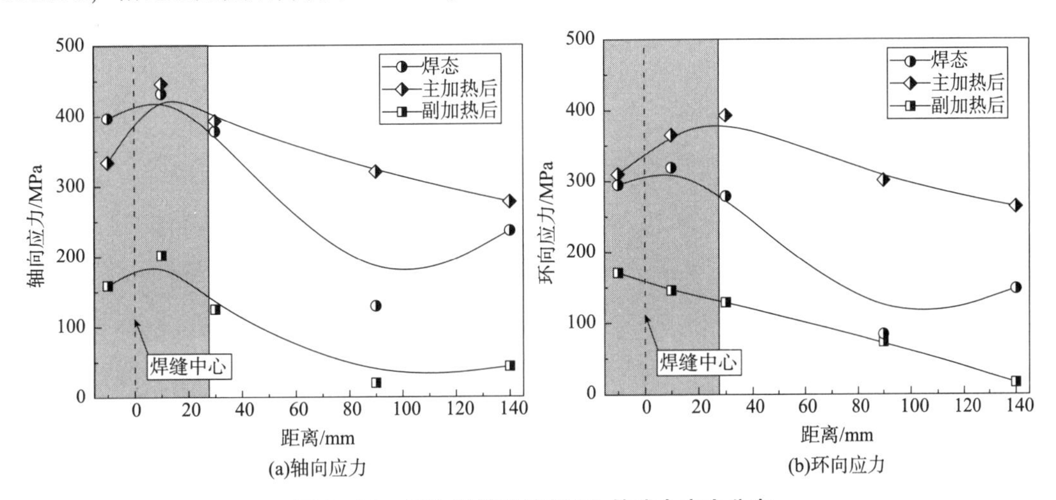

图4－58　B19焊缝沿路径P6的残余应力分布

由以上二甲苯塔主副加热局部热处理实验可知，主副加热消除内壁残余应力的效果是明显的，证明了所提方法的正确性和可靠性。由于二甲苯塔内壁支持构件的影响，内表面未产生压应力。相比焊态及主加热后，副加热后残余应力降幅显著。副加热温度越高，残余应力消除效果越明显。副加热的最高温度为400℃时，残余应力的降低接近50%。副加热的最高温度为600℃时，轴向应力和环向应力分别降低了58.4%和68.7%。温度由400℃增加到600℃，增幅为50%，而残余应力降低幅值仅为10%。综合考虑，主副加热间距为900mm和副加热的最高温度为400℃为最佳副加热工艺。

4.6.3 气体炉汽包

中国石油大学(华东)、中国石化工程建设公司(SEI)和茂名重力石化机械制造有限公司联合开展了气体炉汽包的主副加热局部热处理研究。汽包是水管锅炉中用以进行汽水分离和蒸汽净化、组成水循环回路并蓄存锅水的筒形压力容器。其主要作用为接纳省煤器来水，进行汽水分离和向循环回路供水，向过热器输送饱和蒸汽。汽包不但承受很高的内压，而且由于运行工况变化，还会由于壁温的波动产生热应力，因而工作条件恶劣，如果未进行有效的质量检测和运行工况监督，可能会出现严重的事故。因此，必须严格控制汽包所用材料的化学成分、机械性能和焊接与加工工艺质量，并经过一系列的严格检验。由于汽包内件较多且价格昂贵，筒体与封头组装完成后不能进行整体热处理。为了保证筒体和封头合拢环焊缝有效地去除焊接残余应力，进行了主副加热局部热处理。副加热带的热处理工艺参数按照设计要求进行。

通过进行焊接及热处理有限元模拟确定副加热带中心位置焊缝中心的距离 W_{DCB}。由于设备存在外部接管，因此结合现场实际情况，筒体副加热带中心位置距离焊缝中心的距离确定为 $W_{DCB-1}=520$mm，封头副加热带中心位置距离焊缝中心的距离确定为 $W_{DCB-2}=400$mm，如图4－52所示。在本项目中，副加热带的宽度设置为300mm，副加热带的最高保温温度为450℃，具体的热处理曲线如图4－59所示。

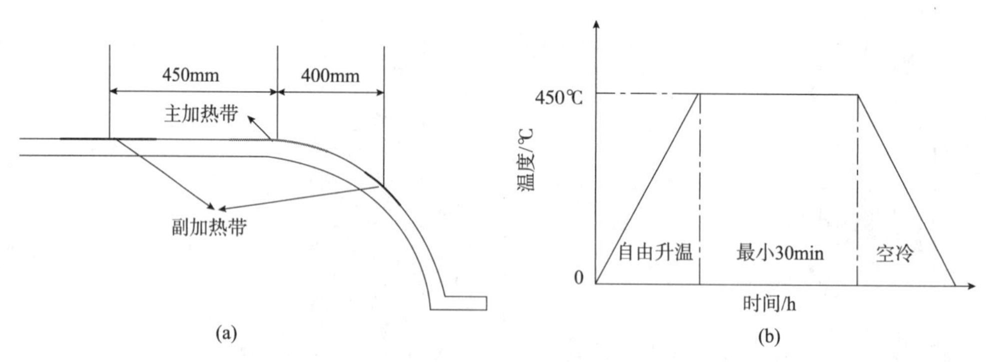

图4－59　加热带布置示意图及副加热热处理曲线

为了便于区分，将测试的第一台气体炉汽包标记为A，第二台标记为B。现场进行副加热处理及残余应力测试路径如图4－60所示。采用压痕法对气体炉汽包A和B进行焊接残余应力测试，具体如下：

(1)气体炉汽包A和B：筒体和封头合拢环焊缝副加热前残余应力；

(2)气体炉汽包A和B：筒体和封头合拢环焊缝副加热后残余应力；

(3)气体炉汽包B：筒体和封头合拢环焊缝整体入炉后外表面残余应力。

内外表面各测试两条路径，分别为 P1、P2，均沿筒体轴向方向，位于环焊缝两侧，包含焊缝、热影响区、母材。每个点的测试结果为轴向焊接残余应力(与筒体轴线方向一致)和环向焊接残余应力(与筒体切线方向一致)。为了保证测试数据的准确性，减小误差，副加热前后内外壁各分别测试两条路径。

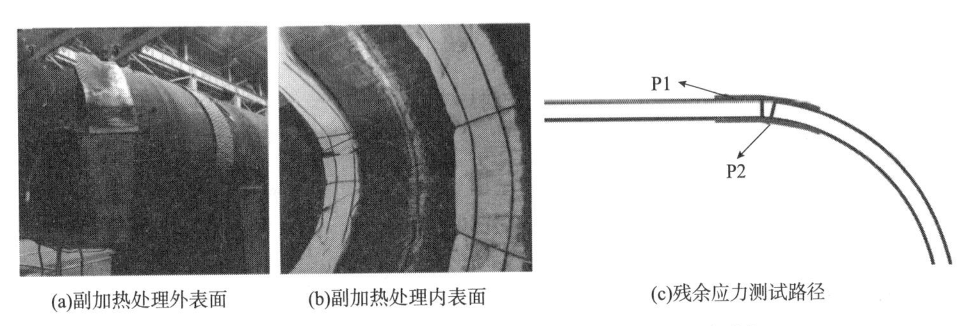

图 4-60 汽包 A 现场副加热处理及残余应力测试路径

图 4-61 ~ 图 4-64 为 A、B 两台气体炉汽包筒体和封头合拢环焊缝内外壁焊接残余应力分布，横坐标测试点位中，测点 1、测点 7 为母材，测点 2、测点 6 为热影响区，测点 3、测点 4、测点 5 为焊缝。经过主加热处理之后，外壁残余应力较小，内壁残余应力普遍较大，因此对焊缝强度影响最大的应力主要集中在内壁，应给予重点关注。经过热处理方案 B 工艺的改善，在两台设备封头处增设了一条副加热带，由此通过副加热处理前后对比可以看出：焊缝两侧施加副加热带可以明显消除环焊缝内表面的焊接残余应力。两台设备副加热处理后，轴向应力和环向应力均降低 60% 左右，环向应力降幅最大由 347MPa 降至 125MPa，降低 222MPa，消除率高达 64%；轴向应力降幅最大由 304MPa 降至 105MPa，降低 199MPa，消除率高达 65%。由图 4-63 可以看出，设备 B 筒体和封头合拢环焊缝经过整体热处理后，外壁的应力值普遍较小，与局部热处理相比，应力分布较为均匀。

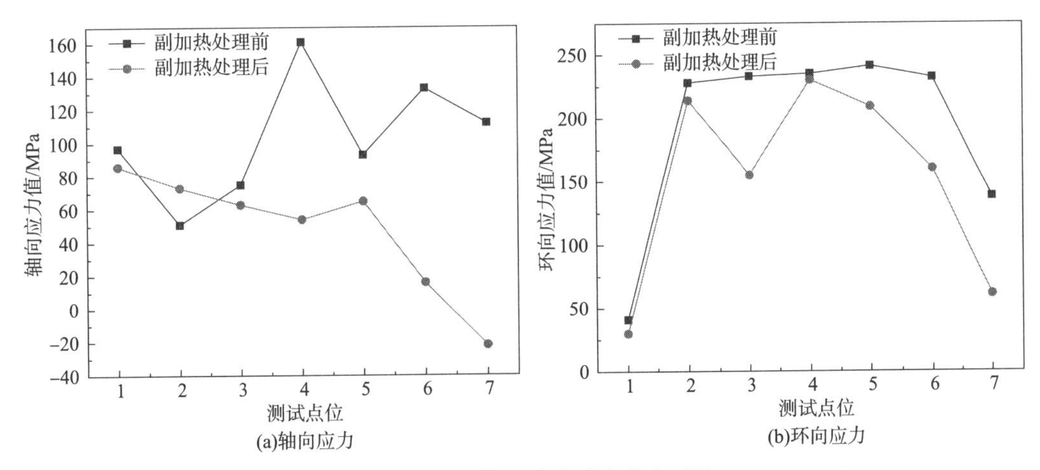

图 4-61 汽包 A 外壁残余应力对比

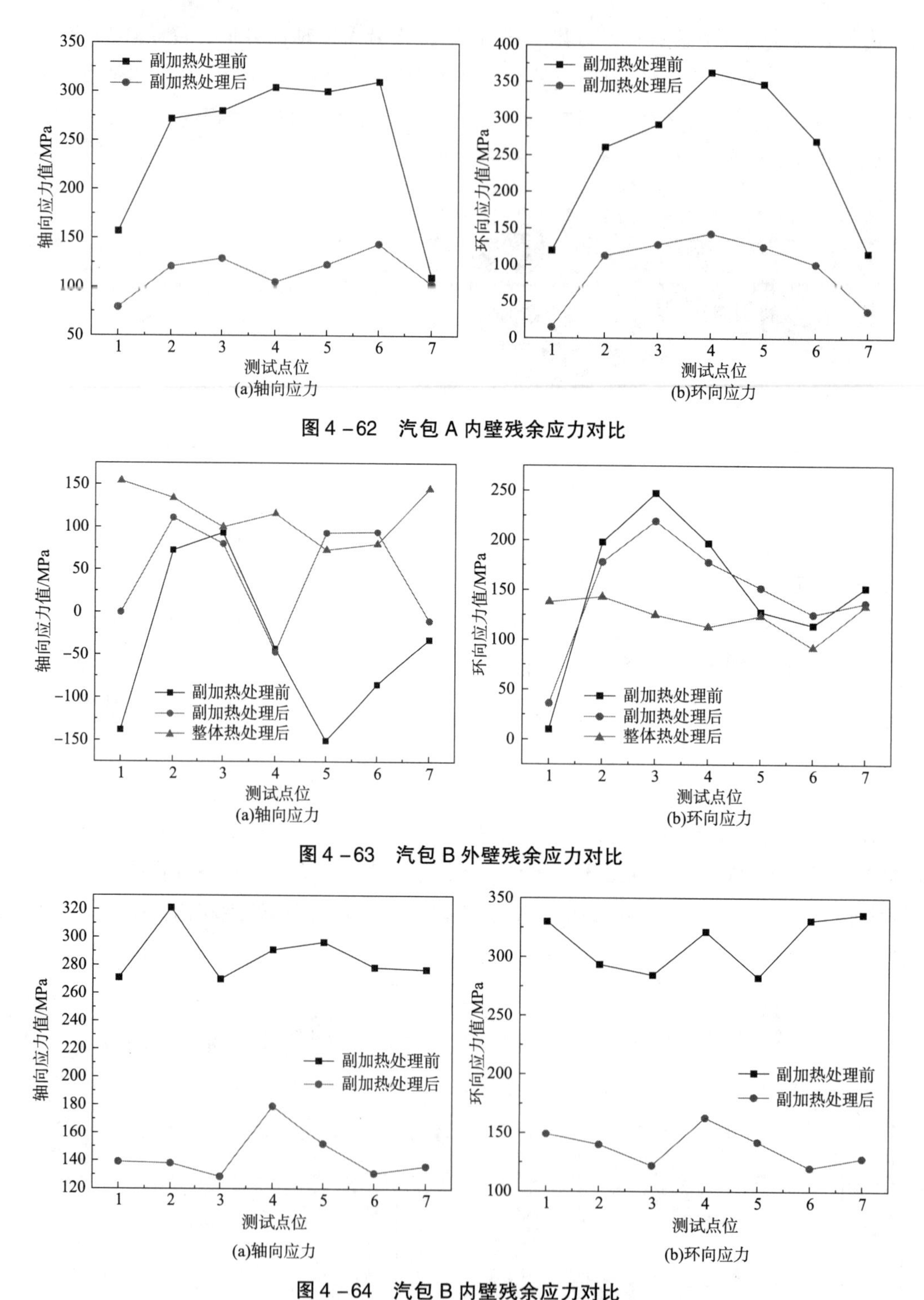

图 4-62　汽包 A 内壁残余应力对比

图 4-63　汽包 B 外壁残余应力对比

图 4-64　汽包 B 内壁残余应力对比

实际热处理效果相比模拟结果存在差距，内壁应力值没有降至压应力，分析原因主要有两个：

(1)现场主加热处理工艺和模拟计算不同；

(2)现场副加热处理由于时间和场地的限制，加热过程不够理想，主要表现在升温及保温阶段内外壁温差过大，超过100℃，热处理均温性较差。副加热温度曲线如图4－65所示。

图4－65　副加热工艺曲线图

综合以上结果可知：

(1)焊缝两侧各设置一条加热带的副加热处理方式对于内壁焊缝处残余应力的消除具有非常明显效果；

(2)筒体和封头合拢环焊缝经过整体热处理后，外壁的应力值普遍较小，且相较于局部热处理，应力分布较为均匀。现场热处理应尽量按照制定的工艺方案进行，热处理工艺方案也应考虑现场工况进行制定，形成模拟和实际之间的交互指导，从而更有利于热处理工艺方案的优化，最终更好地服务于承压设备残余应力消除难题。

4.6.4　全焊式固定管板换热器

中国石油大学(华东)和甘肃蓝科石化高新装备股份有限公司联合进行全焊式固定管板换热器的主副加热残余应力调控研究，对比传统热处理和主副加热热处理后的残余应力变化情况。采用压痕法应力测试方法进行焊接、传统局部热处理和主副加热局部热处理后环焊缝的应力测试，由于内部已经安装换热管，因此对外表面进行测试，并将测试结果与数值模拟结果比较，在验证数值模拟正确性的基础上通过有限元分析进一步证明主副加热对内壁应力的调控效果。主加热采用感应加热的升温方式，具体热处理工艺如图4－66所示，副加热采用陶瓷片加热，单侧陶瓷片宽度为200mm，副加热带中心距焊缝中心间距为650mm，副加热温度为500℃，保温时间为1h，主副加热热处理现场如图4－67所示。

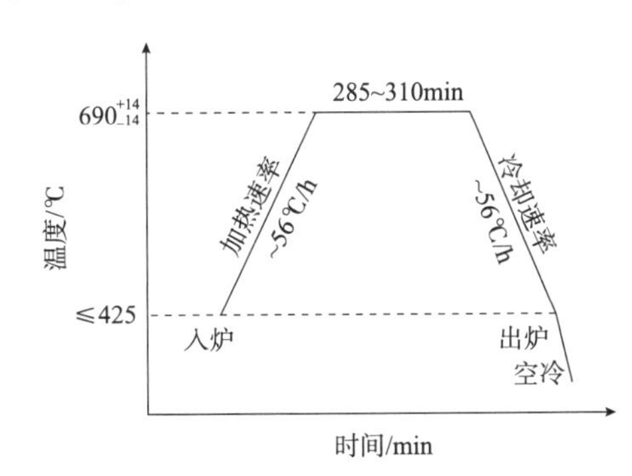

图4－66　主加热局部热处理工艺曲线

(a)主加热

(b)副加热

图4－67　主副加热局部热处理现场

传统局部热处理前后环焊缝内表面焊接残余应力分布如图 4－68 所示，内表面的轴向和环向残余应力均处于较低水平，经过局部热处理内表面轴向和环向焊接残余应力均增大。其中环向应力在焊缝和邻近焊缝的母材处增至 200MPa 以上，轴向应力增至 250MPa 左右。在局部热处理保温过程中，筒体焊缝处向外弯曲，所以在外表面会形成拉应力，内表面形成压应力。热处理后内表面形成拉应力主要是由于保温过程中内壁压应力造成的塑性应变在冷却后呈现拉伸状态导致的。因此传统的主加热局部热处理能够使外表面的残余应力减小，但也会使内表面的残余应力增加。由于设备在高压环境下运行，其内表面很容易发生应力腐蚀开裂，因此内表面残余应力水平对设备的安全有着重要影响。

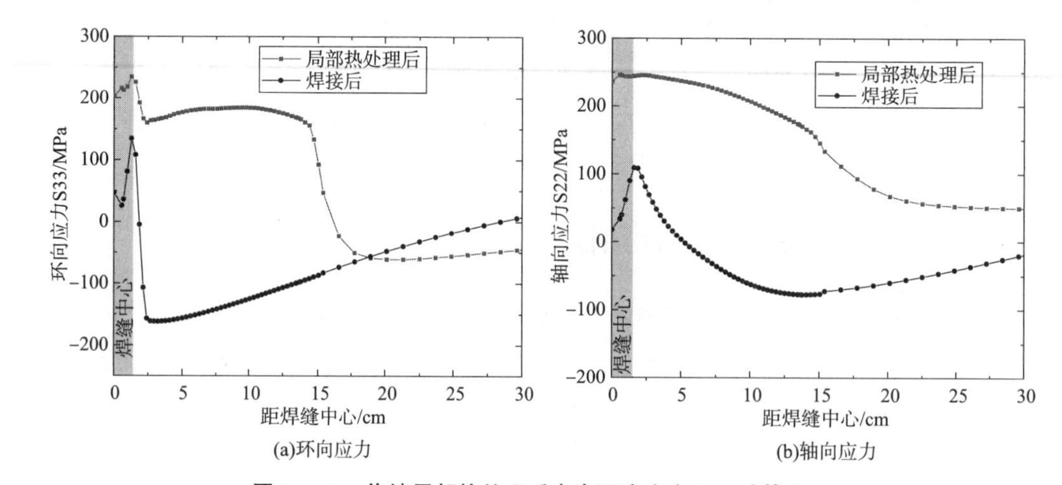

图 4－68　传统局部热处理后内表面应力有限元计算结果

如图 4－69 所示，经主副加热后，内表面的轴向和环向焊接残余应力均减小，环向应力在焊缝和邻近焊缝的母材处减小 100MPa 左右，轴向应力在焊缝及热影响区减小 200MPa 左右，应力消除效果明显。由于受到副加热反变形的影响，内表面变为较小的拉应力，当收腰变形足够大时可以降至压应力。经过主副加热局部热处理，可以更好地调控焊缝内表面的残余应力，对在含腐蚀介质中服役的压力容器安全性具有重要意义。

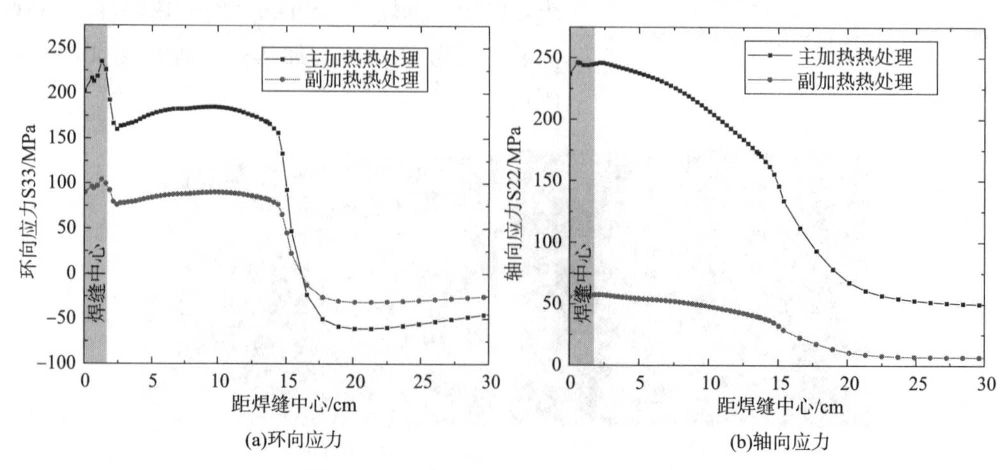

图 4－69　主副加热后内表面应力分布

4.6.5　加氢反应器

中国石油大学(华东)和二重(镇江)重型装备有限责任公司采用有限元计算和试验的方法对加氢反应器合拢焊缝进行局部热处理研究，首次运用卡式炉进行主副加热局部热处理。加氢反应器材质为12Cr2Mo1V，内径为5800mm，厚度为290mm，内壁采用堆焊焊接，过渡层选用309L，耐蚀层选用TP 347。图4－70为卡式炉主副加热热处理的工艺曲线，卡式炉热处理现场如图4－71所示。

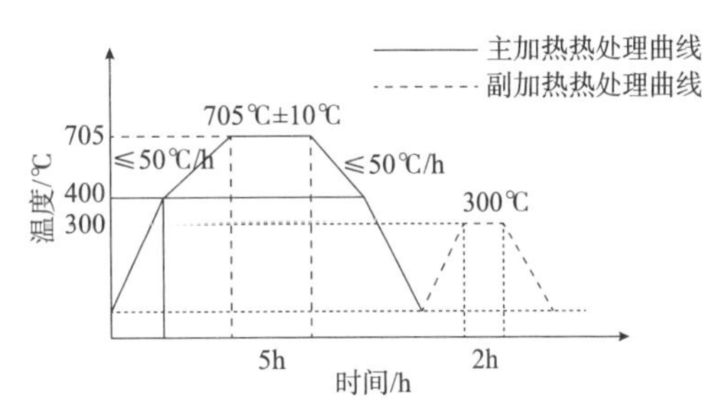

图4－70　主副加热局部热处理工艺曲线

(a)主加热

(b)副加热

图4－71　卡式炉局部热处理现场

焊缝内表面在焊态和传统热处理后的残余应力分布如图4－72所示，分别采用模拟和试验的方法进行残余应力对比研究，有限元模拟结果与压痕法残余应力测试结果非常接近，最大误差仅10%，证明所建立的有限元模型是正确的。对于轴向应力，未进行热处理之前，内表面焊缝处存在较大的拉应力，最大值为440MPa。采用传统热处理方法后，由于收腰变形的影响，最大值增加至456MPa，增加16MPa。焊态环向应力最大应力为

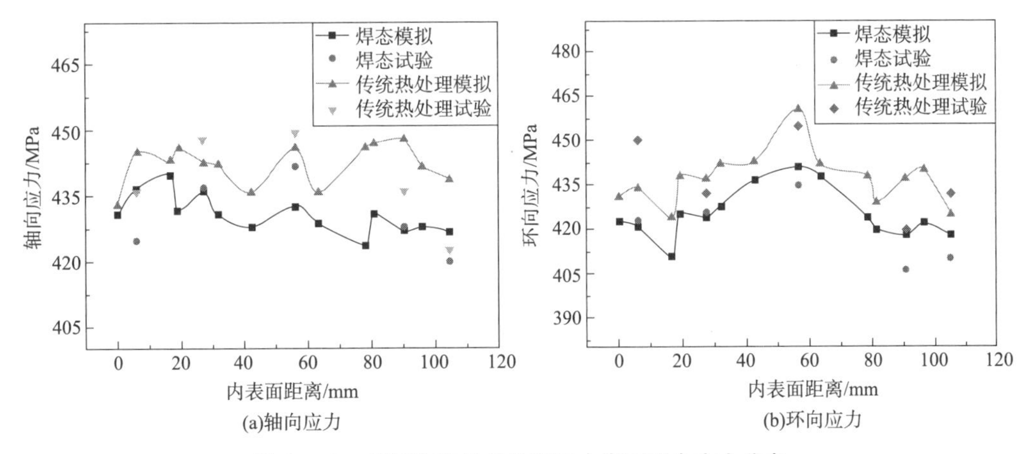

图4－72　焊接和传统热处理后内表面残余应力分布

451MPa，在进行传统热处理后，沿壁厚方向应力梯度有所下降，但内表面最大应力升至463MPa，增加12MPa。由此看出，传统的局部热处理方式不能有效地缓解焊缝内表面残余应力，应力不降反增。

传统热处理和主副加热热处理后合拢焊缝内表面残余应力分布如图4－73所示。对于轴向应力，采用传统局部热处理方法后，焊缝外表面产生压应力，而内表面焊缝处仍呈现较大拉应力，其最大值为456MPa。采用主副加热局部热处理方法，在焊缝内表面应力明显降低，最大值为297MPa，降幅为34.8%，且在内表面焊接接头附近应力分布均匀。对于环向应力，采用传统热处理方法后，内表面最大值为460MPa，采用主副加热局部热处理方法后，内表面应力最大值降为303MPa，降幅为34.1%，应力明显改善，焊接接头区域沿厚度方向整体应力分布均匀。

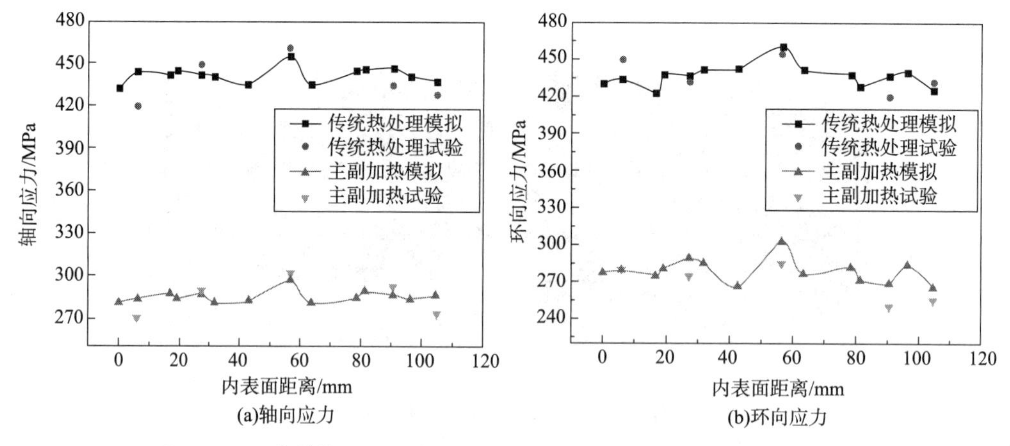

图4－73 传统热处理和主副加热局部热处理后内表面残余应力分布

参考文献

[1]Kang S S, Hwang S S, Kim H P, et al. The experience and analysis of vent pipe PWSCC (primary water stress corrosion cracking) in PWR vessel head penetration[J]. Nuclear Engineering & Design, 2014, 269: 291－298.

[2]Qiang Jin, Wenchun Jiang, Wenbin Gu, et al. A primary plus secondary local PWHT method for mitigating weld residual stresses in pressure vessels[J]. International Journal of Pressure Vessels and Piping, 2021, 192: 104431.

[3]蒋文春，金强，谷文斌，等．主副加热调控残余应力局部热处理方法：202010198508.2[P].

[4]蒋文春，金强，王金光，等．主副感应加热局部热处理方法：202011556840.8[P].

[5]蒋文春，罗云，万娱，等．焊接残余应力计算、测试与调控的研究进展[J]．机械工程学报，2021，57(16)：306－328.

[6]汪建华，陆皓，魏良武，等．局部焊后热处理两类评定准则的研究[J]．机械工程学报，2001(6)：24－28.

[7]胡美娟，刘金合，康文军，等．电子束局部热处理对TC4钛合金焊接接头组织和性能的影响[J]．焊

接学报，2008(2)：104－107＋118.
[8]陆皓，汪建华，村川英一．Cr－Mo钢管子局部焊后热处理加热宽度准则的确定[J]. 焊接学报，2006(3)：5－8＋113.
[9]王泽军．球形储罐局部消应力热处理的机理与效果评价研究[D]. 天津大学，2007.
[10]王泽军，卢惠屏，荆洪阳．加热面积对球罐局部热处理应力消除效果的影响[J]. 焊接学报，2008(3)：125－128＋159.
[11]张国政，赵峰．钢制压力容器焊后热处理研究[J]. 工业加热，2013，42(1)：66－68.
[12]俞松柏．大型压力容器的现场热处理[J]. 石油工程建设，2002(1)：28－31＋41－4.

第5章　热处理加热方法

5.1　电阻加热-柔性陶瓷片

电阻加热是局部热处理最常用的加热方式之一，主要采用柔性陶瓷电阻加热片，具有使用方便、成本低等优点。然而，柔性陶瓷电阻加热片主要基于辐射加热，热效率低，仅为30%，导致温控精度低，深层难热透，最大加热厚度只能达到70mm，无法实现超壁厚设备的局部热处理。本节将从电阻加热原理、陶瓷片的选型和使用方法等方面介绍柔性陶瓷电阻加热。

5.1.1　电阻加热原理

电阻加热是指利用电流流过导体的焦耳效应产生的热能对工件进行加热。电阻加热分为直接电阻加热和间接电阻加热两类。前者的电源电压直接加到被加热物体上，当有电流流过时，被加热物体本身便发热。可直接电阻加热的工件必须是导体，同时要有较高的电阻率，由于热量产生于被加热物体本身，属于内部加热，因此热效率很高。间接电阻加热需由专门的合金材料或非金属材料制成发热元件，由发热元件产生热能，通过辐射、对流和传导等方式传到被加热物体上。由于被加热物体和发热元件分成两部分，因此被加热物体的种类一般不受限制，操作简便。陶瓷电阻是以辐射的方式进行加热，即间接电阻加热。其加热原理如图5-1所示，从加热器发出的热能以辐射的形式传到工件的外表面，依靠金属导热从外表面向内部传导。

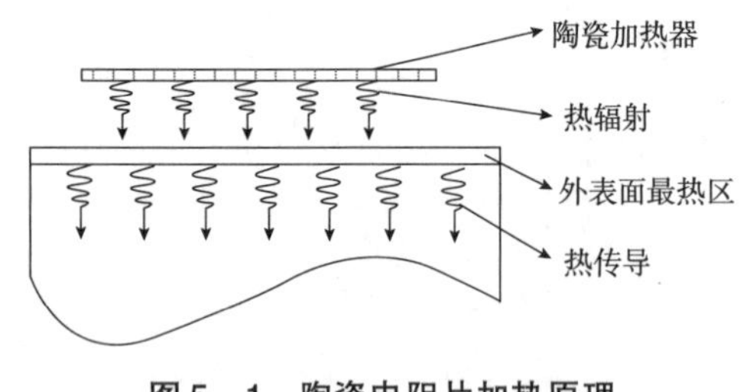

图5-1　陶瓷电阻片加热原理

5.1.2　陶瓷电加热器概述

陶瓷电加热器通称柔性加热器，它是选用优质镍铬合金丝缆，外套高纯度氧化铝陶瓷绝缘件制成履带式或绳式加热器以及其他产品形式。它能根据工件形状、尺寸制作，可以拼接、弯曲、缠绕紧贴工件加热，可满足用户各种工件热处理要求。电阻丝安装方法有全埋式、微露式、外露式、半露式、瓷管组合式、搁砖支撑式、单丝吊挂式。其广泛应用于化工、造船、电力建设、机械制造等行业的合金钢构件、管道和压力容器焊接的焊前预热、中间消氢、局部焊后热处理，具有劳动强度低、使用安全可靠、操作方便的优良性能。陶瓷电加热器各有特点，性能也不尽相同。如 LCD 型履带式加热器、SCD 型绳状式加热器、NJ 型内热式框架加热器等，一般需用户根据被加热工件的形状、厚度及所需的温度值来进行选择。

陶瓷电加热器的特点如下：

(1)体积小，结构简单合理，重量轻，搬运装拆劳动强度低；

(2)可根据热处理工件需要来确定陶瓷电加热器的数量，不受任何条件的约束；

(3)陶瓷电加热器直接覆盖在热处理工件上，外面包覆一层保温毯(针刺毯)，不需任何热容量大的材料，因此操作简单；

(4)在热处理过程中，对被加热件无有害的影响。

5.1.3 陶瓷电加热器的分类

1. LCD 型履带式陶瓷电加热器

LCD 型履带式陶瓷电加热器(图 5－2)采用强度高、热辐射性能好的氧化铝陶瓷元件作绝缘材料，用优质镍铬丝缆作发热体，穿接好的加热器可以是矩形、扇形或三角形。其镍铬丝缆与导线相接，具有绝缘、安全可靠的优点。陶瓷电加热器与控制设备配套即成为完整的热处理系统，它们的连接采用专用接插件，并可根据工件与控制设备的距离配置接长导线。

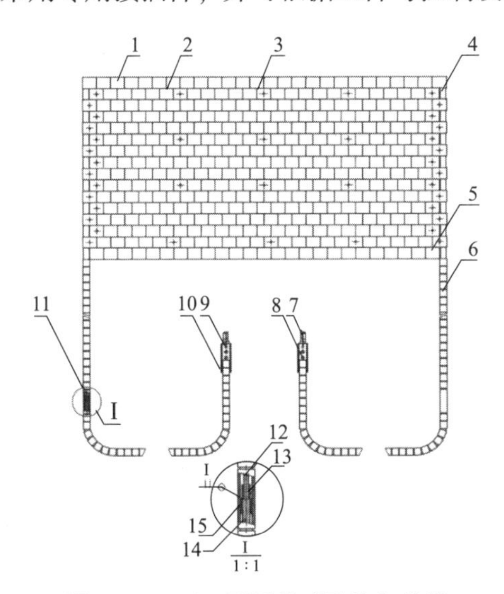

图 5－2 LCD 型履带式陶瓷加热器

1—端板；2—中板；3—孔中板；4—小边管；5—阴端板；6—出线珠；7—插头；8—开槽平端紧定螺钉；9—销子；10—护套；11—小瓷管；12—电阻丝；13—不锈钢圈；14—引出导线；15—不锈钢圈

2. SCD 绳状陶瓷电加热器

绳状陶瓷电加热器是根据履带式陶瓷电加热器所研制的一种新型电加热器，其工作及参数相同于履带式陶瓷电加热器，能满足电厂检修管道工程的热处理和各种异形焊接构件的热处理。绳状加热器的线径是 ϕ12mm，其弯折最大直径为 70mm，能满足 ϕ70mm 以上的各种管道热处理。

3. ZCD 型指状陶瓷电加热器

ZCD 型指状陶瓷电加热器是由两条优质镍铬电阻丝，经特定工艺弯曲成型后，通过每束 5 只热辐射性能好的氧化铝陶瓷环串联成 5 ~ 72 指不等数量的指状电加热器。它非常适用于各种尺寸的管道焊接预热及热处理，具有低电压、高效率、多用途、使用寿命长等优点。

4. ZCD 型指状陶瓷电加热器

PTC 型陶瓷加热器采用 PTC 陶瓷发热组件与波纹铝条经高温胶黏组成。该类型 PTC 加热器具有热阻小、换热效率高的优点，是一种自动恒温、省电的电加热器。它的一大突出特点在于安全性能上，它在任何应用情况下均不会产生如电热管类加热器的表面“发红”现象，从而消除人员烫伤、引发火灾等安全隐患。其由半导体的发热陶瓷片组成，在外面温度降低时，PTC 的电阻值就会随之变小，但是其发热量反而会增大。这是一种具有 PTC 效应的材料，也就是说具有正温度系数效应，它指的是材料的电阻会随温度的升高而增大，通过利用 PTC 热敏电阻恒温发热特性实现热处理过程中的温度控制。

5.1.4 陶瓷电加热器设计与检验

LCD 型履带式陶瓷电加热器是目前应用最广泛的陶瓷电加热器，但目前国内外还没有相关设计标准，本书以大量的工程实例为依据，总结出陶瓷电加热器相关工程设计指导。下面以 LCD 型履带式陶瓷电加热器为例进行设计说明。

1. 结构型式

加热器由氧化铝陶瓷元件(以下简称陶瓷元件)、镍铬丝缆及接插件组成。可根据被加热体的形状和加热面积大小及不同热处理的温度要求，组成相应的电加热器。

2. 技术要求

(1)陶瓷元件符合下列性能要求：冷态绝缘电阻应不小于 2MΩ；热态绝缘电阻应不小于 0.5MΩ；抗震性能应经得起三级以上；抗压强度应不小于 540MPa；

(2)在额定电压上偏差不大于额定值的 10%、下偏差不小于额定值 15% 的条件下能正常工作；

(3)加热器应承受频率 50Hz、电压 2000V 的交流电作用 1min 无击穿或闪络现象；

(4)加热器温性性能测定：在室温 220V 额定电压下，采取双面保温，升温至最高工作温度 1050℃，其升温时间不大于 60min；

(5)加热器超载升温至 1100℃，在空气中冷却至室温后，陶瓷元件用肉眼观察应无裂纹，镍铬丝缆功能正常；

(6)加热器应结构紧凑，板面清洁，严合平整，镍铬丝缆无裸露，陶瓷元件无裂纹。

3. 试验方法

对陶瓷电阻加热器进行性能方面的检验通常包括以下的相关实验。

1)外观采用目测法

采用看、摸、敲、照的方法对其外观进行检查，确保外观没有损坏。

2)绝缘电阻试验

冷态绝缘电阻试验电加热器应加热至200℃，保温300min后，空冷至室温，用500V兆欧表测定；热态绝缘电阻试验电加热器升温至105℃，切断电源后1min内用500V兆欧表测定。

3)抗热震性试验

陶瓷元件加热至1000℃ ±25℃后，冷却至400℃取出，立即投入20℃冷水槽内为一次试验，连续三次试验以上陶瓷元件不破裂，即判定合格。

4)抗压强度试验

陶瓷元件磨成直径为9.7mm、长度为15mm规格的试件，在强度试验机上进行。

5)耐电压试验

加热器耐电压试验按GB/T 16935.1低压系统内设备的绝缘配合规定进行。

6)升温试验

加热器在额定电压下，采用硅酸铝纤维毡双面保温，每面保温层厚度不小于80mm，从室温开始自由升温。

7)超载升温试验

应在1.2倍额定电压按上述(5)的方法进行。

4. 检验规则

加热器的检验分为出厂检验和型式检验两种。

1)出厂检验

出厂检验按上述“技术要求”中的(1)、(3)、(6)条进行。

2)型式检验

型式试验项目按上述“试验方法”的全部内容进行。型式检验的加热器应从出厂检验合格的产品中抽取，每次抽三台，试验时若有一台不合格，则取加倍数量的产品进行重复试验，若复试中仍有一台不合格，则判为不合格产品。

凡属下列情况之一者，应进行型式检验：

(1)新试制的加热器；

(2)当产品的设计、工艺或材料有重大变更，影响性能时；

(3)产品停产一年后再次恢复产时；

(4)对正常的批量生产的产品，每隔两年进行一次。

5.1.5 选型和使用方法

对于管道的热处理，可以采用履带式加热器或者绳状陶瓷加热器。对于壁厚超过70mm的大型或超大型压力容器、大直径管道，一般采用履带式陶瓷加热器。下面介绍怎样选择加热器规格和使用方法。

1. 加热带宽度确定

加热带宽度应根据工艺要求和热处理工件的壁厚来综合确定。假设L为热处理工件的长度，H 为加热宽度，即陶瓷加热器宽度。对于筒体工件而言，采用外壁加热时，加热的长度 $L=\pi D$（D 为工件外径），则加热面积为 $A=L\times H$。加热带宽度 H 的确定，需要根据局部热处理标准。通过大量的试验和计算已经证明，加热带宽度 H 为$(6\sim8)\delta$ 时，即可满足热处理标准均温区温度的均匀性要求。其中，δ 为热处理工件的壁厚。

2. 加热功率的确定

根据加热器的面积，按 $4.5\sim5\text{W/cm}^2$ 计算加热器的功率。每平方厘米所承载的功率设定要适中，设计过小会影响加热器升温速率，设计过大又容易造成镍铬丝烧断而损坏加热器。柔性陶瓷电阻加热器的功率一般可设定为 10kW、5kW、3.3kW、2.5kW、2kW、1.6kW、1.25kW。功率 5kW 以下，2 片（根）或 2 片（根）以上串联使用的加热器所设定的电压、功率应能符合串联使用的电压、功率。电加热器基本参数及规格见表 5－1。型号"LCD－220－26"中："LCD"为产品代号，履带式陶瓷电加热器；"220"为额定电压；"26"为弯折面瓷块数。

表 5－1　电加热器基本参数及规格

序号	型　号	额定电压/V	额定功率/kW	最高工作温度/℃	发热面尺寸（长×宽）/mm²
1	LCD－220－26	220	10	1050	680×340
2	LCD－220－50	220	10	1050	1320×180
3	LCD－220－39	220	10	1050	1020×220
4	LCD－220－44	220	10	1050	1130×200
5	LCD－220－16	220	10	1050	440×520
6	LCD－220－33	220	10	1050	860×260
7	LCD－110－64	110	5	1050	1720×65
8	LCD－110－24	110	5	1050	630×165
9	LCD－110－48	110	5	1050	1260×82.5
10	LCD－110－12	110	5	1050	315×330
11	LCD－110－16	110	5	1050	430×250
12	LCD－55－20	55	2.5	1050	530×82.5

3. 控温设备的选择

确定控温点来划分控制区域，并合理安置热电偶。应根据焊后热处理的温度、仪器的型号、测控温精度选择热电偶。热电偶的直径与长度应根据焊件的大小、加热宽度、固定方法选用。目前常用的为 K 分度的防水型铠装热电偶或 K 分度热电偶丝，其质量分别符合相关标准的设计要求。为了保证仪表测量温度的准确性，应将热电偶点焊于热处理工件上，点焊时需注意热电偶头部要与工件无角度贴紧。在热处理过程中应防止热电偶与焊件接触松动、脱落，采用焊接方式固定热电偶时，焊后热处理结束后应将热电偶焊点打磨干净。

另外，重要部位（如厚壁接管、不等厚大型插入板焊缝处、裙座与壳体的焊缝等特殊位置）测温点可增加备用热电偶。测温点数量及其布置应在热处理工艺文件中作出规定，且应符合 GB/T 30583 的规定。局部焊后热处理工件均温区内任一点温度，都应在规定温度范围内。焊后热处理温度以在焊件上直接测量为准。热电偶的安装位置与数量，应以保证测温和控温准确可靠、有代表性为原则。在焊后热处理过程中，测量温度应连续自动显示、记录、储存、打印，记录图（表）上能够区分每个测温点的温度与时间。常规记录仪安装的记录纸应与记录仪分度号标尺相匹配。数字温度控制系统的显示温度应以自动记录仪的温度显示为准进行校准。

4. 电加热器的铺设

首先，将所需的履带式陶瓷电加热器用不锈钢丝相互连接起来，然后覆盖在加热工件上，用不锈钢丝或不锈钢带捆扎紧陶瓷电加热器。加热器应与被加热工件贴合良好，以免加热器悬离部分因热量传导过慢而烧坏。另外要注意加热器不能相互重叠布置，防止加热器烧坏。

5. 保温层的铺设

在热处理时加热器上必须铺设保温层，否则会因热量大量散失导致升温困难。保温材料采用硅酸铝纤维针刺毯，保温层厚度取 50～80mm，宽度根据加热区宽度而定，一般保温层的宽度为加热区宽度的 2～3 倍。保温层覆盖在加热器上面，然后用铁丝或扁钢带扎紧，加热器的引线（即导线）不能包在保温层内，以免绝缘层熔化造成短路。对于壁厚、尺寸较大的工件，非受热面也应铺设保温层，固定方法根据使用现场决定，在有条件的情况下可采用保温工装。

6. 控制设备的连接

将每块加热器的引线根据控温点的划分，相应地连接到控制设备上。如果引线与控制设备距离不够，可采用专用延长导线。

7. 检查与准备

加热器电源线全部接好后，应详细检查有无短路的地方，加热器的引线、热电偶的补偿导线是否与发热元件接触。检查完毕通电加热时，先用手动操作控制设备进行试动作，确定无误时控制设备即可通电并按照设定的热处理工艺进行加热。热电偶、陶瓷电加热器的安装及与控制设备的连接如图 5－3 所示。

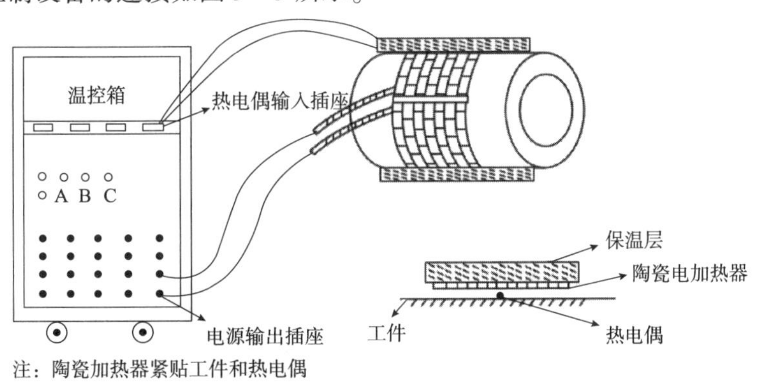

注：陶瓷加热器紧贴工件和热电偶

图5－3　热电偶、陶瓷电加热器的安装及与控制设备连接示意图

5.1.6 工程应用案例

以某大型储罐现场补焊焊缝局部热处理为例，储罐内径为4500mm，壁厚为42mm，材质为Q345R，采用陶瓷电阻加热片加热。保温材料选用硅酸铝纤维毡，控温及测温热电偶为KC型Ⅱ级铠式热电偶。

沿整条焊缝圆周方向铺设柔性陶瓷电阻加热片，加热带宽度为600mm，内外壁均铺设保温棉，保温棉宽度为1200mm，厚度为50mm。图5－4为保温棉铺设现场。

图5－4 保温棉布置现场

采用KC型铠装热电偶作为温度检测元件，控温热电偶沿焊缝中心线布置，采用点焊的方法将热电偶固定在筒体内外表面。除控温热电偶外，还在焊缝两侧均温区边缘位置处布置测温热电偶，以保证筒体环焊缝达到热处理保温温度要求。热电偶布置如图5－5所示。

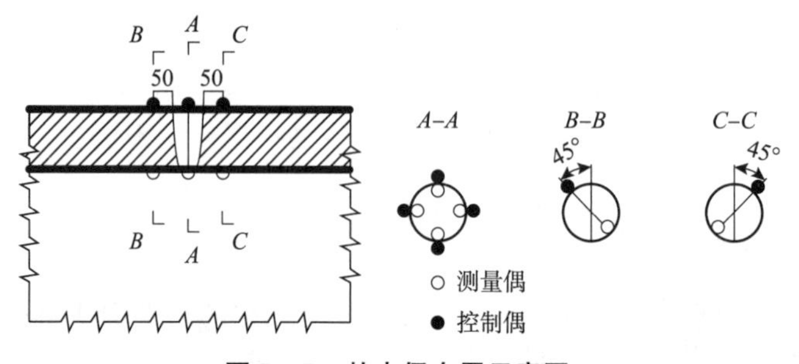

图5－5 热电偶布置示意图

Q345R钢焊后热处理工艺曲线如图5－6所示。首先将工件以150℃/h的加热速度升温到400℃，随后以56℃/h的升温速度升温到590～610℃，并保温2h，之后以56℃/h的速度降温到400℃，随后自然冷却。图5－7为陶瓷加热片布置现场。

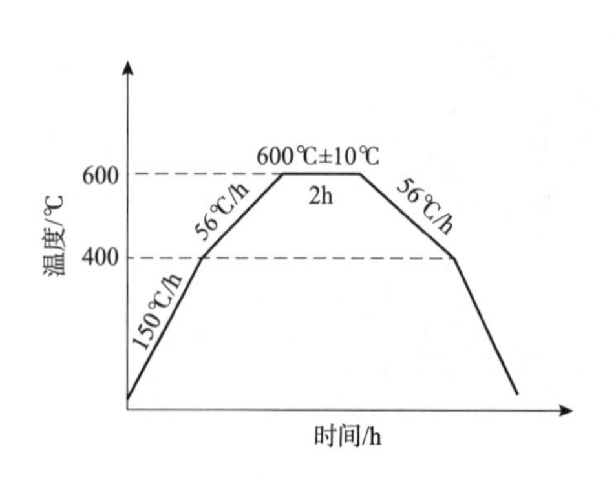

图5－6 热处理工艺曲线

图5－7 加热片布置现场

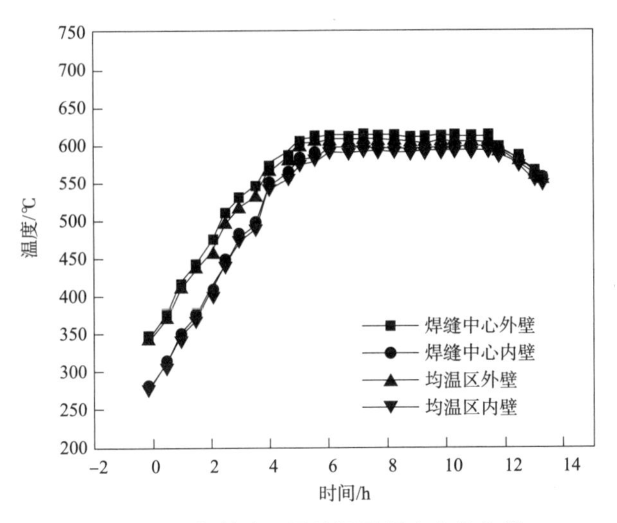

图5-8 焊缝中心及均温区温度变化曲线

从筒体焊缝和均温区温度变化曲线(图5-8)可以看出，在热处理初始升温阶段，内外壁温差较大，这是由于在温度低于400℃时，加热速率快，导致内外壁温度均匀性较差。温度高于400℃时，降低升温速率，缓慢升温至保温温度，保温时刻焊缝和均温区外壁最高温度为608℃，内壁最低温度为592℃，能够满足局部热处理工艺要求。

5.2 火焰加热-卡式炉

卡式炉热处理是目前加氢反应器合拢焊缝采用的常见局部热处理方法。卡式炉结构简单，制造成本低，组件可以拆卸组装，并且带有热处理工业炉所必需的管道、烧嘴等设备，解决了现场大型反应器合拢焊缝不能整体进炉或局部电加热的热处理难题，具有良好的使用前景。

5.2.1 工作原理

卡式炉加热是依靠天然气、柴油等燃料燃烧产生的高温烟气对工件进行加热。在加热过程中，燃料在密闭炉体内燃烧产生高温烟气，高温烟气通过热辐射、热对流和热传导把热量传递给被加热工件。通过调整烧嘴火焰大小和进气量，控制炉腔的温度，实现工件按照热处理工艺的要求进行升温-保温-降温过程，达到改善焊缝组织性能、消除残余应力的作用。

5.2.2 系统组成

卡式炉由炉体、供油系统、供风系统、点火系统、燃烧系统、管线系统以及电气系统组成。其中炉体为可拆卸拼装式炉，整个炉体为钢结构件，钢架采用刚性好、强度高、质量轻的方管焊接而成。炉墙、炉顶及炉底均采用可拆卸的框架组成，框架之间采用螺栓连接，框架与钢架之间也采用螺栓固定，这样便于更换。炉膛内部采用普通硅酸铝纤维毡压缩块进行保温，硅酸铝纤维毡压缩块用不锈钢连接件与小框架面板焊接固定。

1. 燃烧系统

由于现场热量损失较大，在卡式热处理炉的下部安装2个大烧嘴，分别置于炉体两侧下部对角位置。先由供风系统通风，然后通天然气，混合后进行电子点火。为使热气充分循环，加热均匀，上部按照下部烧嘴燃烧的热流流向在炉体的上部对称位置各安装2个小烧嘴，形成两大循环热气流，可保证工件在炉内被均匀加热。各烧嘴点火均采用一个石油液化气罐供气，用管线与烧嘴连接。

燃烧系统外管道之间全部用法兰螺栓连接，以便于现场安装和拆卸、转运。加热燃烧系统的高速调温烧嘴布置，应能保证烧嘴燃烧形成围绕筒体环向流动。

2. 供油、供风和管线系统

卡式炉的供油系统主要由2台齿轮泵组成，1台供油，1台备用(也可用其将油桶中的柴油抽到油罐中)。

卡式炉的供风系统主要由2台鼓风机组成。炉体每侧上、下2个烧嘴为一单独的供风系统，这样管线之间既互不影响，也不会横跨炉体，装卸方便。管路上有2组蝶阀，风量可根据烧嘴燃烧情况进行调节。管线采用无缝钢管，各管线断开处通过法兰连接。

5.2.3 使用方法及注意事项

1. 准备工作

首先，将热处理环缝置于卡式炉炉膛中间，工件筒体与卡式炉之间的缝隙采用硅酸铝耐火材料纤维毡封堵严实。卡式炉两侧应铺设保温隔热材料，保温隔热材料铺设宽度宜为1000～1500mm，保温隔热材料铺设厚度应大于100mm(图5－9)，以避免产生温度梯度。卡式炉及卡式炉两侧保温隔热部位的筒体内表面也应铺设保温隔热材料。在对有不完全封闭敞开端的筒体进行热处理时，宜将筒体的敞开端口完全封堵，端口封堵工装见图5－4，筒体各开口接管宜用保温棉塞堵严实。

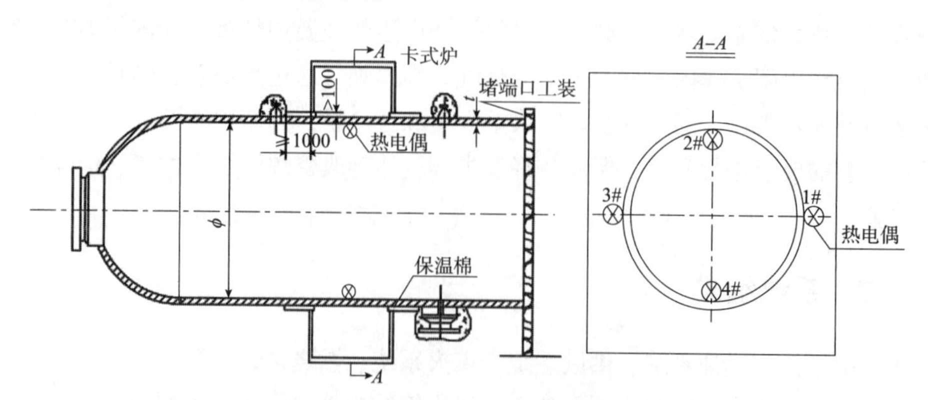

图5－9 卡式炉装炉及热电偶布置示意图

2. 卡式炉加热的温度测量

在进行卡式炉热处理的温度测量时，要布置热电偶，主要包括：监测炉膛温度的测温热电偶，及时调节进气量，防止炉膛温度过高发生危险；钢板或焊接接头处的测温热电偶和控温热电偶，用来测量和控制温度。热电偶固定之前需磨去热电偶与筒体外壁接触的氧化皮，使热电偶直接与筒体金属接触。为了减少温度梯度的产生，热处理前把筒体上所有接管孔和筒体敞开端全部封闭。

当进行环向焊接接头局部热处理时，热电偶在被加热部位的焊接接头中心线内外表面各放置 2 支，并互成 90°，保证监测到不同区域位置的温度。

3. 卡式炉加热的温度控制

准备工作完成后，全面检查炉子周围安全后才能点火加热。加热过程中根据炉膛压力及温度调节烟道蝶阀，要做好手工记录，经常观察，防止发生意外。在热处理过程中，通过窥视孔观察炉子各燃油烧嘴火焰燃烧情况，随时调整风量和气量使燃烧充分，以火焰呈灰黄色、不使烟囱冒黑烟或白烟为宜。根据温度记录曲线调节上、下各烧嘴，使各点温度处于允许温度范围之内。

对于燃油炉，运行过程中油压保持在 0.3MPa 左右，雾化的压缩空气保持在 0.3 ~ 0.4MPa 范围内，风量大小可根据火焰燃烧情况进行调整。可随时通过窥视孔观察火焰燃烧情况，调节油量的同时亦应调整风量大小，使燃油充分燃烧，点火时油量、风量要小，开始燃烧之后逐渐增大，使火焰燃烧充分。每隔 0.5h 记录一次燃烧情况，根据热电偶反馈和工艺要求适当调节油、风流量，火焰长度一般在 1000mm 左右为宜。

对于燃气炉，排烟调压系统中的调节阀与炉体上设置的炉压表联动，根据炉压大小调整调节阀的开闭角度，使炉内始终保持微正压状态。当加热到 400℃ 以上升温期间，任意两热电偶之间的温差不应超过 120℃。在整个保温期间，加热中心区(即焊接接头中心线)任何 1 支热电偶的读数不应超过保温温度范围。

4. 其他注意事项

点火前，须事先安装、调试好设备，打开烟道阀门等。检查测温系统线路、电器是否正常。检查油、风、压缩空气、液化气管路阀门是否畅通。仔细检查设备各管路、油路、线路等是否符合要求。启动风机吹扫炉膛 10min 后，各烧嘴试点一次，确定没有安全隐患之后方可点火。

5.2.4　工程应用案例

1. 青岛兰石重型装备股份有限公司某加氢反应器

青岛兰石重型装备股份有限公司制造的加氢反应器主体材料为 SA387Gr22CL2，规格为 ϕ4000 × 182mm × 36225mm，设备质量约为 650t。整个设备分 3 段预制造后运到现场组装，焊接环向焊接接头，并使用卡式热处理炉进行焊后热处理。卡式热处理炉炉口尺寸为 5500mm，该反应器外径为 4377mm，所以在设计时炉口两端口各加长 500mm 并缩小内径，使其炉口尺寸适合该反应器的外径，其结构如图 5－10 所示。加氢反应器加热长度为 3500mm，设备被加热质量为 64530kg，计算得到炉内部分加热最大所需热流量为 651504W，最大需油量为57.16kg/h，4 个烧嘴最大燃油量为 270kg/h，远大于 57.16kg/h。从以上计算结果可以看出，把炉内工件加热到 690℃是完全可行的。

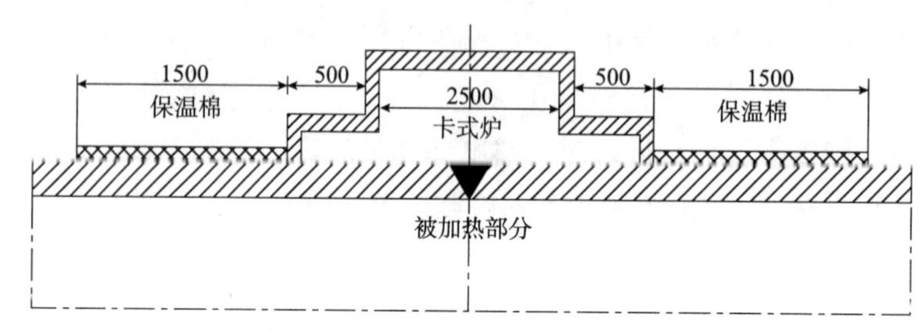

图 5－10　卡式热处理炉结构示意图

施行热处理操作时，炉内部分筒体用 4 支 NiCr－NiSi 热电偶测温，用开槽螺母和螺栓将热电偶固定在筒体外壁。热电偶固定之前需磨去热电偶与筒体外壁接触的氧化皮，使热电偶直接与筒体金属接触。为了减少温度梯度的产生，热处理前把筒体上所有接管孔和筒体敞开端全部封闭，炉外筒体距炉口 1500mm 左右用保温棉包裹，保温棉厚度不小于 100mm。炉口与筒体之间缝隙亦应全部封堵严实。在热处理过程中，油压应始终保持在 0.3MPa 左右，油量大小可根据热处理工艺要求进行调节，压缩空气(雾化气)压力为 0.35～0.4MPa。随时通过窥视孔观察火焰燃烧情况，一般情况下火焰以灰黄色为宜，烟囱以看不见烟为正常。调节油量的同时亦应调整风量大小，使燃油充分燃烧，点火时油量、风量要小，开始燃烧之后逐渐增大，使火焰燃烧正常。

从点火开始，经过升温、保温、降温至 400℃以下结束，该设备热处理共用时约 49h，消耗燃料约 4500kg。在整个热处理过程中，上部 2 个测温点所示温度略微偏低，下部 2 个测温点所示温度偏高，约 22℃，保温阶段为 690℃ ±11℃，符合保温阶段 690℃ ±14℃的温差要求。经卡式炉热处理后，对焊接接头进行硬度监测，均满足不大于 225HB 的技术要求。

2. 二重(镇江)重型装备股份有限公司某加氢反应器

二重(镇江)重型装备股份有限公司制造的加氢反应器主体材料为 2.25Cr－1Mo，规格为 ϕ4000×182mm×27010mm，设备质量约为 660t。由于直径、厚度、质量及长度都较大，因此需要分段制造，然后到现场进行组装焊接，2 道合拢焊缝的焊接和热处理均在现场进行，反应器现场组装焊接焊缝位置如图 5－11 所示。自制燃油卡式炉的尺寸为 8000mm×3000mm×8200mm，可处理产品的最大直径为 6500mm，采用 2 个 GSY－100 型、2 个 GSY－35 型燃油高速调温烧嘴，油枪采用配置合理、燃烧稳定的内混式高压雾化，电子点火，其他管线设备在炉体外壁组装，可随时拆卸运输。热处理时，使用 LWK－360 型温度控制柜监控热电偶各测点温度变化，热电偶布置在外壁距离环向焊接接头 100mm 环带内，沿圆周均布 4 支热电偶，用来测量预热及后热温度。

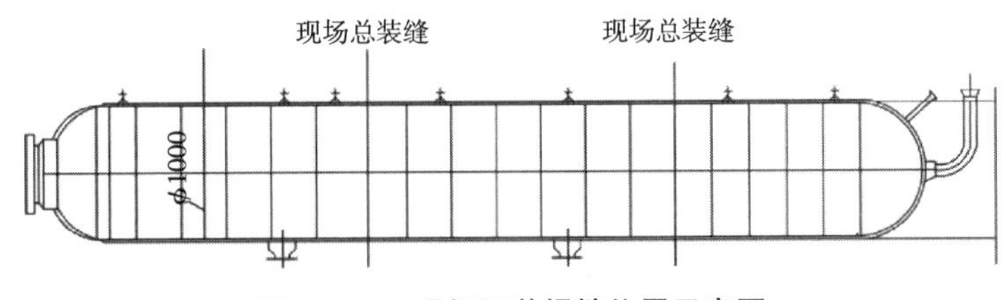

图 5－11　现场组装焊缝位置示意图

热处理前，检查测温系统线路电器是否正常工作，检查油、风、压缩空气、液化气管路阀门是否畅通并搭建好防雨棚，做好防雨、防风的准备。点火前，事先安装并调试好设备，打开烟道阀门等。启动风机吹扫炉膛 10min 后，各烧嘴试点 1 次。仔细检查设备各管路、油路、线路等是否符合要求。

首先进行预热，预热温度不小于 160℃，预热时，在加热片外壁包裹耐火纤维毡保温。施焊时，移开焊缝周边保温棉以适合作业。施焊期间，也可在环向焊接接头外使用预热装置加热，保证环向焊接接头及两侧 100mm 以内满足温度要求。热处理时，油压保持在 0.3MPa 左右，雾化压缩空气压力保持在 0.3～0.4MPa，风量随油量变化而变化。升温和降温过程中，速度不能超过 50℃/h，该设备热处理共用时约 49h，保温阶段为 690℃ ±11℃，保温时间 10h，达到热处理的工艺要求。

5.3　电磁感应加热

装备大型化给局部热处理带来诸多难题。柔性陶瓷片加热，无法满足厚壁设备均温性要求；卡式炉、模块炉现场操作难度大，能源消耗巨大，热处理能量利用率较低，不符合国家对节能环保的要求。此外，火焰加热过程中的温度均匀性与热处理设备直径和壁厚有关，难以控制。电磁感应加热是一种高效、环保、清洁的热处理加热技术，具有加热效率高、温度均匀性好、经济节能、易于自动化控制等优点。目前，感应加热技术已经在核电领域得到广泛应用，可有效地解决大型超厚壁容器局部热处理升温速度慢、均温性差的难题。

5.3.1　电磁感应加热原理

感应加热系统包括感应线圈、加热工件和电源，当感应加热线圈中通入交变电流时，线圈周围就产生了感应磁场，被加热工件在交变磁场作用下，会产生与线圈中电流方向相反、频率相同的感应涡流，其感应涡流作为工件加热的内热源，使工件自生热，最终达到加热工件的目的。感应加热原理如图 5－12 所示。

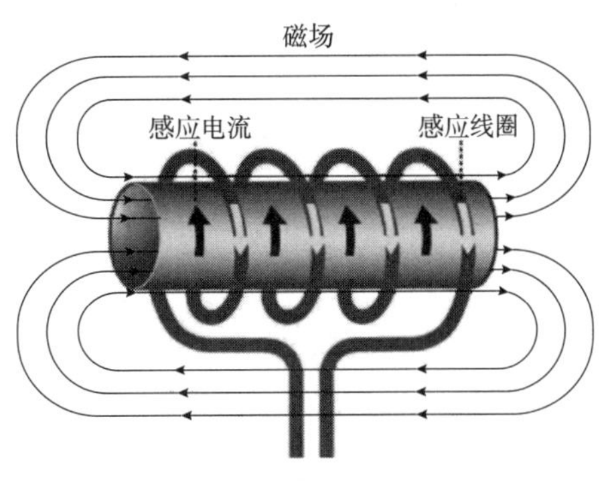

图 5－12　电磁感应加热原理图

在电磁感应加热过程中，铁磁性材料与非铁磁性材料在磁场中有较大的区别，铁磁性材料会产生涡流损耗热能，而且铁磁性材料在磁化过程中由于磁滞损耗会产生磁滞热能。但是对于非铁磁性材料，在感应加热过程中只会产生涡流损耗，没有磁滞损耗。

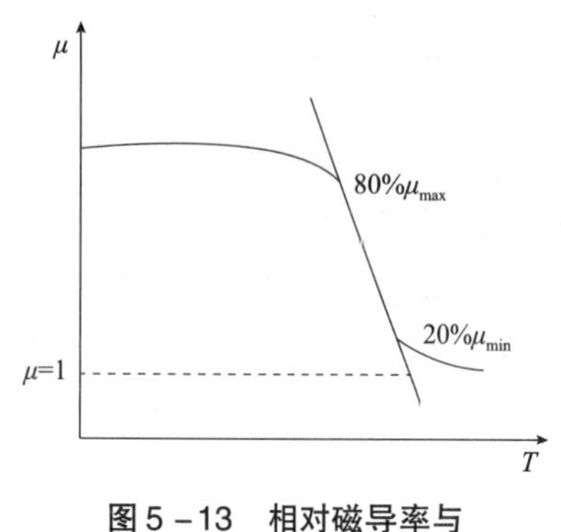

图 5－13　相对磁导率与温度的关系

因此，电磁感应加热对磁导率高的金属工件加热效率较高。图 5－13 是相对磁导率与温度的关系，当铁磁性物质的温度不断升高时，它的相对磁导率一般是逐渐降低的，直到变为 1。由此可知当铁磁性物质的加热温度达到居里温度后，材料的磁性将会消失，在此温度下材料的磁导率等于真空磁导率，因此，在工件加热过程中，其磁导率是动态变化的。

在感应加热过程中，能量损失主要有热传导、热对流、热辐射以及感应加热系统本身的能量损耗四方面。

1. 热传导定律

在感应加热对工件加热过程中，热传导是其表面向工件纵深处传递热量的主要方式，但热传导也会造成一定的能量损失。随着感应加热进行，外表面快速升温部分的热量向工件内部传递，热传导的傅里叶定律表示瞬时局部热源对瞬时温度场的影响，表达式如下：

$$q = -\lambda \frac{\partial T}{\partial n} \tag{5-1}$$

式中：q 为物体等热面上的热流密度（$J/m^3 \cdot s$），λ 为热传导系数（$J/m^2 \cdot s \cdot K$），$\frac{\partial T}{\partial n}$ 为该等温面的温度梯度（K/m）。

2. 对流传热定律

热对流是指固体表面与其周围接触的流体之间由于温度差而引起的热量交换。热对流分为两类：自然对流和强制对流。前者是指由温度梯度造成的温度自然交换；后者则需要外力来维持。对流传热定律可表示为：

$$q_c = \alpha_c (T - T_0) \tag{5-2}$$

式中：α_c 为对流换热系数（$J/m^2 \cdot s \cdot K$）。

对流换热系数 α_c 由工件表面的流动条件决定，表面流动条件包括边界层结构、表面质量、流动介质的性质等。

3. 辐射传热定律

加热体的辐射传热是在传输能量的过程中，电磁波被不透光的物质吸收后转变为热能。金属材料进行感应加热时，工件加热过程中一直处于向外辐射能量的状态，因此辐射传热过程一直存在。感应加热时，工件的热量损失主要是由于热辐射使热能从工件表面辐射出去，造成表面温度的降低。感应加热中，热辐射的热量损失根据斯蒂芬－玻尔兹曼定律表示为：

$$q_r = C_s\varepsilon(T^4 - T_0^4) \tag{5-3}$$

式中：q_r为热流密度(J)，$C_s\varepsilon$为热辐射系数(J/m^2·s·K^4)，T为被加热材料外表面温度(K)，T_0为周围材料的温度(K)。

4．感应加热系统自身能量损失

主要包括四种能量损失方式：

(1)加热设备与受电端之间电力馈线回路上的电能损失；

(2)感应加热电源系统的电能损失；

(3)感应加热设备，包括加热线圈、铜排等设备上的损失；

(4)被加热工件的散能损失以及附属装置的能量损失。

以上这几种能量损失主要与感应加热电源装备、感应器的设计有直接的关系，这之中的部分由于设备造成的能量损耗也是难以避免的。

5.3.2　感应加热特性

1．加热原理

感应加热的基本原理就是法拉第电磁感应定理和焦耳－楞次定律的综合体现，感应磁场强度与磁感应强度关系为：

$$B = \mu H \tag{5-4}$$

式中：B为工件产生的磁感应强度(T)，μ为被加热工件的磁导率(H/m)，H为线圈产生的感应磁场强度(A/m)。

当感应线圈中通入交变流电时，感应电动势与磁通量的关系为：

$$e = -N\frac{d\varphi}{dt} \tag{5-5}$$

式中：N为感应加热线圈的匝数。

感应电流i与闭合回路电阻R的关系为：

$$i = -\frac{1}{R}\frac{d\varphi}{dt} \tag{5-6}$$

焦耳－楞次定律的表达式为：

$$Q = i^2Rt \tag{5-7}$$

从式(5－7)可以看出，被加热工件产生的热量与电流、电阻和加热时间有正比关系。

通过式(5－4)～式(5－7)可以看出，对工件进行感应加热时，加热时间、电流大小、线圈匝数、被加热工件自身的材料性质都会影响加热效果。另外，线圈结构形状也会对加热结果产生影响，线圈形状不同，感应磁场和感应涡流大小、形状以及被加热工件的温度也随之不同。

电磁感应加热的理论是电磁学和热传导学的综合理论，感应加热是电能转化为磁能、磁能再转化为热能的过程，整个过程中的能量转化过程如图5－14所示。

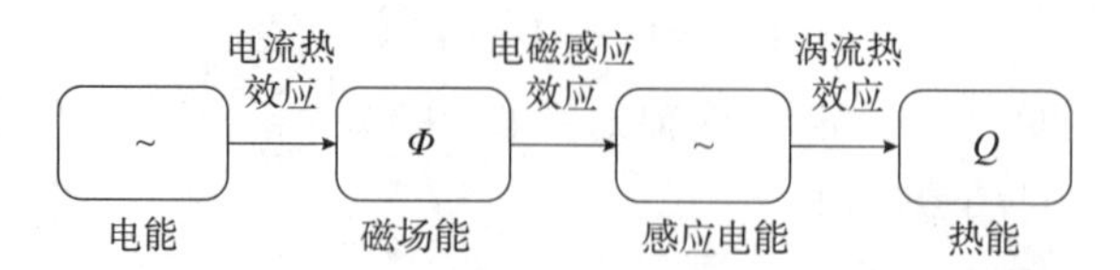

图 5－14　电磁感应加热过程中的能量转化示意图

感应线圈的结构将影响磁场的分布，根据感应线圈产生的磁场方向与工件的关系，感应加热可以分为横向磁通感应加热和纵向磁通感应加热，如图 5－15 和图 5－16 所示。前者加热效率高，工件产生的感应涡流没有相互抵消的现象，感应设备功率可以相对低一些；后者被加热工件通常是圆柱形，工件位于感应线圈的中间。

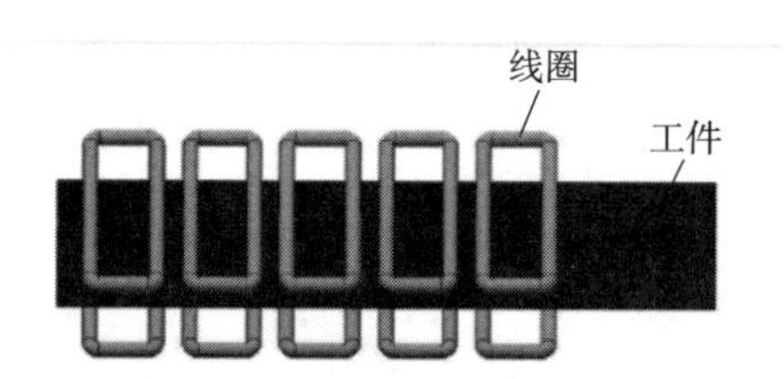

图 5－15　横向磁通感应加热示意图

图 5－16　纵向磁通感应加热示意图

对于圆柱状工件，横向磁通感应加热对加热工件的结构限制较大，并且由于工件四周都处于感应磁场中，工件内产生的感应涡流将发生互相抵消的现象，大大降低了感应加热的效率，故一般采用纵向磁通感应加热。

2. 集肤效应与集肤深度

集肤效应产生原理如图 5－17 所示。当导体或线圈通以交变电流时，其周围会产生交变磁场。在交变磁场的作用下，导体内部会产生感应电动势，进而产生涡流，且产生涡流的方向总呈现出阻止原磁通变化的趋势。涡流方向在导体内部与电流方向相反，减小电流；导体表面的涡流与电流方向相同，增大电流。故产生的涡流使导体内部的等效电阻加大，导体表面的等效电阻减小，使电流趋于表面流走，这种现象称为集肤效应。

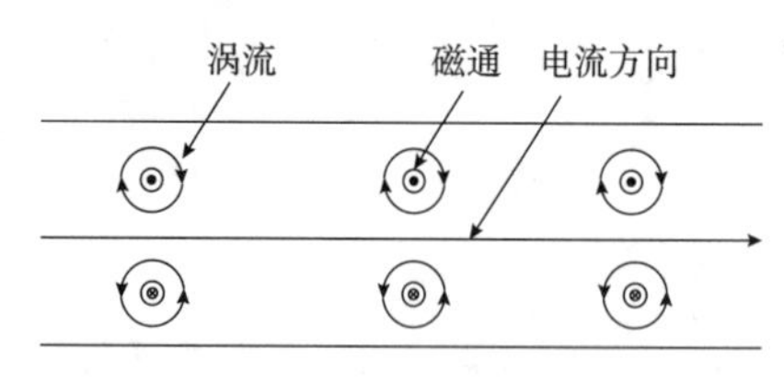

图 5－17　集肤效应

当导体中某一深处的电流密度达到导体外表层电流密度的 $1/e=0.368$ 时，该深度被称为集肤深度或透入深度。

以圆形截面导体为例，假设工件表面的电流为 I_0，沿工件半径方向 x 位置的电流密度可以表达为：

$$I_x=I_0e^{-\frac{x}{\delta}} \tag{5-8}$$

集肤深度是当 $x=\delta$ 时，$I_x=I_0/e$ 为表层电流密度的 36.8%。

在感应加热过程中，在电流透入深度内产生的能量用于金属加热，导体内层金属的加热是通过金属表面向内热传导完成的。集肤深度可以表达为：

$$\delta=5030\sqrt{\frac{\rho}{f\mu}} \tag{5-9}$$

式中：ρ 为工件的电阻率（$\Omega \cdot cm$），μ 为工件的相对磁导率，f 为电源频率（Hz）。

从式（5－9）可以看出，感应线圈中交变电流的频率越高，透入深度越小，被加热工件表面的加热温度越高，感应加热的集肤效应越明显。

由于集肤效应的影响，电流的分布不均导致金属中各部分的发热量相差很大。大量电能集中在工件表面，使工件表面温度迅速升高，工件内部经表面高温热传导进行加热，而不同材质、不同温度下电流的透入深度是不同的。当频率不同时导体电流的透入深度 δ（mm）如表 5－2 所示。

表 5－2 导体电流的透入深度值（δ） mm

频率/Hz	钢材			铝材		
	60℃	65℃	70℃	60℃	65℃	70℃
50	10. 39	10. 48	10. 66	13. 49	13. 61	13. 81
300	14. 24	4. 28	4. 36	5. 51	5. 55	5. 65
400	3. 67	3. 71	3. 77	4. 77	4. 81	4. 89
500	3. 29	3. 31	3. 37	4. 27	4. 30	4. 37
1000	2. 32	2. 39	2. 38	3. 02	3. 04	3. 09

通过表 5－2 可以得出结论：同一材质材料，电源频率越高，感应电流的透入深度越小；同一电源频率越低，加热温度越高，透入深度越大；钢材的透入深度高于铝材。

3. 邻近效应

当通入交变电流时，导体周围会产生交变磁场，位于磁场中的磁性物质都将受到影响。当两个导体距离很近时，两导体产生的磁场将发生叠加和抵消的现象，同时导体中的电流分布也会受到交变磁场的影响。当距离很近的两导体通入大小相等、方向相同的电流时，两导体外侧感应磁场相互叠加，内侧感应磁场相互抵消，导致内侧磁场强度小于导体外侧。反之，当相邻的两导体通入方向相反、大小相等的交变电流时，由于异性电荷相互吸引，相邻导体电流密度内侧大于外侧。相邻导体之间的距离越小、交变电流频率越大时，邻近效应对导体内电流分布越剧烈。

5.3.3 电磁感应加热工程设计方法

电磁感应加热一般遵循以下步骤：①加热带宽度计算；②电源功率计算；③电缆匝数的确定。

对上述加氢反应器筒体进行局部热处理，该筒体内径为 4500mm，壁厚为 268mm，材料为 12Cr2Mo1V，具体尺寸如图 5－18 所示。其热处理工艺要求为：300℃以下不要求控制升降温速率，300℃以上升降温速率≤55℃/h。保温温度

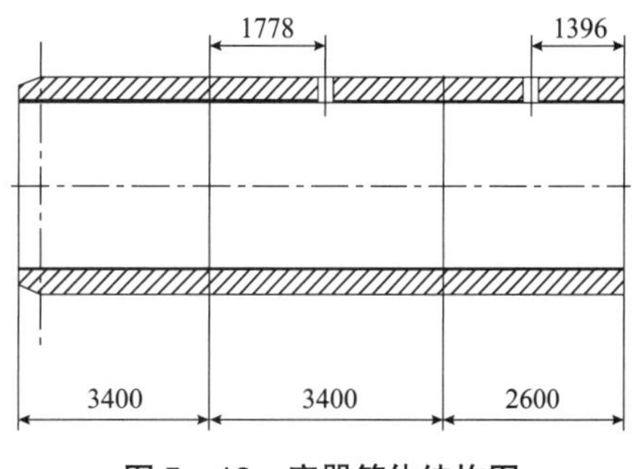

图 5－18 容器筒体结构图

为 705℃ ±14℃，保温时间为 5h。

1. 加热带宽度计算

根据 CSTM 团体标准 T/CSTM 00546—2021《承压设备局部焊后热处理规程》要求，对于 $\delta > 70$mm 的工件，采用中频感应加热时，感应电缆的缠绕宽度 $W_p = (6 \sim 8)m \cdot \delta(1 < m < 3)$，此缠绕宽度即为加热带宽度，系数取 8，$m$ 取 1。

$$W_p = 8 \times 0.268 \times 1 = 2.144\text{m} \quad (5-10)$$

不同材料、尺寸的加热工件可根据实际情况选择合理的系数及 m 值。

2. 保温宽度计算

保温宽度 W_{GCB}应为 3 ~4 倍的加热带宽度，此例取 3.5。

$$W_{GCB} = 0.35 \times 2.144 = 7.504\text{m} \quad (5-11)$$

3. 电源功率确定

1)加热区平均功率 P_1计算

该筒体的比热容 c 为 0.46×10^3J/(kg·℃)，密度 ρ 为 7850kg/m^3。由于筒体的厚度 δ 为 268mm，内径 ϕ_1为 4500mm，则内半径 $r_1 = 2750$mm，外半径 $r_2 = 3018$mm。

加热所需热量 Q_1为：

$$Q_1 = cm\Delta T \quad (5-12)$$

其中筒体需加热部分的质量 m 为：

$$m = \pi(r_2^2 - r_1^2)w_p\rho \quad (5-13)$$

代入对应参数可得 m 为 79880kg，为方便计算，m 取 80000kg。

根据热处理要求，$\Delta T = T_{保温} - T_{室温}$，此例为 700℃。

代入对应参数可得 Q_1为 2.576×10^{10}J，即 7155kW·h。则加热区域所需的平均功率 P_1为：

$$P_1 = Q_1/t \quad (5-14)$$

式中 t 为加热时间，单位为 h。代入对应参数得 $P_1 = 120$kW。

2)轴向散热所需平均功率 P_2计算

由于对工件进行局部热处理，工件已被加热部分的热量会沿轴向传导至未被加热部分，从而导致所需的电源功率大于上述计算的加热区所需的平均功率 P_1。

根据工程经验，P_2可估计为(1 ~1.5)P_1，即 P_2为 120 ~180kW。

3)电源平均功率 P 计算

电源平均功率 P 为：

$$P = P_1 + P_2 \quad (5-15)$$

此例取 300kW。

4)电源功率确定

根据工程经验，电源额定功率 $P_{额}$至少为 $2P$，即 $P_{额} = 600$kW。

4. 电缆匝数 N 的确定

$$N = \frac{H \cdot L}{I} \quad (5-16)$$

式中：H 为磁场强度；L 为有效磁路长度，即为线圈缠绕宽度；I 为电流，单根感应电缆建议的电流为 150～200A。

对电磁感应而言，磁场为交变磁场，H 满足：

$$\sqrt{2}H = H_0 \tag{5-17}$$

式中 H_0为工件表面磁场强度幅值。H_0同时满足：

$$H_0 = \sqrt{\frac{Pt \times 10^{13}}{4\pi^2 \mu f L S}} \tag{5-18}$$

式中：P 为电源平均功率，300kW；t 为加热时间，60h；f 为加热频率，一般为 5000～6000Hz；μ 为相对磁导率，由于工件磁导率随温度变化，取平均值 30；L 为加热宽度，本例为 2.144m；S 为工件截面积，$S=\pi(r_2^2 - r_1^2)$。

将式(5-17)、式(5-18)代入式(5-16)可得：

$$N = \frac{1}{I}\sqrt{\frac{PtL \times 10^{13}}{8\pi^2 \mu f S}} \tag{5-19}$$

由式(5-19)通过代入相应参数计算得出 $N=37.42\sim54.65$，取平均值$\overline{N}=46.04$。向上取整，且由于电缆匝数一般为偶数，故取电缆匝数为 48。

5. 感应电缆宽度 B 的确定

采用直径 25mm 的耐高温感应电缆并排缠绕 3 圈，以增大电缆缠绕宽度。

6. 感根应电缆匝间距 D 的确定

$$W_p = D \times (N-1) + B \tag{5-20}$$

$$D = \frac{W_p - B}{N-1} = \frac{2144 - 4 \times 25}{48 - 1} = 43.48 \tag{5-21}$$

根据式(5-21)计算，匝间距取 44mm。

5.3.4　工程应用案例

对上述加氢反应器筒体进行局部热处理，该筒体内径为 4500mm，壁厚为 268mm，材料为 12Cr2Mo1V，热处理过程热电偶总计布置 40 个，其中测温热电偶 34 个，控温热电偶 6 个，感应电源采用 4 台 200kW 中频感应加热电源，同频率同步控制。每台电源采用 4 根长 60m、直径 25mm 的耐高温感应电缆并排缠绕 3 圈，共 48 匝。电缆覆盖区域总宽度为 2100～2300mm，感应电缆布置示意图如图 5-19 所示。

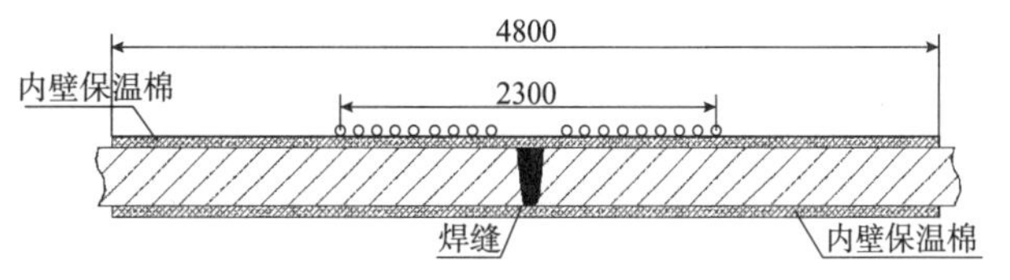

图 5-19　感应电缆布置示意图

温度场结果如图 5-20 所示。在感应加热的各个阶段，外壁温度总高于内壁，感应加热保温阶段(63.5h)温度梯度最小，为 8.5℃，满足均温性要求。使用上述感应加热电缆缠绕方法，可以完全达到热处理要求，保温阶段内外壁最大温差满足 ±14℃要求，温度均匀性较好。

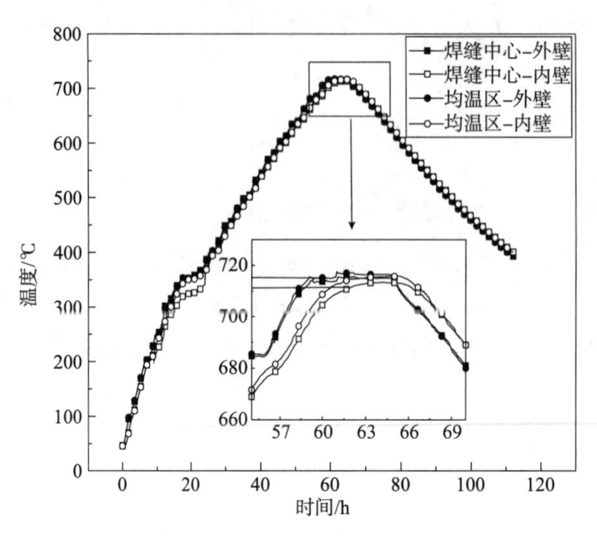

图5－20　筒体焊缝中心和均温区边缘内外壁温度分布

参考文献

[1]全国锅炉压力容器标准化技术委员会. 压力容器　第4部分：制造、检验和验收：GB/T 150.4—2011[S]. 北京：中国标准出版社，2012.

[2]郑红果，陈万申，王志刚. 大型化工设备现场组焊环向焊接接头热处理装置——卡式热处理炉[J]. 石油化工设备，2010，39(2)：33－36.

[3]王志刚，陈万申. 大直径大厚度压力容器的现场组焊局部热处理[J]. 石油化工设备，2010，39(1)：54－57.

[4]易小开. 输送管道中频感应加热双场耦合及优化设计[D]. 天津：天津大学，2015.

[5]Li X T，Wang M T，Du F S. FEM Simulation of Large Diameter Pipe Bending Using Local Heating[J]. Journal of Iron & Steel Research International，2006，13(5)：25－29.

[6]胡磊，王学，孟庆云. 9%Cr钢厚壁管道局部焊后热处理温度场的数值模拟[J]. 焊接学报，2015，36(12)：13－16.

[7]Baker R M. Transverse flux induction heating[J]. Electrical Engineering，2013，69(2)：711－719.

[8]Baker R M. Heating of Nonmagnetic Electric Conductors by Magnetic Induction－Longitudinal Flux[J]. Transactions of the American Institute of Electrical Engineers，2009，63(6)：273－278.

[9]Kang C G，Seo P K，Jung H K. Numerical analysis by new proposed coil design method in induction heating process for semi－solid forming and its experimental verification with globalization evaluation[J]. Materials Science & Engineering A，2003，341(1)：121－138.

[10]马建平，段红文，张丽芳. 电源频率和功率在透热感应加热中的选择[J]. 金属热处理，2004，29(11)：71－74.

[11]于新年，李新平，宋毅飞，等. 30CrMnSiNi2A钢零件感应加热局部回火工艺[J]. 金属热处理，2011，36(9)：50－53.

第6章　温度均匀性控制方法

在热处理过程中，温度过高或过低容易导致所处理工件出现过烧、过热、硬度不足、变形开裂等失效现象。热处理均温性的有效控制是保障焊接接头残余应力、组织和性能改善的关键。热处理过程中，通常采用热电偶进行温度测量与温度控制，温度测量与温度控制直接影响着热处理效果。除此之外，要实现温度均匀性，保温隔热材料的选择应用也至关重要。在保证温度测量准确、保温效果良好的基础上，温度控制方法是核心。本章将从热电偶的温度测量、保温隔热材料及温控方式的角度介绍局部热处理过程温度均匀性控制方法。

6.1　热电偶的温度测量

6.1.1　热电偶工作原理

受热物体中的电子会随温度梯度从高温区向低温区移动，进而产生电流或电荷堆积，该现象称为热电效应。热电偶的测温原理就是基于热电效应原理实现的。如图6－1所示，两种不同的导体或半导体分别为A和B，组成一个闭合回路。当A与B相接的两个接点温度T和T_0不同时，就会在回路中产生一个电势E_{AB}。热电偶的两个连接点中，其中一点置于温度场中用来测量温度，称为热端，另一端为参考端，称为冷端。冷端与测量仪表相连。如果热端和冷端存在温差，测量仪表就可以测量出热端被测介质的温度。热电势的大小是随着温度变化而变化的，其变化关系为：

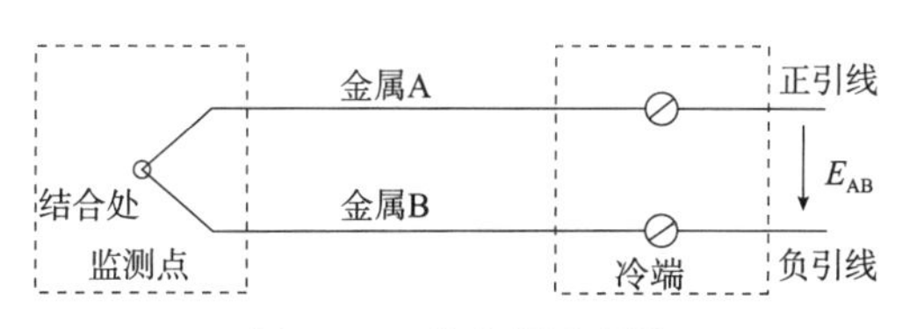

图6－1　热电偶原理图

$$E_{AB}(T,\ T_0)=E_{AB}(T,\ 0)-E_{AB}(T_0,\ 0) \tag{6-1}$$

式中：$E_{AB}(T,\ T_0)$为热电势，$E_{AB}(T,\ 0)$是温度为T时的接触电势，$E_{AB}(T_0,\ 0)$是温度为T_0时的接触电势。

当构成热电偶的材料均匀时，热电势的大小仅和材料的成分以及冷端热端的温差有关，与热电偶电极的几何尺寸无关。测量中通常要求冷端温度恒定，此时热电势是被测温度T的单值函数。

1. 传感器的冷端补偿

在实际测量时，温度测量的目的是测得以0℃为基准的热端的温度 T，而式(6－1)中的热电势 $E_{AB}(T,\ T_0)$ 反映的是热端和冷端的相对电势。因此，只有将冷端置于冰水混合物中，才能使冷端不受外界温度的影响始终保持为0℃，此时 E_{AB} 对应于标准分度表的温度才是热端的实际温度。但在实际测量过程中，因为冷端处在外界环境中，受环境温度影响很大，所以保持冷端温度恒定很困难，因此，使用热电偶测温的过程中需要冷端补偿。

根据式(6－1)可得：

$$E_{AB}(T,\ 0)=E_{AB}(T,\ T_0)-E_{AB}(T_0,\ 0) \tag{6-2}$$

即只需要将测量得到的热电势 $E_{AB}(T,\ T_0)$ 加上冷端修正热电势 $E_{AB}(T_0,\ 0)$ 即可得到热电偶测量端热电势 $E_{AB}(T,\ 0)$，通过查询标准温度表即可得到热端温度 T。或者冷端处于恒温环境，即在 T_0 已知的情况下，也可以方便地测得热端温度 T。冷端补偿就是通过不断地修正热电势 $E_{AB}(T_0,\ 0)$，或者修正 T_0 值进而得到热端温度 T 的过程。

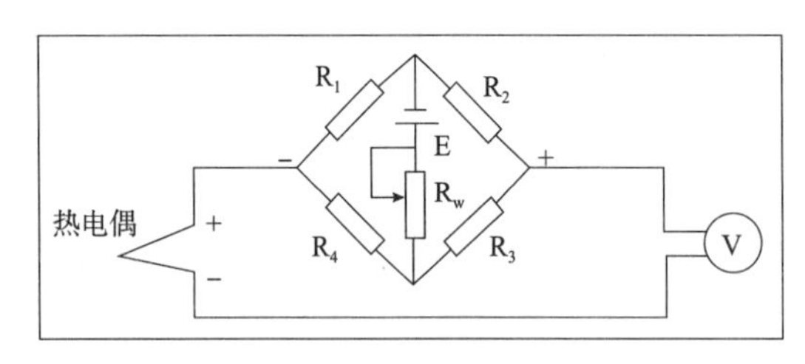

图6－2　桥路补偿

一般情况下，修正 T_0 值补偿只需要将冷端放于恒温环境中即可。而热电势 $E_{AB}(T_0,\ 0)$ 可以使用桥路补偿。如图6－2所示，图中 R_4 用铜丝绕制，R_1、R_2、R_3 用锰铜丝绕制。当温度变化时，由于 R_4 的阻值变化，使电桥输出一不平衡电压，用以补偿热电偶冷端温度变化引起的误差。一般桥路在温度为20℃时输出为零，偏离20℃时就输出补偿电动势。电桥平衡点设在温度20℃，因此在使用时还必须对显示仪表的指示值加以修正，修正到0℃时的输出。

电桥补偿法已有标准的冷端温度补偿器供应，对应于不同的热电偶，可以采用不同型号的冷端温度补偿器。这种方法主要用于热电偶配动圈的显示仪表中，在自动平衡式电子电位差计中对冷端温度补偿已在测量电桥中有考虑。

补偿导线的选型应该与热电偶的型号相对应。在与热电偶连接时，应该正负极对接好，连接的两个测温点不能存在温度差。与热电偶连接的补偿导线不能超过使用温度范围，以消除附加误差。要根据所配仪表的不同要求选用补偿导线的线径，以确保测量的准确性。

2. 热电偶延长线

通常，温度测量仪器比热电偶的长度更远离加热区域，需要热电偶延长线来连接热电偶和仪器。热电偶延长线可以与热电偶的成分相同(传感器级)，或者与热电偶系统兼容(延伸级)。延伸级导线与传感器级导线的不同之处在于，延伸级精度可接受的范围仅在低温0℃至199℃以下。

必须注意将热电偶的正极连接到延长导线的正极，负极连接到负极。为了便于正确地极性连接，无论热电偶类型如何，红色都用于热电偶和延长引线负极侧的保护层。为了保持正确的温度－电压关系，热电偶延长线应避免机械损伤、潮湿和过热。还应注意防止短半径弯曲、冷加工和过度弯曲。正极和负极引线必须暴露在相同的热条件下，应始终配对。此外，为了降低信号噪声的影响，双绞线的绞距至少应为每英尺6绞。还应该使用带有整体屏蔽线的屏蔽系统。系统必须设置接地装置，以防止接地形成闭合回路。

6.1.2　热电偶的选择

1. 热电偶材料的基本要求

(1)热电偶的材料在使用过程中具备良好的感温特性，电导率和电动势应该成相对的比例关系或者近似于线性的函数关系；

(2)热电偶的使用温度范围应该可以满足生产的各种要求和应用条件；

(3)热电偶本身的制作材料应该具备良好的导电性能，电阻系数和热容量要求控制在一个较小的范围值内；

(4)热电性能稳定，不受环境和其他条件的限制，便于进行加工和复制；

(5)用来制作热电偶的材料需要具备相应的特性，价格适合生产实际需要，便于广泛应用。

2. 热处理用热电偶

热处理用热电偶通常采用K型热电偶即镍铬－镍硅热电偶，它是一种能测量较高温度的廉价热电偶。由于其材料具有较好的高温抗氧化性，可适用于氧化性或中性介质中。K型热电偶可长期测量1000℃的高温，也可短期在1200℃下使用。其价格便宜、重复利用好，产生的热电势大，因而灵敏度较高。虽然其测量精度略低，但完全能满足工业测温要求，所以K型热电偶是工业上最常用的热电偶。

6.1.3　热电偶的校核与检定

热电偶在使用前需要进行首次检定。通常，采购至热电偶生产商的K型热电偶，热电偶在应用时往往是从一卷中剪下合适的长度，此时应该按照JJF 1637—2017《廉金属热电偶校准规范》对剪下的热电偶进行检定后才能使用。热电偶检定的周期是每半年一次。

制作好的热电偶和使用中的热电偶在对其进行定期校验的同时，还要对其外观进行严格的检验。新的热电偶要求电极无裂痕，直径均匀平直，在使用的过程中，热电偶要做好相关的材料保护，避免出现腐蚀的现象或者使用缺陷。热电偶与工件应该焊接牢固，没有松动迹象，表面要求无气孔，平滑无夹杂。

6.1.4　热电偶的固定

热电偶的热端只有与被测工件紧密接触才能获得准确良好的温度信息。目前点焊是最常见的固定方式。采用点焊方式将热电偶与被测工件焊在一起，能够实现热电偶和工件的冶金结合。这种接触方式的测温精度最高，能充分反映工件的实际温度。热电偶的点焊推荐使用专用的储能式热电偶焊机，不推荐使用手工氩弧焊机。点焊时，K 型热电偶分开的两根丝要相互接触后焊在一起，并牢固地点焊在工件上工艺指定的位置。两根丝在焊点处不得分开，必须相互接触。金属热电偶的两根丝有正负之分，注意热电偶插头插在热电偶延长线接线盒上时不要插反。在随后的使用过程中要小心，不能使热电偶的单丝或双丝从工件上脱落下来。

热处理的热电偶安装固定时，应保证热电偶的热端与焊件接触良好。当采用压力焊的方式时，热电偶的材质应与工件的材质相同。在热电偶接线过程中，应对热电偶的导通情况进行检查，防止热电偶焊点存在不牢固或脱落的情况，并对有问题的热电偶进行更换。热电偶在接线时，应对热电偶逐一编号，该编号应同时贴在热电偶所接的温度补偿导线的两端及无纸记录仪或温控箱的显示通道上，以防止热电偶错接、漏接，保证测/控温的准确性。

为了提高测温准确性，在有条件的情况下可在一个测温点上设置两支热电偶，一支作测温使用，一支作备份使用。在每个位置安装一个备用热电偶可以解决加热循环中可能出现的热电偶故障问题。可以使用双热电偶线/延长线，在每个位置安装两个热电偶，并连接控制、记录设备。在测温热电偶发生异常时(断线、脱落、测温反常等)，可启用备份热电偶。

感应加热使用的热电偶为铠装 K 型热电偶，测温时热电偶必须与被测工件点焊在一起，实现冶金结合。热电偶引线应与感应电缆的缠绕方向垂直。在筒体工件水平放置、电缆环向缠绕的工况下，热电偶引线应该严格在平行于筒体轴线的方向上沿筒体壁面引出，并用玻璃纤维胶带等材料将热电偶引线牢靠固定在壁面上，防止在加热过程中热电偶引线出现移位。铠装热电偶的双丝之外套有金属丝编织的保护铠，其作用是用来屏蔽感应加热过程中电缆线圈所产生的电磁场，保证热电偶的测温精度。热电偶的保护铠不能有破损，如果有破损，可将破损的热电偶从破损处剪下并废弃掉，剩余的热电偶线可继续使用。热电偶延长线(补偿导线)必须使用专用的线材，不得随意使用其他材质的线材。热电偶延长线端部的插线盒应与感应加热电缆和电缆延长线保持至少 1m 的距离，防止感应磁场在热电偶引线和延长线中产生涡流干扰信号。

6.1.5 热电偶的布置

在工程应用中，为了保证热处理过程中温度测量和温度控制的稳定性及准确性，热电偶一般包括三种类型：测温(监控)热电偶、控温热电偶和备用热电偶。测温热电偶确保要达到局部加热操作的所有指定参数。热电偶的安装位置与数量，应以保证温度测量和温度控制准确可靠、有代表性为原则。GB/T 30583《承压设备焊后热处理规程》对温度测量点的规定为：测温点应布置在焊件的温度容易变化部位、产品焊接试件和特定部位(如均温带边界、炉内每个加热区、炉门口、进风口、加热介质出口、烟道口、焊件壁厚突变处、分段加热的接合部以及加热介质流经途中的“死角”等)。GB/T 30583《承压设备焊后热处理规程》要求测温点应均布在焊件表面，相邻测温点的间距不超过 4600mm，测温点布置参见图6－3成三角形排列，三角形顶点设置热电偶。重要部位的测温点可增加备用热电偶。若对温度梯度有更高的要求，WRC 452建议加热带边缘温度应不低于热处理保温温度的50%。控制热电偶的位置必须基于热源的性质、热源的位置和被加热的部件。控制热电偶的目的是确保向区域提供适当的热量，以达到这些区域所需的温度。重要部位（如厚壁接管、不等厚大型插入板焊接接头处、裙座与壳体的焊接接头等特殊位置）的温度测量点可增加备用热电偶。

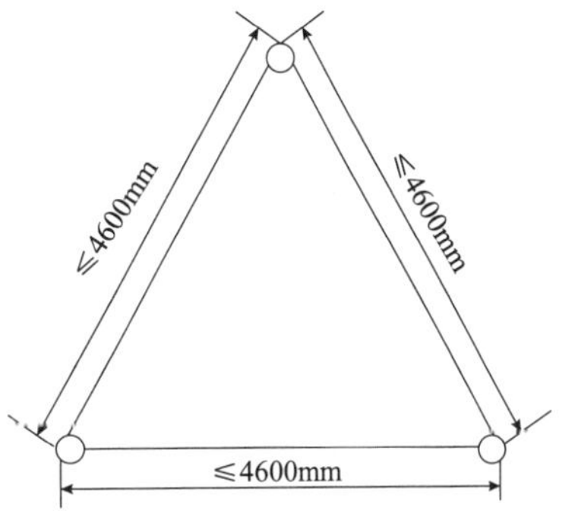

图6－3 热电偶布置间距图

6.1.6 热电偶的温度记录

在焊后热处理过程中，焊后热处理的温度以在焊件上直接测量为准。热电偶的测量温度应连续自动显示、记录、储存、打印，记录图（表）上能够区分每个温度测量点的温度与时间。数字温度控制系统的显示温度应以自动记录仪的温度显示为准进行校准。热处理保温过程中，工件均温区所示体积范围内的任意一点的温度都应在规定的范围内。

6.2 隔热保温材料

隔热保温材料通常用于减少从工件外表面的热损失，并减少轴向温度梯度。在条件允许的情况下，应在热处理工件的内表面也布置隔热材料，以降低整个厚度的温度梯度和辐射热损失。隔热材料的物理特性主要包括热传导和最高使用温度，其选择主要取决于这些属性。控制热损失的隔热要求主要包括纤维类型、结构、密度和厚度。关于隔热保温材料的选择需要考虑以下三个方面：导热率和最高使用温度等热特性；与可吸入性相关的健康和安全特性；生产成本。由于与石棉相关的健康和安全问题，石棉不再使用，也不推荐使用。

6.2.1 保温材料的种类

热处理保温的材料主要包括玻璃棉、矿棉、耐火陶瓷纤维以及气凝胶保温材料。

1. 玻璃纤维

玻璃纤维是一种无机非金属纤维材料，它是以叶腊石、石英砂、石灰石、白云石、硼钙石、硼镁石等七种矿石为原料经高温熔制、拉丝、络纱、织布等工艺制造成的，是一种硅酸盐人造玻璃纤维，采用不连续工艺制造。其单丝的直径为几个微米到二十几个微米。黏合剂通常用于将纤维黏合在一起。加热会使这种黏合剂变质，通常会导致单根纤维很容易在空气中传播。纤维的软化点为650℃，最大推荐使用温度为840℃。玻璃棉的导热系数通常高于矿棉或耐火陶瓷纤维。

玻璃纤维的优点是绝缘性好、耐热性强、抗腐蚀性好、机械强度高。其缺点是脆、耐磨性较差，容易被戳破。玻璃纤维一般不易黏附任何物质，耐强酸、强碱和有机溶质。玻璃纤维的强度在300℃及以下没有变化，500～700℃时开始软化，反复加热时容易脆化断裂。

玻璃纤维纺织品是用玻璃纤维丝经过针刺或纺织而形成的，有玻璃纤维毯、玻璃纤维布和玻璃纤维带等织物。玻璃纤维毯具有良好的保温和隔音性能，一般不添加有机黏接剂，加热过程中不产生有毒有害气体。根据SiO_2的含量高低，还有高硅氧玻纤布，它比普通玻纤布的强度更高，更耐高温(1000℃)，当然也更脆，容易折断。玻纤布可以与铝箔和硅胶结合，形成覆铝箔玻纤布和硅胶涂覆玻纤布。铝箔玻纤布不适合感应加热应用，硅胶玻纤布的耐温温度在200℃以下。

2. 陶瓷纤维

普通陶瓷纤维又称硅酸铝纤维，是由不连续工艺制造的硅酸盐人造玻璃纤维。其添加了高达约50%的氧化铝(Al_2O_3)和某些类型的15%氧化锆(ZrO_2)以改善高温性能。因其主要成分之一是氧化铝，而氧化铝又是瓷器的主要成分，所以被叫作陶瓷纤维。而添加氧化锆或氧化铬，可以使陶瓷纤维的使用温度进一步提高。

陶瓷纤维是一种纤维状轻质耐火材料，具有重量轻、耐高温、热稳定性好、导热率低、比热小及耐机械振动等优点。但陶瓷纤维既不耐磨又不耐碰撞，不能抵抗高速气流的冲刷，不能抵抗熔渣的侵蚀。耐火陶瓷纤维比玻璃棉或矿棉更贵，但通常导热率最低。硅酸铝纤维制品有棉、板、毯(毡)、管、绳等形态，最高耐温温度为1000～1600℃。

3. 岩棉/矿棉/渣棉

岩棉产品是以天然岩石如玄武岩、辉长岩、白云石、铁矿石、铝矾土等为主要原料，经高温熔化后用离心机高速离心成纤维，同时喷入一定量黏接剂、防尘油、憎水剂后，经集棉机收集后而制成的无机质纤维。纤维经加工，可制成板、管、毡、带等各种制品，可用于建筑和工业装备、管道、窑炉的绝热、防火、吸声、抗震等。矿棉通常比玻璃棉或耐火陶瓷纤维便宜，而其导热率通常介于玻璃棉和耐火陶瓷纤维之间。岩棉的使用温度最高为600℃左右，一般用于建筑外墙保温、工业炉窑保温，不建议用于室内。

4. 气凝胶保温材料

气凝胶毡是以纳米二氧化硅气凝胶为主体材料，通过特殊工艺与玻璃纤维棉或预氧化纤维毡复合而成的柔性保温毡。其特点是导热系数低，有一定的抗拉及抗压强度，属于新型的保温材料。气凝胶毡是目前约400℃温度区域内导热系数最低的固体绝热材料，400～1000℃高温区的导热系数也低于绝大多数绝热材料。气凝胶毡具有柔软、易裁剪、密度小、无机防火、整体疏水、绿色环保等特性，可替代玻璃纤维制品、石棉保温毡、硅酸盐纤维制品等不环保、保温性能差的传统柔性保温材料。

6.2.2 保温材料的选择

焊后热处理工况下，需要保温毯具有比较强的隔热效果，主要也是起到隔热和保护电缆的作用。在感应加热领域，保温材料的选择一般按照感应加热的应用和耐温温度要求进行。保温毯可以只设置一层(较厚)，或者多层叠合(单层较薄)。单层保温毯为三明治结构，也是由外层布和内层棉缝合而成。

6.2.3　保温材料的敷设

保温毯要均匀地缠绕在筒体内外壁上，保持厚度在周向处处一致。根据经验，当最高加热温度为500℃时，要保证保温毯的厚度至少为50mm，700℃时厚度至少为70mm。保温毯可以是单层包绕，也可以用薄保温毯缠绕多层，只要达到所要求的保温厚度即可，一般后者的保温效果更佳。保温毯要以环缝中心线为对称中心左右对称敷设，在内外壁面上的均温区(有效加热区)宽度应至少是筒体壁厚的6倍。如果最高目标温度超过600℃，保温区宽度应放大到20～30倍，温度越高保温区域应该越宽。强烈推荐在筒体内壁也敷设保温毯，保温毯的敷设方法与外壁相同，内壁保温毯能够降低筒体内腔的对流传热，提高周向温度和径向(壁厚方向)温度的分布均匀性。筒体两端口应该用保温毯封闭，以减少筒体内壁的热损失，提高轴向温度分布的均匀性。

感应加热过程中，电缆到工件的距离由保温毯的厚度来决定。通常电缆离工件越近，加热温度越高，加热效果越好。在筒体外壁上敷设保温毯时，一定要保证在圆周方向上每一处的保温毯厚度都应一致。缠绕多层保温毯时，注意在缠绕每一层保温毯时都要拉紧，保持两层保温毯之间无空隙。特别是对于大直径筒体或管道，由于重力的作用，保温毯可能在横截面6点钟位置出现垂脱。这会导致6点钟位置电缆到工件的距离增加，加热效果变差，温度下降。保温毯缠绕结束后应用玻璃纤维带捆扎牢固，防止回卷。缠绕多块保温毯时，两块保温毯之间要有压接，不得出现空隙。注意勒紧保温毯时不要把热电偶从焊点处扯下来。

6.3　步进式温度均匀性控制方法

6.3.1　步进式温度控温方法介绍

针对厚板局部热处理时间周期长、温度不均匀、温差范围大的问题，提出了步进式温度调控方法。该方法将加热过程分为若干段，分步升温以减小温差和总体加热时间。每步包括加热过程和保温过程。通过所建立的升温时间公式和保温时间公式[式(6－3)、式(6－4)]计算每步的升温时间和保温时间，对工件进行分步加热。该方法可实现局部热处理温度精准控制，均温区温差≤20℃，远远低于国家标准规定的40℃，解决了厚板温度均匀性控制的难题。

$$t_g = \frac{T_g}{v} \tag{6-3}$$

$$t_s = \frac{\eta c\rho[(r+\delta)^2 - r^2]w(T_g - T_0)(\delta - 30)}{2\lambda r(C+2\delta)(T_g - \Delta T - T_0)} \tag{6-4}$$

式中：T_g为加热的目标温度，t_g为加热的目标温度所需要的时间，v为升温速率，η为热效率(0.8)，c为比热容，δ为壁厚，ρ为密度，w为加热带宽度，r为半径，C为焊缝宽度，λ 为导热系数，T_0 为内壁的热处理温度，t_s 为每步需要进行保温的时间。

6.3.2 柔性陶瓷片的温度测量与温度控制

目前，局部焊后热处理通常采用电阻加热片进行加热，主要通过热对流或热辐射方式实现加热。柔性陶瓷片加热的热电偶包括两类：钢板或焊缝处的测温热电偶和加热片上的控温热电偶。测温热电偶的设置要求是：每个单独控制的加热区域，其焊缝中心和均温带边缘应在金属表面设置测温热电偶。测温热电偶通过补偿导线连接到专用的测温设备(如无纸记录仪)，记录热处理各测温点实时温度。控温热电偶焊接在 20mm × 20mm 薄钢片上，薄钢片位于所在加热片温度最高处，并固定在加热片固定工装上。控温热电偶通过补偿导线连接至热处理温控仪上，控制热处理温度变化。具有控温热电偶的加热片，其对应位置应具有测温热电偶。测温热电偶的设置要求是：每个单独控制的加热区域，其焊缝中心及焊缝边缘 50mm 处应设置测温热电偶，如图 6 –4 所示。

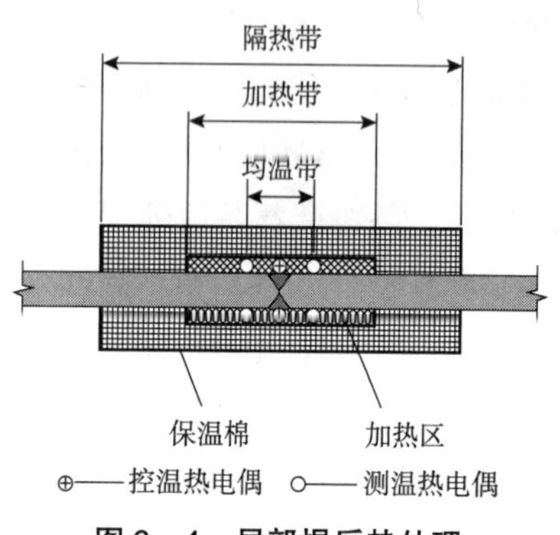

图 6 –4 局部焊后热处理热电偶布置示意图

测温热电偶通过补偿导线连接到专用的测温设备(如无纸记录仪)，记录热处理各测温点实时温度。将具有声光报警功能的仪器与测温热电偶相连，热处理前应逐个设置报警温度区间，当测温点在保温温度区间时，对应记录仪通道的温度字体为蓝色，反之为红色，以便保温阶段的温度监控和温度调节。根据主加热区以测温热电偶所记录的热处理温度 – 时间曲线图来判断主加热热处理质量是否合格。

设置温控箱的热处理曲线并开启电源，进行升温。升温过程结束后(控温热电偶到达保温范围下限时)，应恒温 1 ~2h 使钢板上各个点的温度趋于稳定。为了防止钢板最高温度超过热处理最高温度，宜采用手动调节温控箱进行升温。通过加热片采用步进式多点分区升温方法，将钢板上测温点的温度向热处理的保温温度范围(如 600 ~625℃)进行调节。具体方法如下：首先将对应加热片测温点的温度均调至 600℃ 以下的某个温度点(如 585℃、590℃等)，待所有的测温点都稳定在此温度点一段时间(10 ~20min)后，再将对应的加热片加温若干摄氏度，将其温度升至热处理的温度范围。每次调升的温度不宜过大(建议每次 5℃、10℃地向上调节，越接近保温温度范围，向上调节的温度越小，升温最大不宜超过 20℃)，且每调节一次温度后需等待 10 ~20min，待温度稳定后方可进行下一次升温调节。通过该升温方式实现均温控制及超温问题。在保温阶段，观察测温热电偶的温度，对于接近保温范围的下限测温点，调升对应加热片的控温温度，对于接近保温范围的上限测温点，调低对应加热片的控温温度，以此使恒温过程中任意测温热电偶显示的数据维持在保温范围之内。

6.3.3 卡式炉加热的温度测量与温度控制

卡式炉加热的热电偶主要包括监测炉膛温度的温度测量热电偶、钢板或焊接接头处的温度测量热电偶和温度控制热电偶。对环向焊接接头进行局部热处理时，热电偶在被加热部位的焊接接头中心线内、外表面各设置2支，并互成90°。当设计文件对热电偶另有规定时，应按设计文件的规定执行。在热处理过程中，通过窥视孔观察炉子各燃油烧嘴火焰燃烧情况，随时调整油量和风量使火焰呈灰黄色，不使烟囱冒黑烟或白烟。对于燃油炉，运行过程中油压保持在0.3MPa左右，雾化的压缩空气保持在0.3~0.4MPa范围内。对于燃气炉，排烟调压系统中的调节阀与炉体上设置的炉压表联动，根据炉压大小调整调节阀的开闭角度，使炉内始终保持微正压状态。同样，可采用步进式升温方法，根据温度记录曲线调节上、下各烧嘴，使各点温度处于允许温度范围之内。

6.3.4 感应加热的温度测量与温度控制

感应加热热电偶主要包括温度测量热电偶与温度控制热电偶，均应焊接在钢板或焊接接头上，将接入系统中温度最高的热电偶作为温度控制热电偶，其他热电偶仅用作温度监视。当进行热处理时，焊接接头中心及均温区边缘处均应设置温度测量热电偶，任意温度测量热电偶显示的数据应在规定的保温温度范围内。热电偶引线应与感应电缆的缠绕方向垂直，并用玻璃纤维胶带等材料将热电偶引线固定在壁面上。工件的感应加热温度控制采用步进式升温方法，电缆的缠绕可根据热处理实际情况改变匝间距。

保温阶段的温度控制可通过设置内外壁热电偶温差保护范围(如25℃)来实现。当内外壁热电偶测得的温差超过25℃时，电源会自动降低功率输出，靠热传导对筒体实现均温。经过一段时间的热传导，当内外壁温差小于25℃后，电源应自动由均温功率转入升温功率工作。在加热过程中，工件内壁与外壁的温度差应不超过限定范围。

6.4 均温性试验

6.4.1 电阻加热－柔性陶瓷片均温性试验

GB/T 30583—2014《承压设备焊后热处理规程》附录B要求，若采用局部焊后热处理的方法，当壳体名义厚度大于50mm时，焊后热处理前应进行验证性试验来确保达到最佳的热处理效果。大型的承压设备通常为大直径、大壁厚，设备的焊后热处理无法满足标准要求。为了给超过50mm的厚壁设备进行焊后热处理提供加热带宽度的数据支撑，二重重型装备有限责任公司进行了50mm和130mm厚钢板温度均匀性验证性试验，用以模拟同等壁厚容器的局部焊后热处理过程。

1. 50mm厚板热处理验证性试验

热处理验证性试验采用6500mm×2680mm×50mm规格的钢板，采用660mm×330mm

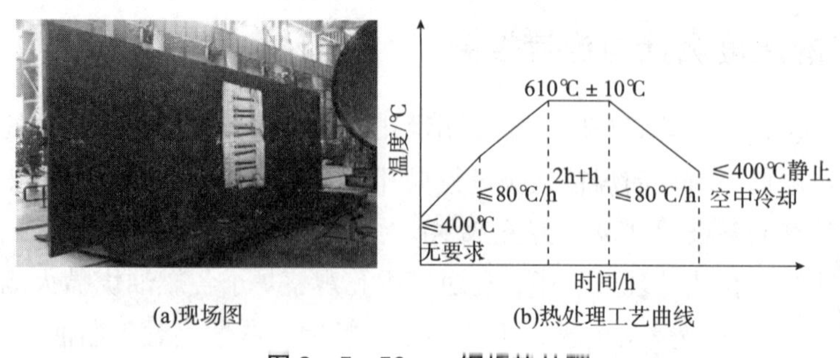

(a)现场图　　(b)热处理工艺曲线

图6－5　50mm 钢板热处理

规格的柔性陶瓷片以单面加热方式进行加热(图6－5)。按照 GB/T 30583 中局部热处理加热带宽度的规定，均温带宽度为136mm，加热带宽度为500mm，隔热带宽度为1000mm。模拟钢板加热时，当温度高于400℃时，加热范围内升温速率不超过80℃/h。保温温度为610℃±10℃，保温时间为2h＋1h。降温阶段，当温度高于400℃时，降温速率不超过80℃/h。

按照图6－6要求在加热面点焊热电偶(采用电容储能点焊的焊接方式)，布置5块远红外加热板，其上覆盖硅酸铝保温棉进行隔热，钢板的受热面对称于加热面热电偶位置处也同样点焊相同数量的热电偶并覆盖硅酸铝保温棉。

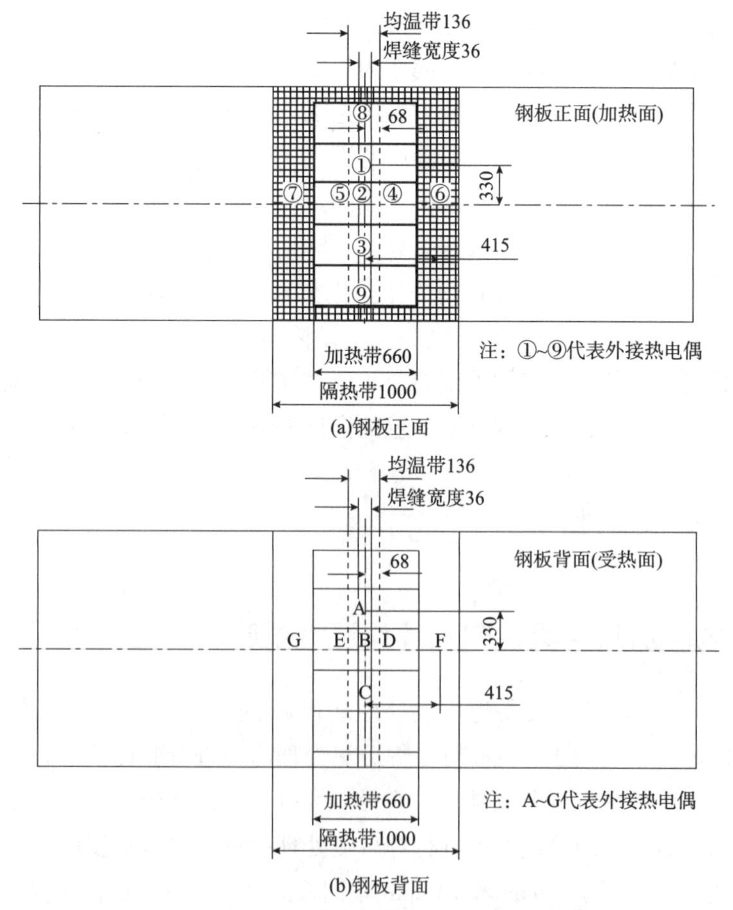

图6－6　50mm 厚钢板热电偶及加热片布置

(注：①、②、③、⑧、⑨、A、B、C 号热电偶布置在中心线上，
④、⑤、D、E 号热电偶布置在均温带边缘处，⑥、⑦、F、G 号热电偶布置在隔热带边缘处)

保温阶段，50mm 厚钢板各测温点具体温度如表 6－1 和图 6－7 所示。在保温阶段，加热区域正反面中心位置的温度分别为 609℃和 611℃，满足热处理保温温度的要求。正面均温区边缘的温度和中心位置的温度基本一致。反面均温区边缘的温度和中心位置存在较大的温度梯度，最大温差达 170℃，不符合 GB/T 30583 的规定。

表 6－1 50mm 厚钢板保温阶段测温点具体数据

50mm 厚钢板	测温点编号	测温点位置	测温点温度/℃
正面	①	焊缝中心处	609
	②	焊缝正中心处	609
	③	焊缝中心处	605
	④	均温带边缘右侧	610
	⑤	均温带边缘左侧	609
	⑥	隔热带右侧	271
	⑦	隔热带左侧	222
	⑧	焊缝上端边缘	488
	⑨	焊缝下端边缘	450
受热面	A	焊缝中心处	608
	B	焊缝正中心处	611
	C	焊缝中心处	610
	D	均温带边缘右侧	440
	E	均温带边缘左侧	465
	F	隔热带右侧	230
	G	隔热带左侧	259

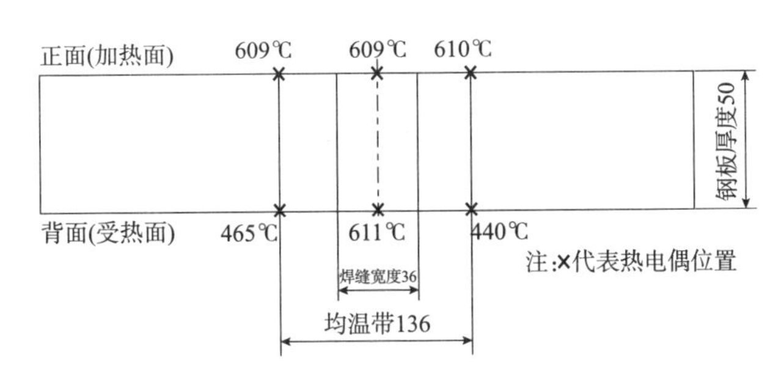

图 6－7 50mm 钢板正反面焊缝中心和均温带边缘处温度示意图

2. 130mm 厚板热处理验证性试验

热处理验证性试验采用 7000mm×2300mm×130mm 规格的钢板，采用 660mm×330mm 规格的柔性陶瓷片以双面加热的方式加热。目的是验证在双面加热的情况下钢板均温区是否能够达到热处理工艺要求的加热温度。按照 GB/T 30583 确定局部热处理均温带宽度为 160mm，加热带宽度为 600mm，隔热带宽度为 1200mm。模拟钢板加热时，当温度高于 350℃时，加热范围内升温速率不超过 80℃/h；保温温度为 600～625℃，保温时间为 2h＋1h；降温阶段，当温度高于 400℃时，降温速率不超过 80℃/h(图 6－8)。

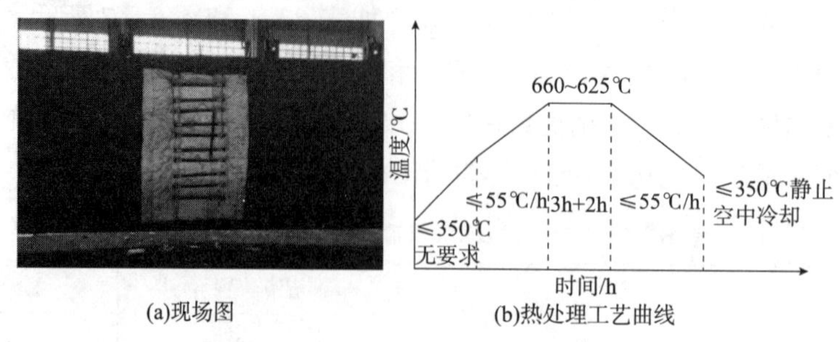

(a)现场图　　(b)热处理工艺曲线

图 6－8　130mm 钢板热处理现场图

按照图 6－9 的要求在钢板两面点焊热电偶，正面布置 5 块远红外加热板，背面对称布置 4 块远红外加热板（根据试验设计方案需在中间空出一块加热板的位置以此模拟 130mm 钢板中心位置的单面加热效果），上面再覆盖保温棉进行隔热。

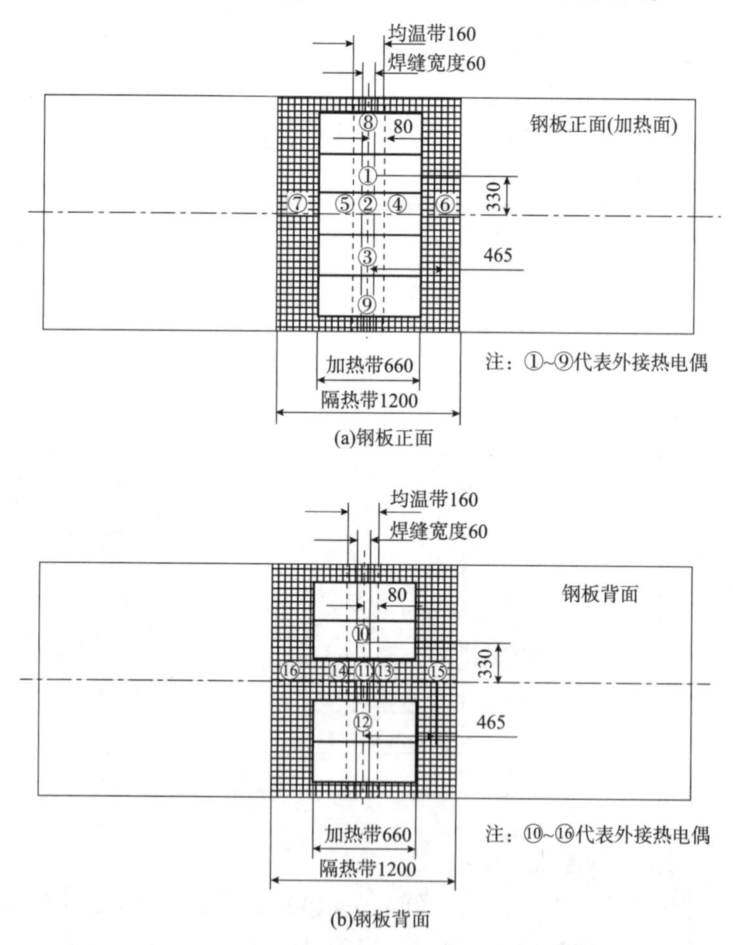

(a)钢板正面

(b)钢板背面

图 6－9　130mm 厚钢板热电偶及加热片布置

（注：①、②、③、④、⑤、⑩、⑬、⑭号热电偶布置在钢板中心线上，
⑥、⑦、⑪、⑫号热电偶布置在均温带边缘处，⑧、⑨、⑮、⑯号热电偶布置在隔热带边缘处）

130mm 厚钢板各测温点保温阶段温度如表 6－2 所示。130mm 厚钢板背面均温区温度未达到热处理工艺保温温度下限（600℃），这是因为该试验的钢板背面中心刻意少布置了

一块加热板(模拟单面加热)导致设备整体加热功率不足，但钢板正、反两面的温差在保温阶段一直稳定在30℃左右(图6－10)。因此当钢板两面同时对称布置相同数量的加热带进行加热时，钢板正反面的温差会进一步缩小，直至工艺要求范围内，同时其芯部温度也能够满足工艺要求。通过验证性试验，对于130mm壁厚的设备，单面加热不能满足工艺要求，必须进行双面加热才能够满足GB/T 30583—2014《承压设备焊后热处理规程》的相关规定。

表6－2　130mm厚钢板保温阶段测温点数据

130mm厚钢板	测温点编号	测温点位置	测温点温度/℃
正面	①	焊缝正中心处	620
	②	焊缝中心处	625
	③	焊缝上端边缘	410
	④	焊缝中心处	615
	⑤	焊缝下端边缘	440
	⑥	均温带边缘左侧	618
	⑦	均温带边缘右侧	610
	⑧	隔热带左侧	370
	⑨	隔热带右侧	380
背面	⑩	焊缝正中心处	588
	⑪	均温带边缘右侧	586
	⑫	均温带边缘左侧	582
	⑬	焊缝中心处	620
	⑭	焊缝中心处	620
	⑮	隔热带左侧	370
	⑯	隔热带右侧	370

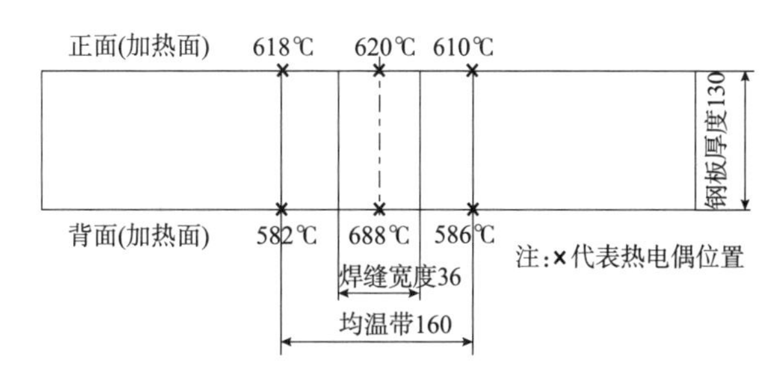

图6－10　130mm钢板正反两面焊缝中心和均温带边缘处温度示意图

6.4.2　厚板感应加热均温性试验

1. 复合板感应加热均温性试验

中国石油大学(华东)和青岛海越机电科技有限公司联合进行复合板感应加热均温性试验。复合板尺寸为1005mm×1010mm×87.5mm，其中复合板碳钢层厚82mm，钛层厚5.5mm。如图6－11所示，复合板平放在耐火砖上，碳钢侧(正面)朝上。在焊缝正面和背面中心分别点焊热电偶，复合板正面包裹60mm厚的陶瓷纤维保温毯。由于复合板是平放的平板，无法以圆周缠绕的方式绕制电缆，因此采用了以焊道为左右对称中心、盘绕螺线型感应加热线圈的方式，一根电缆共绕制 12 圈。

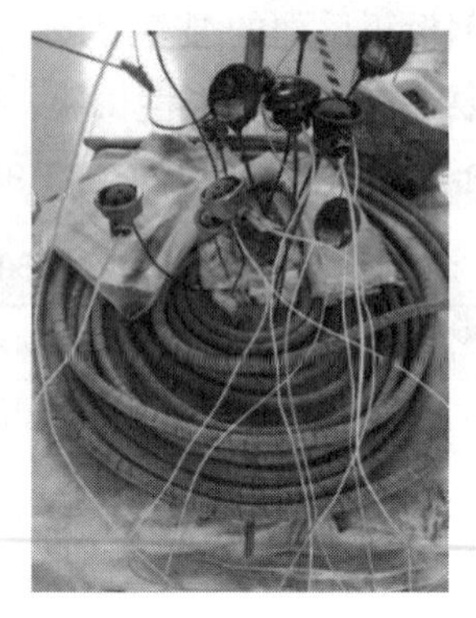

(a)实验设备布置　　(b)测温热电偶布置

图 6－11　复合板焊后热处理布置图

测温热电偶采用普通 K 型热电偶丝和不锈钢铠装 K 型热电偶。在复合板焊缝中心不同深度点焊热电偶。热电偶在复合板正面的编号、分布及位置如图 6－12 所示。在正面焊缝中心线上布置了 1#～6#测温点，焊缝外侧布置了 7#～11#测温点。在复合板的背面焊缝中心处布置了 12#测温点。电缆接入感应加热电源，测温线接入长图记录仪。

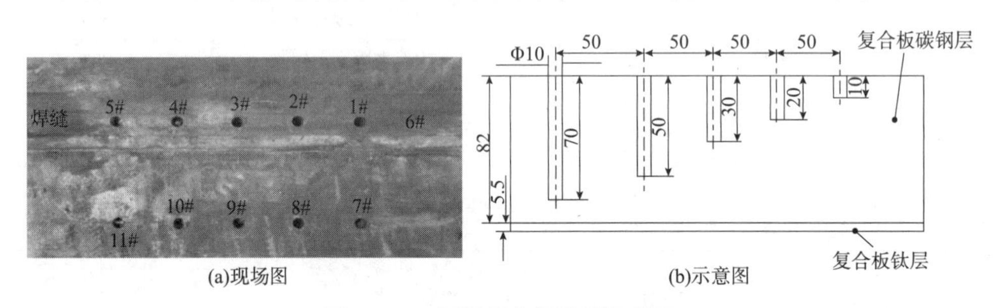

(a)现场图　　(b)示意图

图 6－12　测温热电偶编号及布置

复合板正背面焊道中心温度随时间的变化曲线如图 6－13 所示，其中 6#是复合板正面的温度，12#是复合板背面的温度。从图中可以看出，从室温至 290℃的升温阶段，复合板正面的温度一直比背面的温度高，最大温差为加热第 15min 时的 13.7℃。这是因为感应加热的热源产生于被加热工件表面以下 10mm 的范围内，热量从复合板正面传导到背面需要一定的时间。在 290～560℃的升温阶段也呈现出这一规律，这一阶段复合板正面和背面焊道的最大温差缩减到 4.7℃。在 290℃和 560℃两个保温阶段，复合板背面的温度反而比正面温度高，最大温差为 11.6℃，长时间保温后这个温度进一步降低到 3℃。这是由于保温阶段复合板背面保温效果较好，热量由正面向背面传递存在热惯性，而且正面陶瓷纤维毯有穿孔，保温效果稍差，散热能力比背面大造成的。在保温阶段，电源根据工件的温度反馈形成温度闭环控制，电源的启停是间歇的，从而有助于工件在保温阶段各区域的温度分布均匀。

热处理过程中复合板正面焊道中心不同深度点的温度随时间的变化如图 6－14 所示。在不同时刻焊道中心从表面到 70mm 深度不同点的温度差异不大，在升温阶段从复合板表面向内部温度逐渐升高，在保温阶段复合板表面和内部温度基本一致。在整个热处理过程中，焊道表面点(6#)与深 70mm 点(1#)最大温差为 17.4℃。

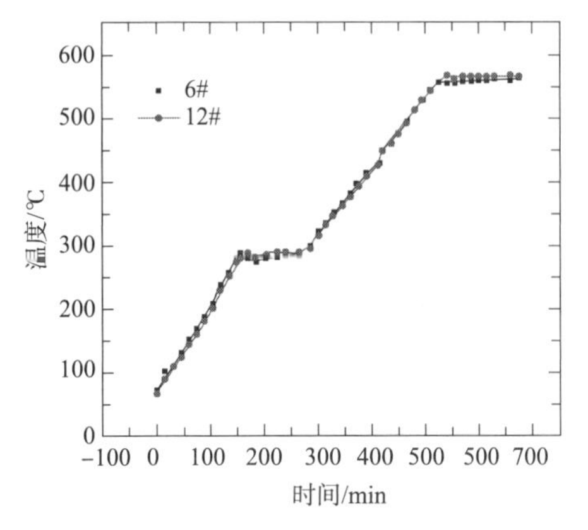

图 6－13　复合板正背面的温度曲线

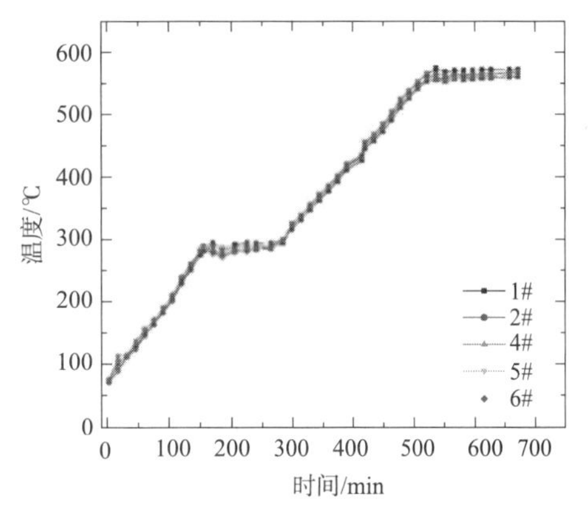

图 6－14　复合板正面焊道中心不同深度点的温度随时间的变化曲线

2. 马鞍形厚板感应加热均温性试验

中国石油大学(华东)和青岛兰石重型装备股份有限公司联合进行了马鞍形厚板感应加热均温性试验。该厚板为马鞍形，直径为 2900mm，厚度为 220mm，材质为 Q345R。热处理保温温度为 705℃ ±14℃。其测温热电偶采用普通 K 型热电偶丝和不锈钢铠装 K 型热电偶，其布置及编号见图 6－15。内外壁保温面积直径为 2900mm，外壁保温厚度为 30～50mm，内壁保温厚度为 80～100mm。经热工计算采用一台 160kW 或 240kW 中频感应加热电源，2 根 85m 耐高温感应电缆和并联缠绕工件外壁加热方式。

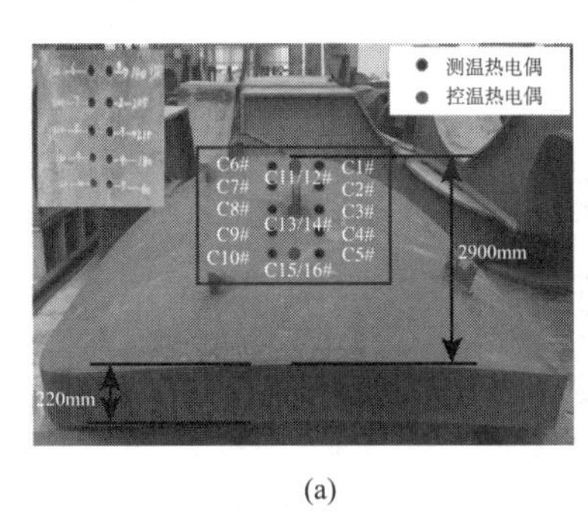

(a)

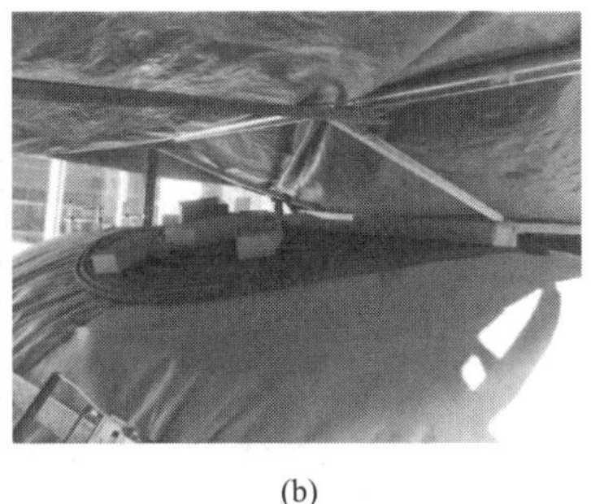

(b)

图 6－15　热电偶布置图及电缆布置方式

图 6－16 为马鞍形厚板在热处理过程中不同深度测温点随时间变化的温度曲线。从图中可以看出，不同深度的测温点在感应加热过程中的升温趋势一致。马鞍形厚板正面的温度一直比背面的温度高，最大温差在 6～17℃之间。在保温阶段，马鞍形厚板正面的温度与背面温度的最大温差为 11.3℃。测温点 C7－200 温度最高，C10－20 最低，两者最大温差为 14.4℃。可见，感应加热过程中沿厚度方向温度均匀性较好。

通过上述试验可以发现，从单侧进行感应加热，在整个工件厚度截面加热过程中温差控制在 18℃以内，尤其是浅表面感应涡电流集中区域无明显温度突变区域，在保温阶段的最大温差为 14.4℃，能够满足相关标准要求。图 6－17 为某化工企业 300 万吨/年渣油加氢裂化装置千吨级锻焊式悬浮床反应器，成功采用中频感应加热技术进行了总装缝现场局部热处理。

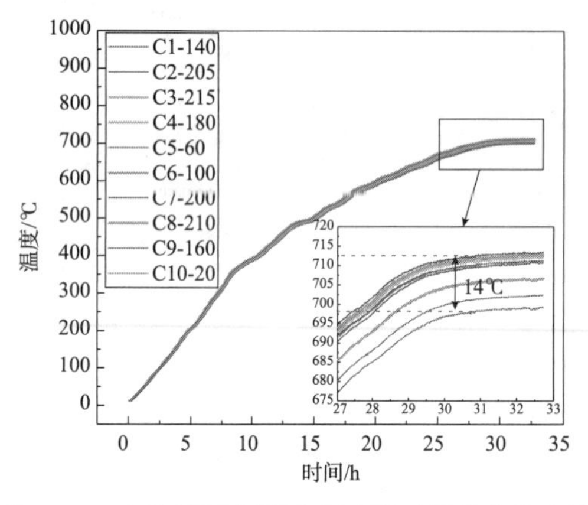

图 6－16　不同深度测温点温度随时间的变化曲线

图 6－17　悬浮床反应器总装缝感应加热局部热处理

3. 中频感应加热在加氢反应器上的应用

1）加氢反应器筒体环焊缝的最终热处理

某台加氢精制反应器筒体内径为 ϕ5800mm、壁厚为 304mm＋8mm，其中 304mm 厚为低合金钢母材，材质为 2.1/4Cr－1Mo－1/4V 钢，内表面堆焊 8mm 厚 E309L＋E347L 不锈钢。筒体合拢环焊缝采用感应加热局部热处理方法，如图 6－18 所示。筒体内外壁表面点焊热电偶，并敷设保温毯。经热工计算，采用 5 台 200kW 加热电源，每台电源采用 3 根 70m 耐高温感应电缆并排缠绕 3 圈，共缠绕 45 圈，电缆之间间隔 40～50mm。

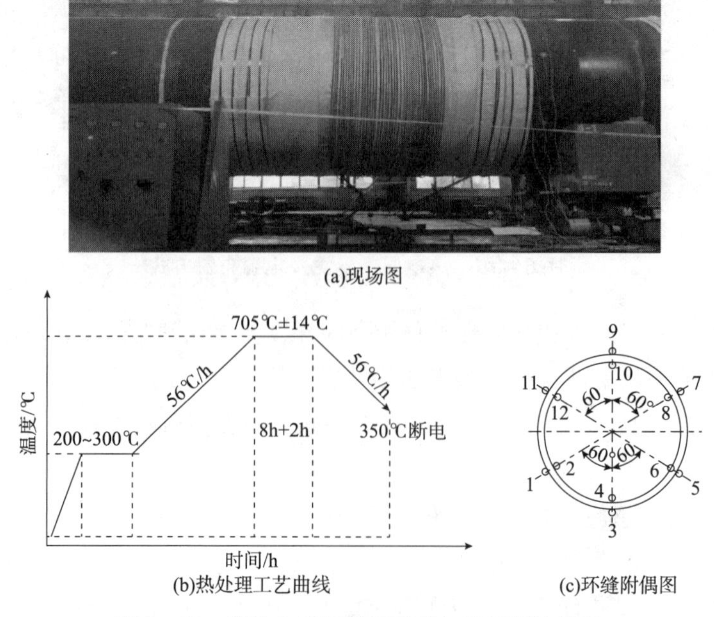

图 6－18　筒体合拢环焊缝感应加热局部热处理

热处理过程中筒体环缝内外壁热电偶的温度随时间的变化如图6－19所示。从图中可以看出，不同方位的点在感应加热过程中的升温趋势一致。在保温阶段，均温区温度分布均匀，最大温差在5℃以内，满足局部热处理的均温区温度要求。

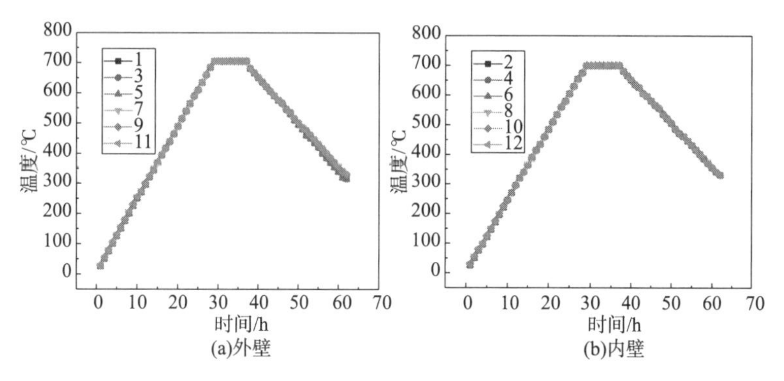

图6－19　筒体焊缝热处理温度－时间曲线

2）加氢反应器接管与筒体对接焊缝的中间消应力热处理

中国石油大学（华东）和二重（德阳）重型装备有限公司、二重（镇江）重型装备有限责任公司联合进行了马鞍形接管与筒体对接焊缝的感应加热均温性试验。筒体的材质为12Cr2Mo1V，筒体内径为5413mm，壁厚为351mm。马鞍形接管的材质和筒体一致，接管的外径为600mm，内径为350mm。接管与筒体对接焊缝的中间消应力热处理的保温温度为660℃±10℃，升温速率在400℃以上小于56℃/h。由于马鞍形接管焊接时，筒体内壁已完成不锈钢层的堆焊，感应加热在筒体外壁进行。根据接管和壳体直径尺寸，经热工计算，选用1台80kW感应加热电源，采用自主设计的柔性仿形平面感应加热工装。该工装由柔性保温毯、玻纤板固定和吊装框架、耐高温感应加热电缆等组成。接管中间消应力热处理感应加热工装使用时，首先将接管旋转到12点钟位置，接管与壳体内外壁点焊测温热电偶，接管法兰开口做保温封堵处理，按照热处理工艺曲线进行升温。加热现场如图6－20所示。

图6－20　接管中间消应力热处理现场

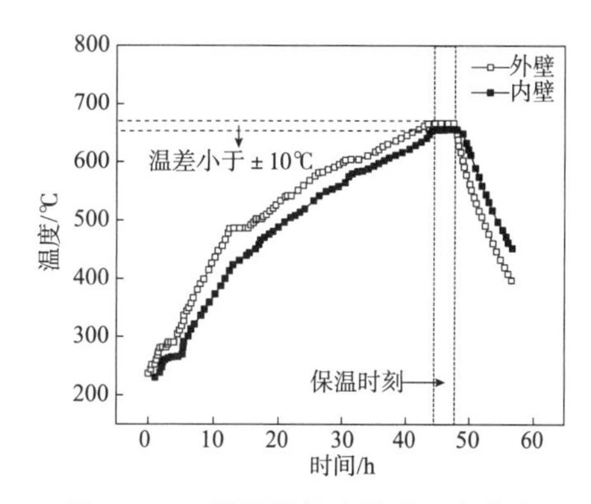

图6－21　接管焊缝内外壁温度曲线

图6－21给出了接管焊缝内外壁测温热电偶在热处理过程中的温度变化曲线。热处理过程中内外壁最大温差出现在升温过程中，经过步进式控温方法可以逐步降低在升温过程中产生的较大温差。对于壁厚超过350mm的接管焊缝，采用感应加热的局部热处理方法在保温阶

段焊缝内外壁最大温差在20℃以内，满足局部热处理保温阶段660℃ ±10℃的温度要求。

3)加氢反应器筒体环焊缝的中间消应力热处理

中国石油大学(华东)和二重(德阳)重型装备有限公司、二重(镇江)重型装备有限责任公司联合进行了加氢反应器筒体环焊缝感应加热均温性试验。筒体材质为2.25Cr1Mo0.25V，内径为5813mm，最大壁厚为352mm。中间消应力热处理的保温温度为660℃ ±10℃，保温时间为5h。当温度在400℃以下时，升降温速率不进行控制，400℃以上时，升降温速率≤55℃/h。根据加热技术要求，经热工计算，选配2台300kW感应加热电源，每台电源配置4根120m感应加热电缆用于筒体环缝的中间消应力热处理。电缆缠绕宽度为2100mm，筒体内外表面均敷设100mm厚保温毯，保温宽度约为4000mm。感应加热现场如图6－22所示。

图6－22 分段筒节中间消应力热处理现场

图6－23给出了筒体焊缝中心和均温区边缘温度随时间的变化曲线。在整个热处理过程中，筒体焊缝中心和均温区边缘内外壁的测温点，其温度变化曲线趋势一致。均温区的最大温差均不超过标准规定的56℃，其中最大温差出现在小于400℃的升温环节，但通过在升温环节设定一定时间的保温即可减少内外壁温差。采用感应加热的升温方式，利用本书所提出的温度均匀性控制方法可以使壁厚超过350mm的筒体在热处理保温时刻均温区内外壁最大温差控制在19℃以内，满足工艺标准所规定的±10℃要求。

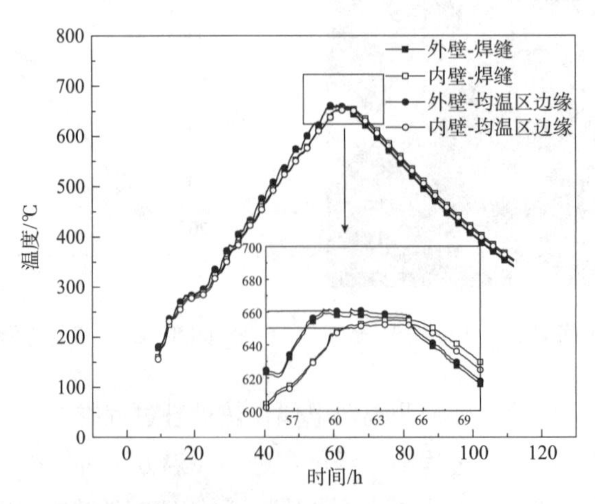

图6－23 加氢反应器筒体环焊缝的中间消应力热处理的温度曲线

4. TP 347 厚壁管道稳定化热处理

为了研究厚壁 TP 347 管线现场采用感应加热技术的温度均匀性，中国石油大学(华东)和中国石油化工股份有限公司天津分公司、青岛海越机电科技有限公司联合进行了 TP 347 厚壁管道稳定化热处理研究。首先在实验室进行 50mm 厚 TP 347 管道感应加热局部热处理的均温性实验。TP 347 不锈钢管道平放在耐火砖上，内外壁点焊热电偶，环焊缝外壁保温采用陶瓷纤维保温毯进行保温，保温层厚度为 70mm，如图 6－24 所示。保温毯采用陶瓷纤维保温棉，宽 340mm，包绕 3 层，总厚度为 70mm。电缆以筒体轴向对称平面(焊道假定在此平面上)为中心，对称绕制 6 圈共 12 匝，电缆缠绕宽度为 300mm。

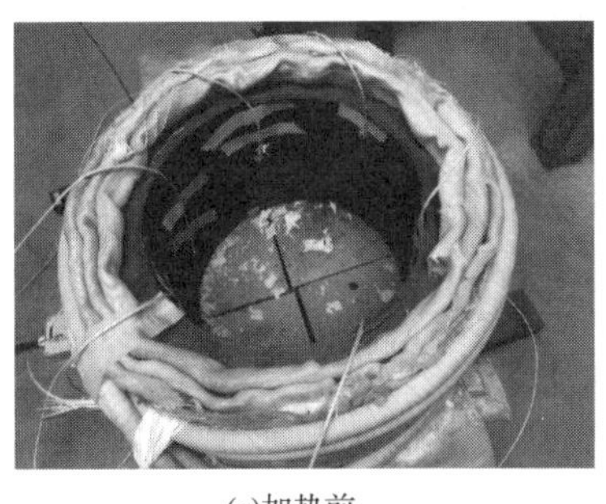
(a)加热前

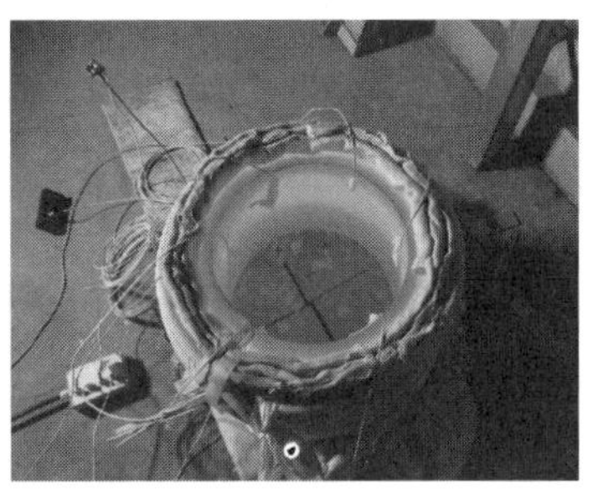
(b)加热中

图 6－24 TP 347 不锈钢管道焊后稳定化热处理布置图

TP 347 管道测温热电偶采用普通 K 型热电偶。在管道内壁环焊缝设置了 6 支热电偶，外壁设置了 2 支热电偶，共 8 支热电偶。热电偶在筒件内外壁的分布及位置尺寸如图 6－25 所示。内壁焊缝中心线的 12 点、4 点和 8 点位置共布置 3 支热电偶，距离焊缝中心线 50mm 处的 2 点、75mm 处的 6 点和 100mm 处的 10 点位置布置共 3 支热电偶。在管道外壁面上的焊道中心的 5 点和 11 点位置布置 2 支热电偶。

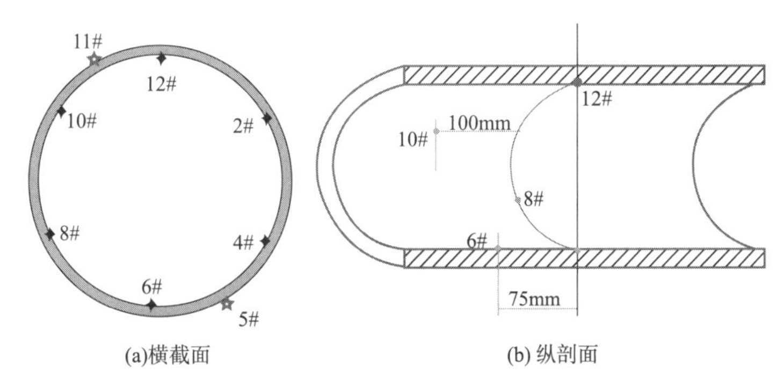

(a)横截面 (b) 纵剖面

图 6－25 测温热电偶布置图

图 6－26 给出了管道内壁焊道中心处温度随时间的变化曲线。由于 12、4 和 8 点在焊道内表面焊道中心线上呈旋转对称分布，其温度基本一致。在任何一个时刻，该三点之间的温差都在 10℃之内。同时，该三点的温度随时间的变化趋势也基本一致。这充分表明，感应加热时温度沿管道环向分布相对均匀。

图 6－27 给出了管道内壁和外壁焊道中心不同位置的温度变化曲线。测温点 8#、2#、

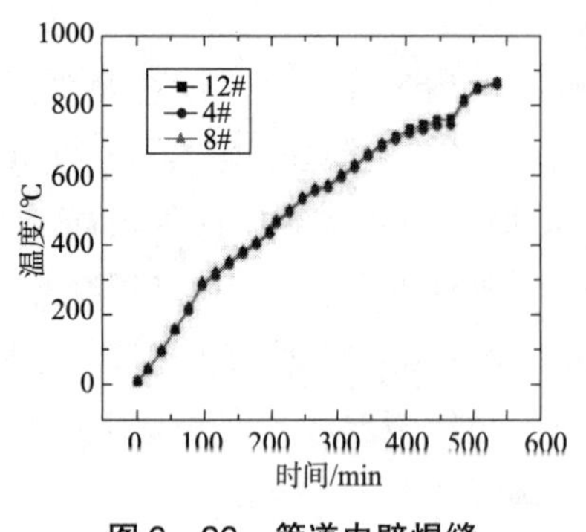

图 6 –26　管道内壁焊缝中心线的温度曲线

6#和 10#的位置分别是距离焊道中心线 0mm、50mm、75mm 和 100mm 处。从图 6 –27(a)中可以看出，8#、2#和 6#点的温度几乎一致，只有 10#点的高温阶段温度略低 10 ~20℃。这是由于 8#、2#和 6#点位于管道中间，而 10#点距离管道边缘最近。这说明感应加热能够保证均温区(6 倍管道壁厚，本例中为 300mm)范围内的温度分布均匀。管道外壁焊道中心线随时间的变化曲线如图 6 –27(b)所示。5#和 11#分别是指外壁焊道中心线在 5 点和 11 点钟的位置。从图中可以看出，二者在不同时刻的温度值基本一致，且最后在保温阶段都达到了 890 ~900℃的温度区间。

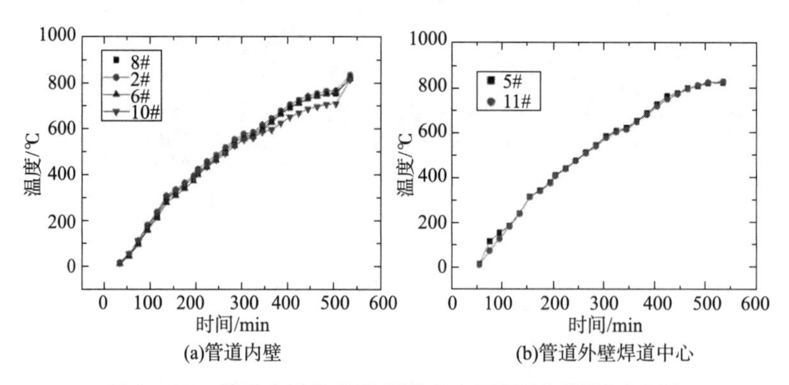

图 6 –27　管道内壁和外壁焊道中心不同位置的温度曲线

图 6 –28 为内外壁焊道中心线上不同点的温度曲线。从图中可以看出，升温过程中管道内外壁表面上的温差较大。保温阶段，内外壁温差在 50℃以内。试验证明，感应加热可以满足 TP 347 均温性的要求，可以有效地解决内外壁温差过大的难题。

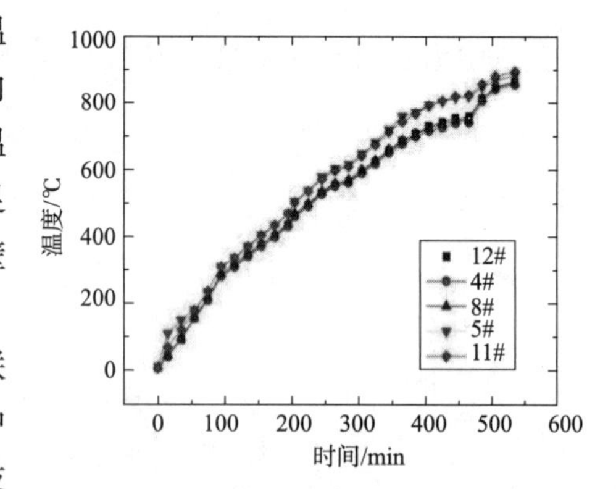

图 6 –28　管道内外壁焊道中心不同位置的温度曲线

中国石油大学(华东)蒋文春教授课题组联合中国石油化工股份有限公司天津分公司、中国石化工程建设有限公司、青岛海越机电科技有限公司，研究了 TP347 管线感应加热感应电缆缠绕宽度、间距、电源功率等工艺参数的影响规律，获得了最优化的工艺，满足了 TP 347 均温性的要求，确定了现场稳定化热处理工艺，制定了科学的施工方案。经过专家评审，在现场实施，测试结果表明内外壁温差能够保持在 30 ~40℃之间，稳定化热处理保温过程中内壁温度大于 850℃，脱离敏化温度区间，解决了工程现场施工时因内壁无法保温而导致热处理过程温差过大产生再热裂纹的世界难题。该技术最终成功应用于某公司 260 万吨/年渣油加氢装置 TP347 管道稳定化热处理(图 6 - 29)，该装置 TP 347 管道总重 1599t，总长度 76. 6km。

图 6 - 29　TP347 弯头稳定化热处理现场

参考文献

[1]李盼菲，贾芸．热电偶温度测试技术原理及应用分析[J]．电子测试，2020(13)：56 - 57.

[2]刘霞．热电偶测温原理及补偿导线的选型[J]．信息系统工程，2018(12)：114.

[3]潘俊花．测温热电偶的工作原理及其在现场中的应用[J]．内燃机与配件，2020(4)：181 - 182.

[4] Joseph W. McEnerney，Pingsha Dong. Recommended Practices for Local Heating of Welds in Pressure Vessels，Welding Research Council，WRC Bulletin No，NY，2000，vol. 452.

[5]中华人民共和国国家质量监督检验检疫总局，中国国家标准化管理委员会．承压设备焊后热处理规程：GB/T 30583—2014[S]．北京：中国标准出版社，2011.

[6]蒋文春，金强，罗云，等．大型压力容器局部热处理方法：201910804924. X[P]. 2019 - 8 - 29.

[7]蒋文春，金强，罗云，等．一种大型压力容器局部热处理过程优化及自动控温方法：201910804940. 9 [P]. 2019 - 8 - 29.

第7章 温差法内表面压应力调控

本章提出温差法内表面压应力调控方法，该方法可以使内壁较大拉应力降为压应力，有效解决应力腐蚀问题。主要分析了冷却温差大小对内外表面残余应力的影响，同时探究了温差法处理前后沿厚度方向的应力变化情况，给出了传统工艺和局部冷却温差工艺在热处理过程中应力演化的规律，并基于不同直径和壁厚提出使内壁产生压应力的工程设计方法。

7.1 调控原理

温差法内表面压应力调控是指先采用常规整体热处理或局部热处理方法对工件升温、保温和降温(升降温速率和保温时间依照热处理标准执行)，直到将工件温度降至400℃之后，立即对容器内表面整体或焊缝局部区域喷洒冷却水或干冰进行快速冷却。该方法是通过外加冷源的方式，形成了与常规热处理冷却过程不同的畸变温度场。在温差法热处理的冷却阶段，外表面金属缓慢收缩，内表面金属由于外部冷源的施加与外表面形成较高的温差，产生更快的收缩变形，形成与传统冷却方式不同的畸变形，从而改变了内表面焊缝根部的约束条件，抑制了残余应力的形成。温差法正是通过内外表面冷速不同导致的畸变形调控残余应力，当工件整体冷却至室温后，内表面应力能够显著降低。局部冷却温差法中的关键参数是畸变温度场中的最大温差，即快速冷却过程中内表面和外表面形成的最高温度差，当温差足够大时可以在内表面形成压应力，如图7－1所示。

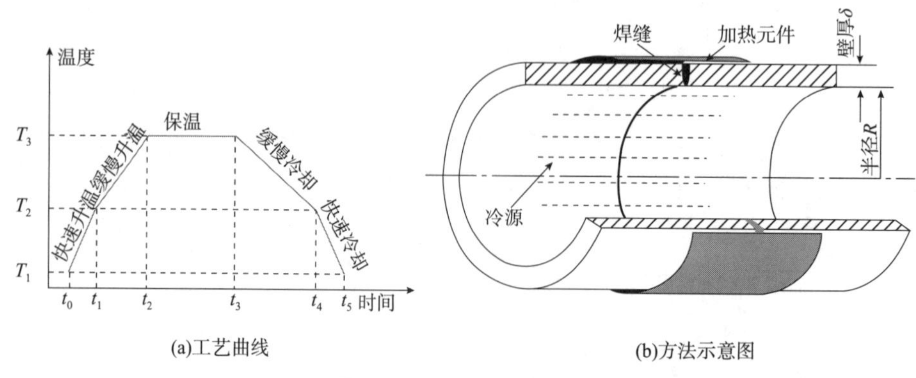

图7－1 局部速冷热处理

7.2 温差大小对残余应力的影响

7.2.1 温差大小对残余应力消除效果的影响

本节以平板焊接接头为研究对象分析温差大小对残余应力消除效果的影响，模型尺寸为 160mm × 160mm × 10mm。焊缝附近采用过渡网格划分，在保证计算精度前提下尽量减少网格数量，提高计算效率，模型网格共划分 31140 个单元，34788 个节点。应力场与温度场网格划分一致，温度场网格类型采用 DC3D8，应力场分析网格类型选择 C3D8R。有限元分析路径如图 7 –2 所示，P1 位于试板上表面中心位置处垂直于焊缝方向，P2 位于试板上表面焊趾处平行于焊缝方向，P3 位于试板下表面中心位置处垂直于焊缝方向，P4 位于试板下表面焊趾处平行于焊缝方向。

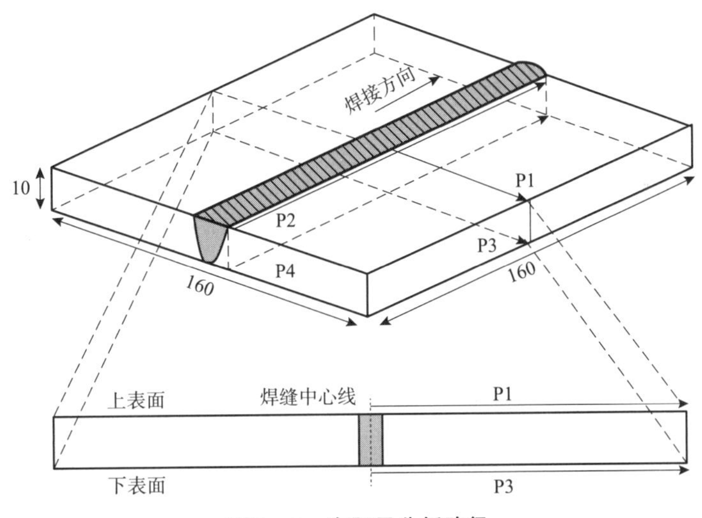

图 7 –2 有限元分析路径

图 7 –3 和图 7 –4 分别给出了沿路径 P1、P2 焊态和温差法热处理后残余应力分布曲线。沿路径 P1，焊态横向残余应力最大值位于焊缝中心，为 170. 1MPa，纵向残余应力最大值位于焊趾和热影响区交界处，为 270. 5MPa。沿路径 P2，焊态横向和纵向应力均在试板中心位置较大，横向应力最大值为 164. 1MPa，纵向应力最大值为 261. 6MPa。当快速冷却过程最大温差为 100℃时，试板上表面的两向应力降低，沿路径 P1，横向和纵向应力最大值分别降为 87. 6MPa、127. 3MPa，相比焊态应力降低 82. 5MPa、143. 2MPa，降幅分别为 48. 5%、53. 0%；沿路径 P2 横向和纵向应力降幅分别为 45. 7% 和 49. 4%。当温差为 200℃时，应力调控效果要明显优于温差为 100℃时，沿路径 P1，横向和纵向应力最大值降为 24. 7MPa 和 66. 2MPa，与焊态应力相比降低 145. 4MPa、204. 3MPa，降幅分别为 85. 8%、75. 6%；沿路径 P2，横向和纵向应力最大值分别降为 31. 6MPa、71. 8MPa，比焊

态应力降低 132.5MPa、189.8MPa，降幅分别为 81.1%、72.8%，且整体应力分布较为均匀。

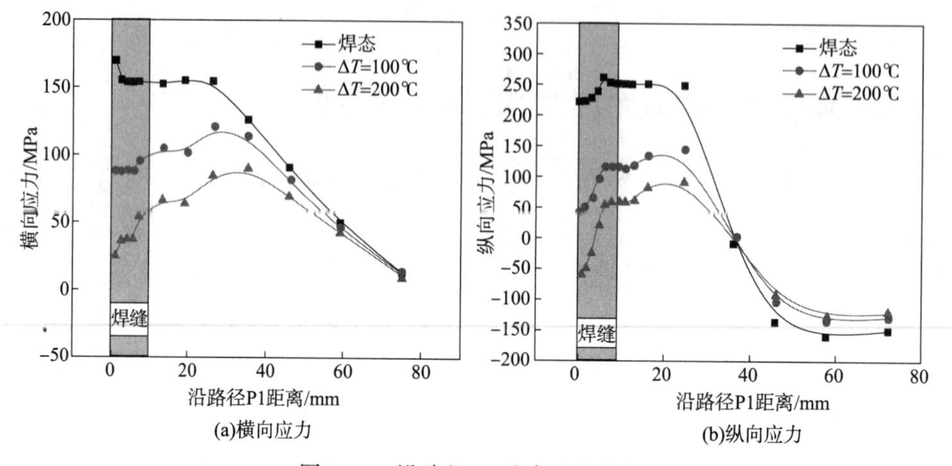

(a)横向应力　(b)纵向应力

图 7-3　沿路径 P1 残余应力分布

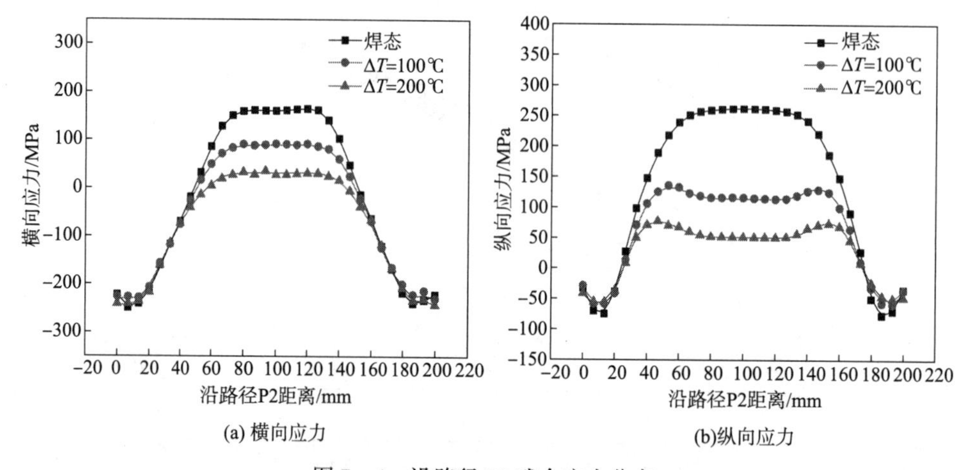

(a) 横向应力　(b)纵向应力

图 7-4　沿路径 P2 残余应力分布

图 7-5 和图 7-6 分别给出了下表面(喷水冷却表面)沿路径 P3 和路径 P4 残余应力计算结果。沿路径 P3，焊态横向应力最大值位于焊缝中心，为 183.5MPa，纵向应力最大值为 262.1MPa，主要分布在焊缝及热影响区附近；沿路径 P4，在试板中心区域存在较大的横向和纵向应力，其值分别为 191.4MPa、267.4MPa。当采用喷水快速冷却且上下表面最大温差为 100℃时，沿路径 P3 横向和纵向应力最大值分别降为 46.5MPa、107.7MPa，与焊态应力相比降低 137.0MPa、154.4MPa，降幅分别为 74.7% 和 59.1%；沿路径 P4，横向和纵向应力最大值为 68.4MPa、99.5MPa，降幅分别为 64.3%、62.8%。当最大温差为 200℃时，沿路径 P3，在焊缝和热影响区，横向和纵向残余应力均降至压应力，在焊缝中心位置应力降至 -60MPa 左右；沿路径 P4 的横向和纵向应力同样降为压应力，相比焊态应力，降幅分别为 117.6% 和 102.2%，且应力分布均匀。

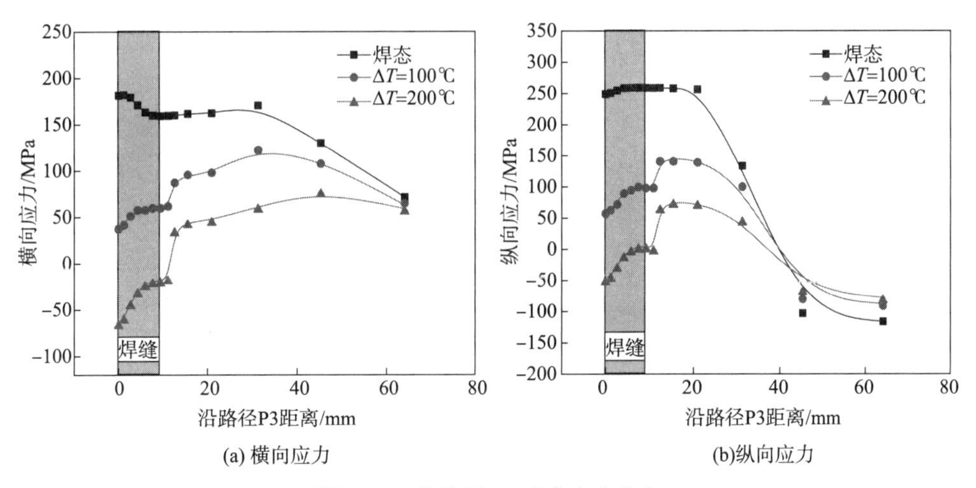

(a) 横向应力　　(b)纵向应力

图 7－5　沿路径 P3 残余应力分布

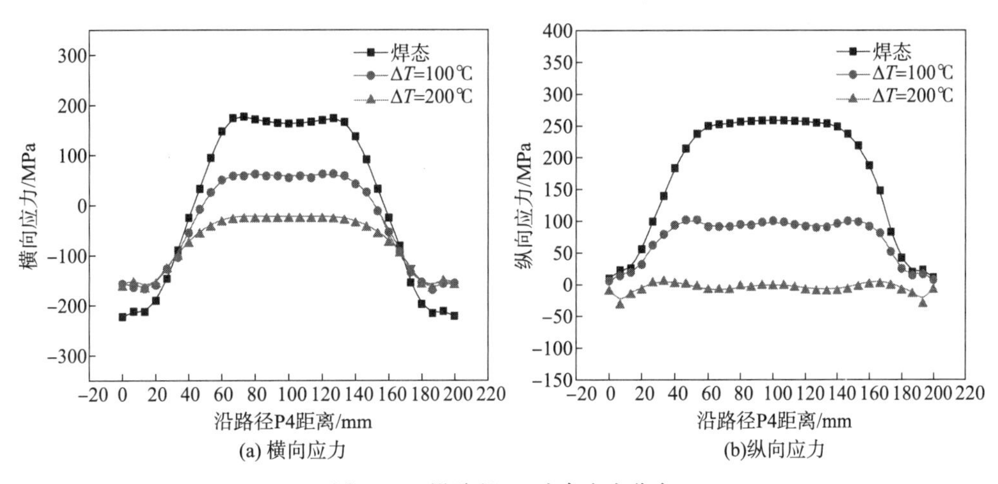

(a) 横向应力　　(b)纵向应力

图 7－6　沿路径 P4 残余应力分布

沿平板焊缝厚度方向绘制温差法热处理前后的应力分布曲线，如图 7－7 所示。焊态和未施加外部冷源的横向应力从外表面向内表面逐渐增加，纵向残余应力沿厚度方向分布均匀，沿厚度方向表现为较大拉应力，应力分布曲线平缓。当在内表面施加冷源后，其横向应力沿厚度方向先急剧降低，随后在试板厚度方向中心位置升高，然后持续降低，最后沿厚度呈现“n”字形分布，当温差足够大时，在内外表面形成压应力，试板中心位置横向应力有一定程度增加。纵向应力峰值出现在中心部位，在内外表面同样急剧降低，当温差为 200℃时产生压应力。这是由于试板下表面冷源的施加使温度迅速降低，中心位置冷速慢，保持在较高温度，与表面形成较大的温差，同时由于冷源的施加使得表面膨胀受到限制，致使内外表面残余应力由于塑性变形大幅降低。在工程中，由于中心位置与外在腐蚀性介质不直接接触，因而中心位置存在拉应力可以接受。

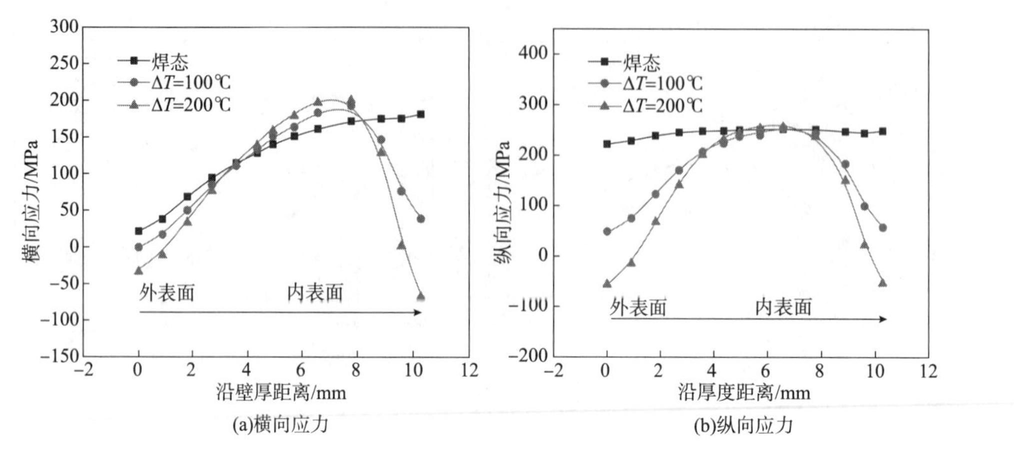

(a)横向应力 (b)纵向应力

图 7-7 沿厚度方向残余应力分布

7.2.2 温差大小对残余应力演化的影响

图 7-8 给出了整个热处理过程应力随时间变化曲线。在热处理升温阶段，两种工况横向和纵向残余应力均有降低，这主要是由于随着热处理温度的升高，在材料软化作用的影响下，残余应力得以释放。在降温初期，残余应力快速下降，随后基本保持不变。200℃温差降幅明显高于 100℃温差，残余应力在较短时间内由拉应力降至压应力。由此可见，在工件表面施加冷源且形成的温差足够大时，残余应力不会随着屈服强度的增加而发生回弹，而是在降温阶段初期呈现快速下降的趋势，温差越大应力降低幅度越大，当温差足够大时，会在施加冷源的表面产生压应力。

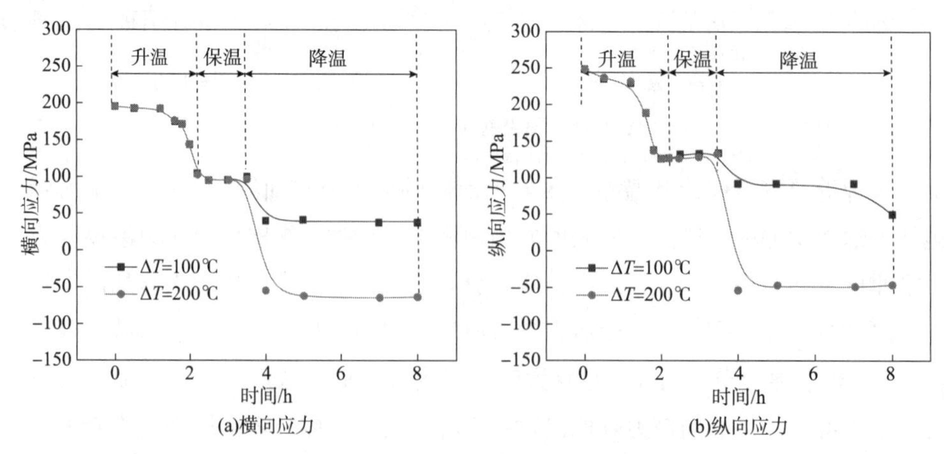

(a)横向应力 (b)纵向应力

图 7-8 热处理过程残余应力演化

7.3 温差法工程设计方法

在降温过程中采用温差法可在施加冷源的表面产生压应力，考虑该方法在工程应用中的成本节约和使用方便的问题，需要确定能使内表面产生压应力的最低速冷温差（ΔT_{min}）。建立有限元分析模型，分析最低速冷温差在直径相同情况下与壁厚的关系，计算所得的最低温差与壁厚关系曲线如图7-9所示。可见，壁厚越大，达到相同的应力消除效果所需要的最低速冷温差越大。当壁厚小于60mm时，ΔT_{min}与壁厚呈现指数型增长趋势，当壁厚超过100mm之后，ΔT_{min}受壁厚的影响较小，上升趋势区域平缓，超过140mm后，ΔT_{min}基本保持不变。

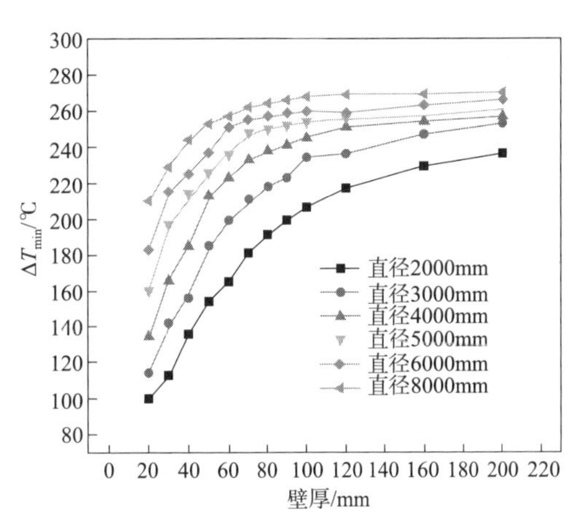

图7-9 最低温差与壁厚关系

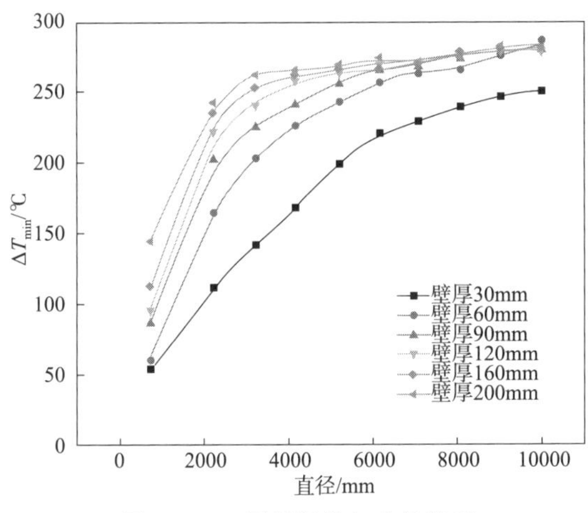

图7-10 最低温差与直径关系

计算在壁厚相同时最低速冷温差与直径的关系，计算结果如图7-10所示。ΔT_{min}随着直径的增加持续增大，整体上与直径呈现幂函数分布关系，当直径小于3000mm时，直径影响因素更为明显，当直径超过8000mm后其值基本维持在定值，同时当壁厚超过60mm、直径增加到8000mm后，各种壁厚下的ΔT_{min}的值相差不大。

使内壁产生压应力的最低温差ΔT_{min}与直径和壁厚均呈现正相关的关系，二者需同时考虑，提出温差法工程设计方法。通过将大量计算结果进行数据拟合，得到ΔT_{min}与壁厚之间满足如下关系：

$$\Delta T_{min} = \alpha(1 - e^{-\beta b}) \tag{7-1}$$

式中：b为筒体厚度；α和β为直径影响因子，其值可从表7-1查值获取。

表7-1 α和β不同直径取值表

直径	2m	3m	4m	5m	6m	7m	8m	9m	10m
α	234	248	264	256	260	263	265	271	273
β	0.0219	0.0270	0.0353	0.0469	0.0565	0.0678	0.0708	0.0761	0.0881

将上述计算得到的α和β与直径建立关系式，即可将α和β表示成与直径d相关的关系式：

$$\alpha = 246 + 2.7 \times 10^{-3} d - \frac{6.9 \times 10^{7}}{d^{2}} \tag{7-2}$$

$$\beta = \frac{9.9\times10^{-2}}{1+e^{(2.1-4\times10^{-4}d)}} \tag{7-3}$$

将式(7－2)和式(7－3)代入式(7－1)中，即可得$\Delta T_{\min}$与厚度和直径相关的关系式：

$$\Delta T_{\min} = \left(246+2.7\times10^{-3}d-\frac{6.9\times10^{7}}{d^{2}}\right)\left(1-e^{-\frac{9.9\times10^{-2}}{1+e^{(2.1-4\times10^{-4}d)}}b}\right) \tag{7-4}$$

式中：b 表示设备厚度，d 表示设备直径。

7.4 工程案例分析

对苯二甲酸(PTA)结晶器接触高浓度醋酸、溴离子、对苯二甲酸、凝结水等腐蚀性介质，在高温、高压环境下运行，设备的使用条件极为苛刻，其选用耐高温、高压及抗腐蚀性材料制造，即使这样，在设备的运行过程中PTA结晶器仍然会发生严重的腐蚀破坏。现场普查发现，PTA结晶器内表面腐蚀减薄严重，腐蚀深度逐年加深，液面以下腐蚀相对较重，内部构件均有不同程度的腐蚀，折流板端面腐蚀严重并已松动，底部固定螺栓严重腐蚀，部分已脱落。

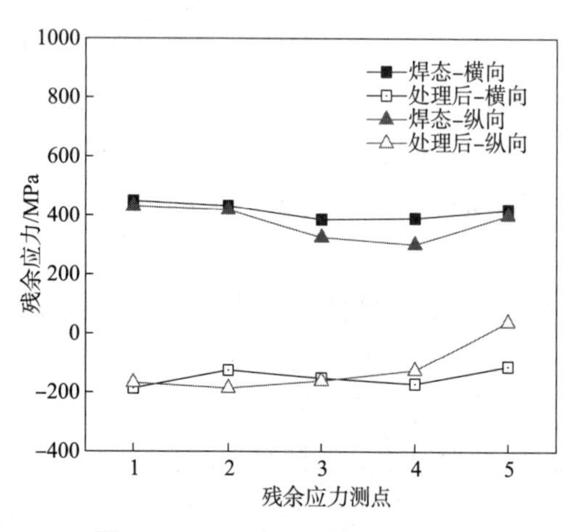

图7－11　温差处理前后应力分布

中国石油大学(华东)蒋文春教授团队针对该问题，做了大量实验研究，利用温差法热处理，对堆焊层焊接残余应力进行调控。如图7－11所示，经残余应力测试，经堆焊后在堆焊表层产生的拉应力平均值为415MPa，其值已经超过材料的屈服强度，在腐蚀性介质和冲蚀相互作用下，堆焊层表面发生大面积剥离，从而导致失效。经过温差法处理后，可以在堆焊层表面形成压应力，堆焊层应力平均值降至－187MPa，降幅为145%，可以显著提高PTA装置抗应力腐蚀能力。

参考文献

[1]蒋文春，谷文斌，金强，等．局部温差调控残余应力热处理方法：202010741914.9[P]．2020－7－29.

[2]邱宏斌．奥氏体不锈钢输油管道焊缝的应力腐蚀失效分析[J]．化工设备与管道，2011，48(4)：68－72.

[3]朱瑞林，邓卫军，朱国林．温差预应力厚壁圆筒自增强分析[J]．化工装备技术，2015，36(3)：32－35.

[4] Dong P. On the mechanics of residual stresses in girth welds[J]. Journal of Pressure Vessel Technology, 2007, 129(3): 345-354.

[5] Song S. Analysis and characterization of residual stresses in pipe and vessel welds[D]. New Orleans: University of New Orleans, 2012.

[6] Yan Z L. Influences of welding residual stresses on performance of steel structures and methods for their elimination[J]. Advanced Materials Research, 2014, 971(7): 889-892.

[7] 谷文斌. TP347 管道稳定化局部热处理及温差法调控残余应力研究[D]. 中国石油大学(华东), 2021.

第8章　接管焊缝点状加热局部热处理技术

承压设备壳体主体焊缝除纵焊缝和环焊缝外，还包含大量的接管与筒体连接的焊缝，接管与筒体焊缝也需要进行热处理消除残余应力。对于接管热处理，当筒体尺寸较大时，是无法进行整体热处理的，只能进行局部热处理。对接管焊缝局部热处理，我国GB/T 150标准要求必须进行包含接管焊缝在内的整圈加热，美国ASME标准推荐使用整圈加热。然而，随着承压设备壳体尺寸越来越大，对接管焊缝进行整圈加热局部热处理显然是不合适的，一来筒体直径越大，由于所需热处理加热带增大导致热处理面积也越大，对加热装置和功率提出了更高要求；二来加热面积增大，产生的热处理变形也会增大，热处理过程中易发生开裂，残余变形大。因此，如何有效进行承压设备接管焊缝局部焊后热处理，以控制焊接过程中的焊接应力与变形，对于确保承压设备的结构完整性具有重要意义。

8.1　国内外标准关于接管局部热处理的要求

8.1.1　国内标准规定

我国关于热处理的标准有GB/T 150.4—2011《压力容器　第4部分：制造、检验和验收》、GB/T 30583—2014《承压设备焊后热处理规程》、T/CSTM 00546—2021《承压设备局部焊后热处理规程》。GB/T 150规定，接管局部热处理有效加热范围应符合下列规定：接管与壳体相焊时，应环绕包括接管在内的筒体全圆周加热，且均温带在垂直于焊缝方向上自焊缝边缘加接头厚度或50mm，取两者较小值。GB/T 30583—2014中未对接管局部热处理作出明确的规定，要求筒体局部焊后热处理时，加热带应环绕包括均温带在内的筒体全圆周，均温带宽度同GB/T 150中要求一致。T/CSTM 00546—2021则对接管与壳体连接的焊接接头、嵌入式补强件与壳体连接的焊接接头局部热处理作出了详细要求：筒体开口接管局部焊后热处理时，加热带应环绕包括均温带在内的筒体全圆周；较大截面半径的椭圆形封头、半球形封头上的接管局部焊后热处理时，均温带呈圆形覆盖在焊缝及周围。加热带尺寸需足够大，均温带、加热带尺寸见图8－1。当接管与壳体的焊缝在现场返修采用局部热处理时，接管允许采用主副加热局部热处理方法，但应得到设计方和业主的许可，并要通过数值模拟和相关实验验证。

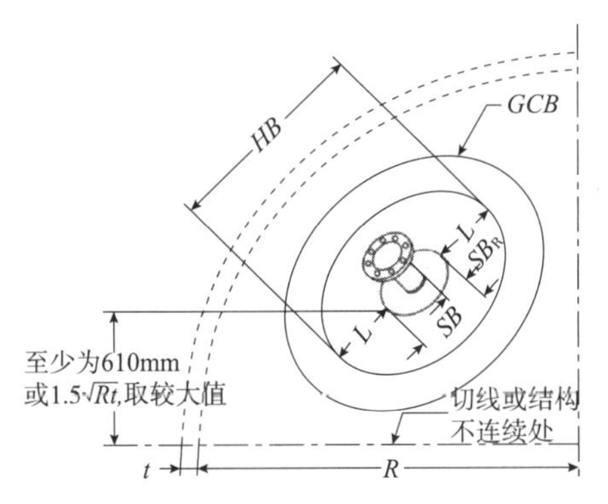

图8-1　椭圆形封头、半球形封头上接管的圆形加热

W—焊缝的最大宽度；*SB*—壳体或封头的圆形均温带(最小尺寸等于 W_n 加上 SB_R，SB_R 是均温带边缘到接管或补强圈焊缝边缘的距离)；*HB*—加热带宽度；*GCB*—隔热带宽度；*t*—壳体、封头或接管的公称壁厚；*R*—壳体、封头或接管内半径

8.1.2　国外标准规定

国外有关局部热处理的标准有美国标准 ASME《锅炉及压力容器规范》、英国标准 PD 5500《非直接火焊接压力容器规范》、英国标准 EN 13445－4《无受火压力容器的制造》、焊接研究委员会 WRC 452《压力容器焊接局部加热的推荐做法》。ASME 第Ⅲ卷、PD 5500、EN 13445 等标准对接管局部热处理均推荐使用沿筒体整圈圆周加热，没有对点状加热局部热处理进行详细说明，ASME 第Ⅷ卷推荐使用整圈加热，但对于补强板与筒体对接焊缝允许点状加热(非圆周加热)，应通过有限元数值模拟计算及试验验证。而 WRC 452 对接管热处理进行了详细的说明，推荐使用覆盖整个圆周的统一环状加热方法，但是当设备直径增大时，所需的加热面积成倍增大，对现场电功率提出了极大挑战。对于大直径容器上的接管，可以采用点状加热局部热处理的方法，指出点状加热局部热处理需要注意的两个关键问题是不均匀温度场引起的热应力以及焊缝区残余应力。要求指定一个圆形加热带，从连接焊缝的边缘到径向距离为 $2.5\sqrt{Rt}$ 的位置温度不小于焊后热处理温度的 1/2。半球形封头或球形容器中的焊缝可采用与图 8－1 相同的加热带布置方法，从封头到壳体连接处或其他结构不连续处保温带的边缘必须至少为 609.6mm 或 $1.5\sqrt{Rt}$，以较大者为准。对于非球形部件的非完整圆周局部热处理，必须根据具体情况确定，在局部热处理过程中必须考虑预期应变/变形、材料特性、热梯度的影响，最低预热温度为 149℃，对接管等连接附件进行辅助加热，同时通过合适数量的热电偶进行监控。

8.2　小接管点状热处理控制

8.2.1　案例介绍

中国石油大学(华东)联合二重(镇江)重型装备有限责任公司开展了加氢反应器筒体

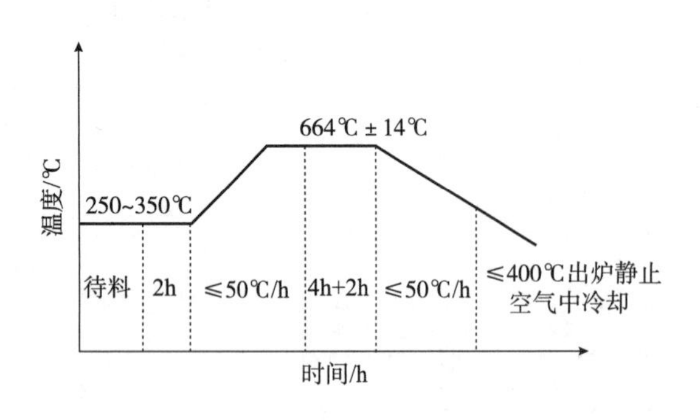

图 8－2　热处理工艺曲线

接管感应加热局部热处理研究。该筒体的内径为 5000mm，筒体壁厚为 280mm，接管壁厚为 6.5mm。采用点状加热的方式，热处理工艺曲线如图 8－2 所示，实际保温时间为 4.5～5h，实际升温速率为 25～30℃/h（350℃以上），实际降温速率为 18～22℃/h（400℃以上）。热处理现场及测温曲线如图 8－3 所示，在保温阶段，均温区最大温差小于±10℃，满足工艺要求。

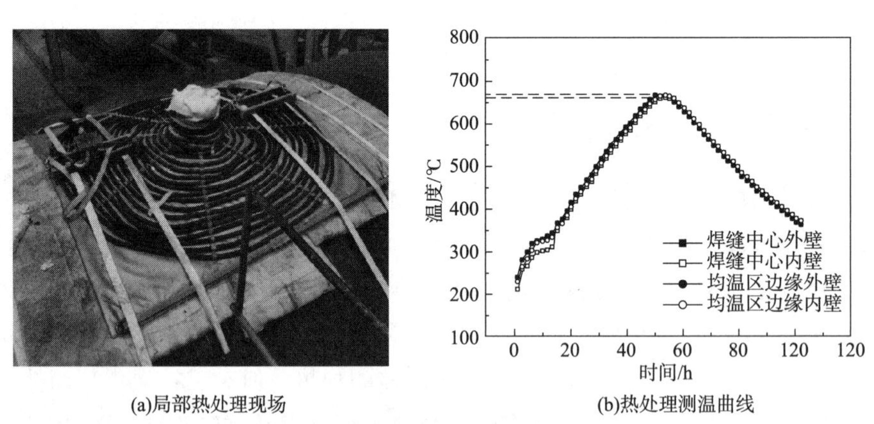

(a)局部热处理现场　　(b)热处理测温曲线

图 8－3　接管感应加热局部热处理

8.2.2　效果分析

图 8－4 给出了点状加热局部热处理结束后的接管－筒体变形及环向应力分布，可以看出，在焊趾处存在较大的环向应力，其最大值高于或接近材料屈服强度。当接管焊缝周围区域被加热时，加热区其他区域的温度基本保持在较低水平，接管区域径向热膨胀受到

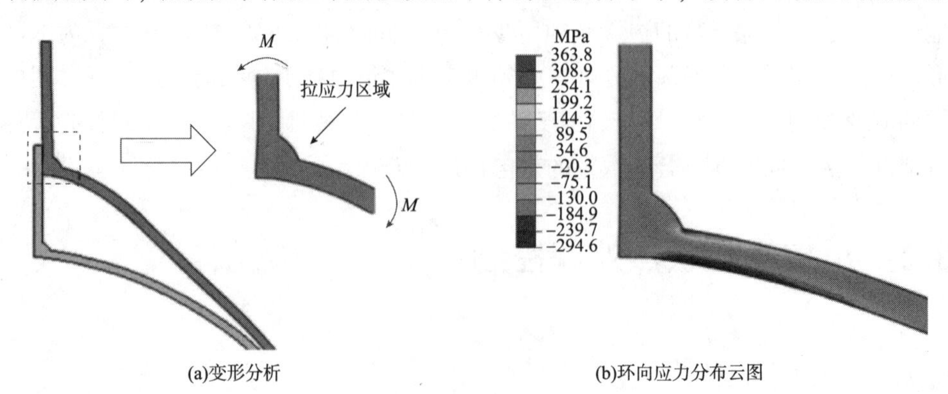

(a)变形分析　　(b)环向应力分布云图

图 8－4　点状加热局部热处理

周围壳体的严重抑制。由此产生的变形模式如图 8－4(a)所示，在接管焊缝附近产生较大的局部弯矩，产生较大的残余拉应力。

8.2.3 接管主副加热

图 8－5 给出了主副加热处理后的环向应力分布云图，可以看出，环向应力最大值降低了 189MPa，降幅为 52.1%，且最大值由焊趾位置向筒体转移。

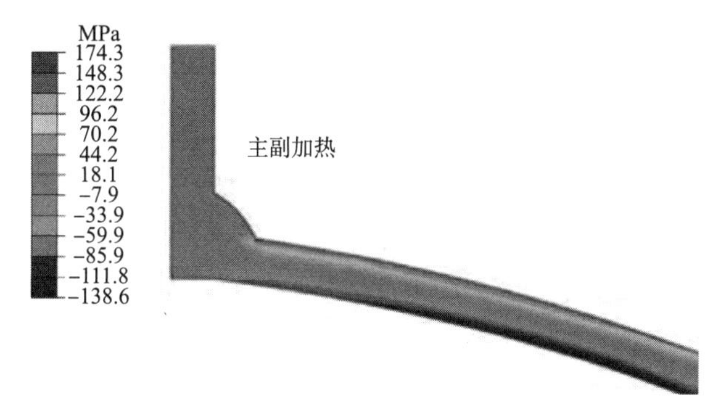

图 8－5 主副加热处理后环向应力分布云图

8.3 超大型接管筋板加固变形控制技术

局部热处理的筒体直径越大，产生的热处理变形也会越大，尤其对不等厚度焊接接头进行局部热处理时，焊缝两侧厚板与薄板存在着严重变形不协调。

8.3.1 案例背景及模型介绍

以某核电压力容器大型插入件局部热处理为例进行分析，该容器直径为 43m，高度超过 60m，采用模块化建造，分为上下椭球形封头和中间筒体环，各模块成型后，再建造成完整容器。中间筒体环是一个两端开口的薄壁圆筒，无法进行整体热处理，只能采用局部电加热焊后热处理。中间筒体环上包含大量的插入件，最大设备闸门插入件直径约为 8m，如图 8－6 所示，大型插入件与筒体环之间需要采用补强板进行补强，补强板厚度为 130mm，筒体厚度为 52mm，补强板与筒体之间为典型的不等厚度马鞍形对接焊缝，该焊缝焊接完成后需要进行热处理。对于插入件焊缝热处理，我国压力容器标准 GB/T 150 规定，局部焊后热处理时应沿容器整个圆周形成一个环形加热带。对于这种超大直径的筒体，若采用圆周整圈加热局部焊后热处理，电功率需求太高，现场无法实施，只能采用分段局部焊后热处理。然而，经现场证明，分段局部热处理后，依然在插入板焊缝外表面靠近筒体一侧发现了大量宏观裂纹，需要采用更为可靠的局部热处理方法防止热处理开裂。

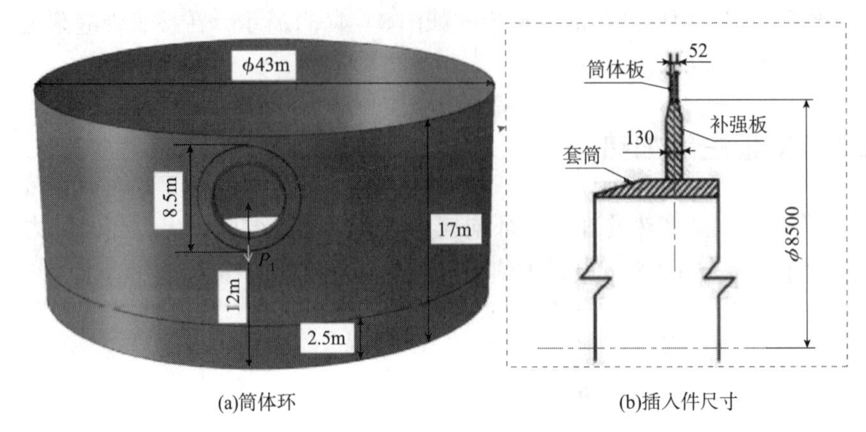

(a)筒体环　　(b)插入件尺寸

图 8－6　核电压力容器几何模型

8.3.2　热处理开裂原因分析

采用有限元分析手段模拟了分段局部热处理过程，获得了插入件焊缝应力及焊接接头变形演化规律，分析了焊缝开裂原因。如图 8－7 所示为局部热处理过程中轴向应力、Mises 等效应力和最大主应力演化曲线，随着热处理时间的增加，轴向应力呈现先增大后减小的趋势，最终趋于稳定。当加热温度达到 427℃时，由于存在弯曲应力，轴向应力达到峰值 590MPa，然后随着高温塑性流动，轴向应力逐渐降低，最大 Mises 应力和最大主应力在热循环过程中先减小后增大，在加热阶段的最大主应力超过了相应的屈服强度，可能导致局部强度失效而引发热处理裂纹。

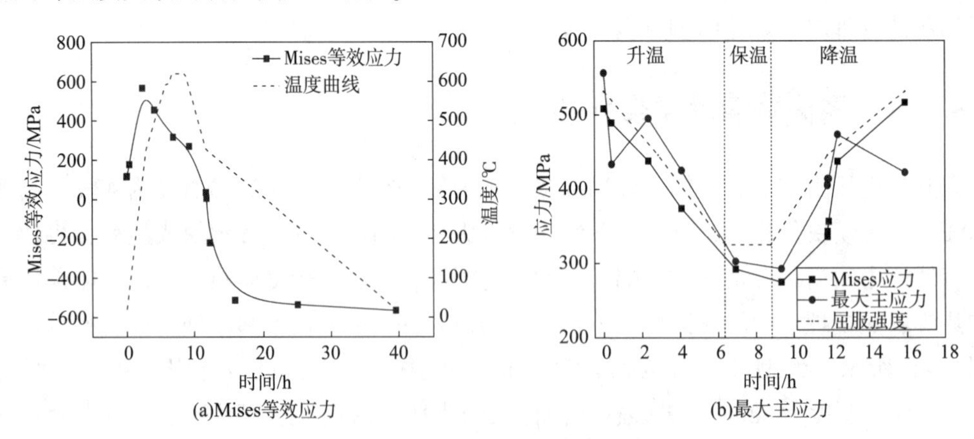

(a)Mises等效应力　　(b)最大主应力

图 8－7　局部热处理过程中轴向应力

图 8－8 给出了局部热处理不同阶段径向变形分布，最大径向变形位于补强板焊缝一侧，远离加热区，径向变形迅速减小。焊态下，焊缝和母材区径向变形分布均匀。在保温阶段，焊缝及邻近区域的径向变形均增大，但补强板一侧径向变形大于筒体一侧径向变形。在补强板侧，远离焊缝处变形量缓慢减小，而在筒壳侧，远离焊缝处变形量急剧减小。由于焊缝轴向变形不一致，导致焊趾处产生较大的弯曲应力，导致绝缘阶段焊趾处产

生裂纹。热处理结束后，径向变形减小，各区域变形分布也不均匀。

如图 8－9 所示给出了热处理过程中径向变形及各向应变演化规律，弹性应变、塑性应变和热应变均表现出与径向变形相同的变化规律。径向应变先增大后减小，导致径向变形的变化相同，在局部热处理过程中，具有较大径向变形的保温阶段是产生裂纹的危险时间。

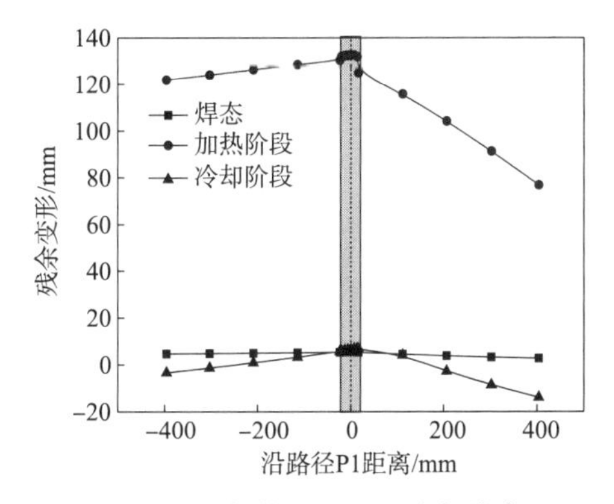

图 8－8　局部热处理不同阶段外表面沿 P1 路径径向变形分布

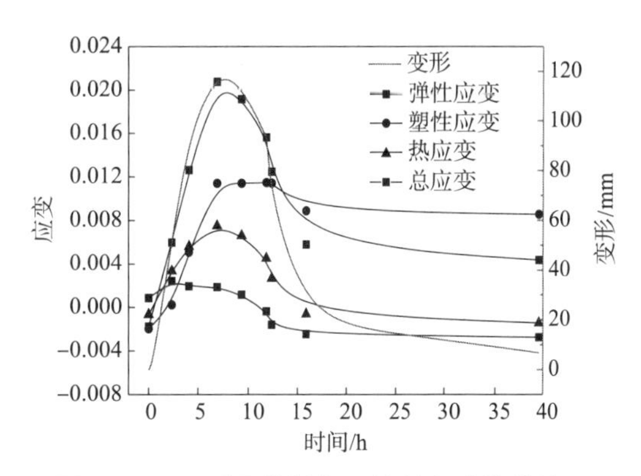

图 8－9　不采用筋板加固控制方法的热处理过程中径向变形及各向应变演化规律

综上所述，插入板下部焊缝焊后热处理过程中受到较大轴向应力(垂直焊缝方向)的拉扯作用，插入板与筒体板存在严重的径向变形不协调，在原始焊接残余应力的叠加作用下，焊趾处应力集中，促使焊缝与筒体板的交界处成为最薄弱的位置。因此，在局部热处理过程中需要采取可靠的方法改善插入板和筒体板熔合区附近的径向变形不协调，降低热处理过程中焊缝附件轴向应力梯度，解决局部热处理开裂问题，达到制造要求。

8.3.3　筋板加固刚柔协同控制方法

针对上述局部热处理变形不协调而导致的开裂问题，提出了一种优化后的局部热处理方法——筋板加固刚柔协同局部热处理控制技术，即在待局部热处理的焊接接头两侧使用加固筋板，以此防止局部热处理过程中产生过量变形和改善不协调变形问题。筋板加固控制方法示意图如图 8－10 所示，在插入板到筒体的焊缝外表面设置加固筋板，加固筋板中心与焊缝中心在同一条线上。加固筋板底部靠近焊缝处呈弧形。通过大量的数值计算，建

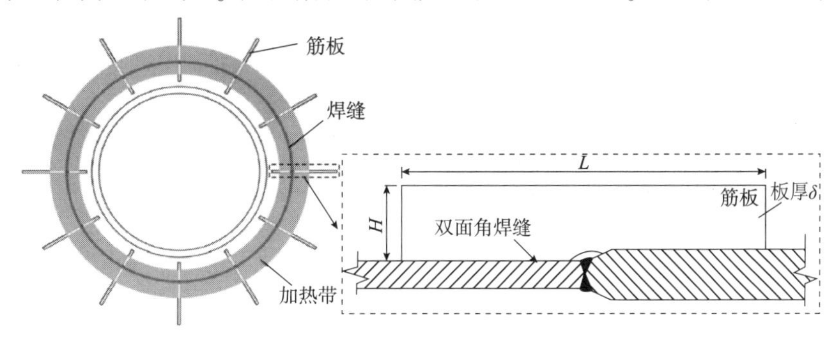

图 8－10　筋板加固控制方法示意图

立了热处理变形与筋板尺寸的关系，基于调控效果和经济性考虑，得到优化后的筋板长度为1250mm，高度为320mm，厚度为42mm，加固筋板间距为1000mm。

8.3.4 调控效果分析

1. 应力分析

图8－11给出了有无筋板加固控制方法的沿外表面P1路径环向和轴向应力分布，可以看出，不采用筋板加固控制方法的焊缝处存在较大的环向应力和轴向应力，采用筋板加固控制方法后，环向应力和轴向应力均降低为压应力。焊缝环向应力和轴向应力平均分别降低了185MPa和420MPa。焊缝最大轴向应力由320MPa降低到约－150MPa。

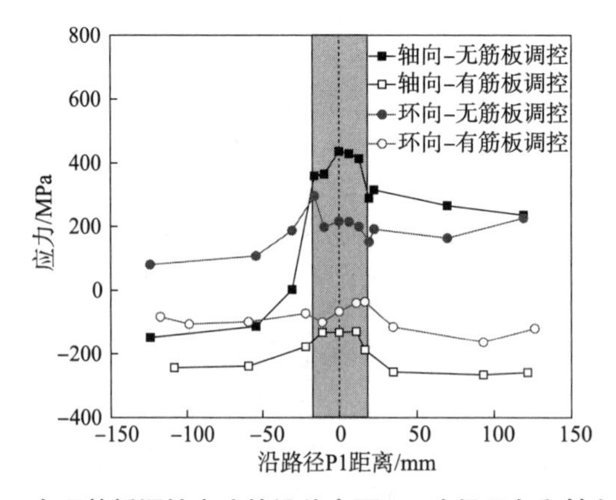

图8－11 有无筋板调控方法的沿外表面P1路径环向和轴向应力分布

图8－12为有无筋板加固控制方法的焊接接头最大主应力的分布云图。传统局部热处理方法焊缝趾部应力集中较大，最大主应力达到472MPa。最大主应力的位置与裂纹的位置完全重合。采用所提出的控制方法，最大主应力减小到压应力。图8－13为保温阶段沿P1方向外表面最大Mises和最大主应力分布。最大Mises和最大主应力均小于屈服强度，焊缝最大主应力平均降低了87%，大大降低了焊缝表面产生裂纹的风险。图8－14显示了局部PWHT过程中最大Mises和最大主应力的演变。显然，应力演化曲线与未使用加筋板时有所不同，在整个PWHT的每一时刻，最大Mises和最大主应力都小于相应温度下的屈服强度。因此，采用所提出的控制方法可以避免裂纹的产生。

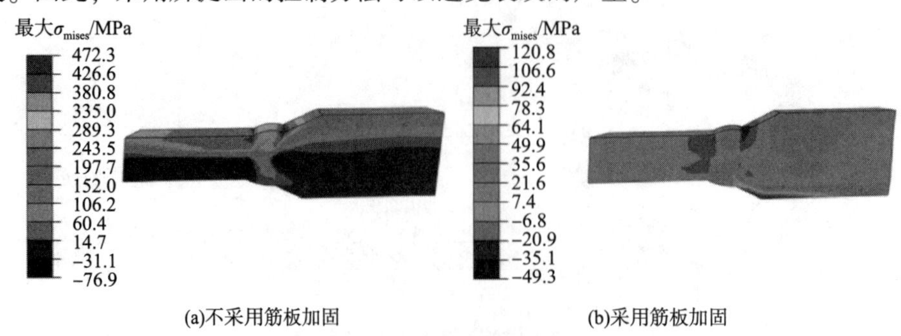

(a)不采用筋板加固　(b)采用筋板加固

图8－12 插入板焊接接头最大主应力分布云图

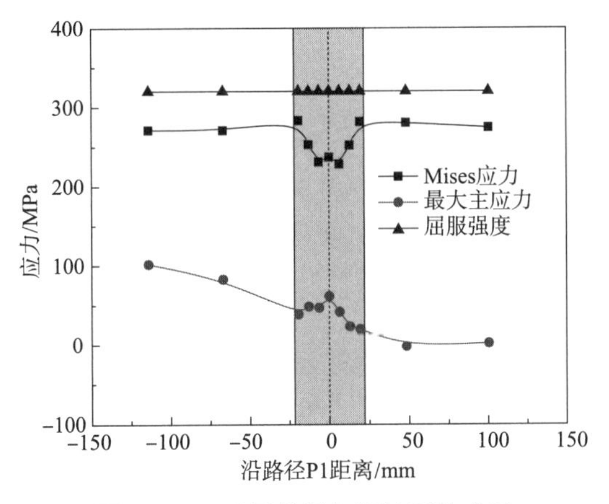

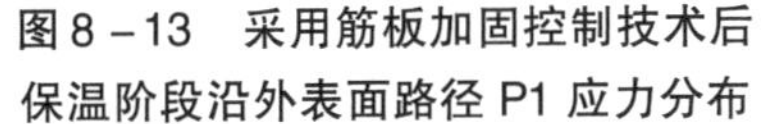

图 8－13 采用筋板加固控制技术后保温阶段沿外表面路径 P1 应力分布

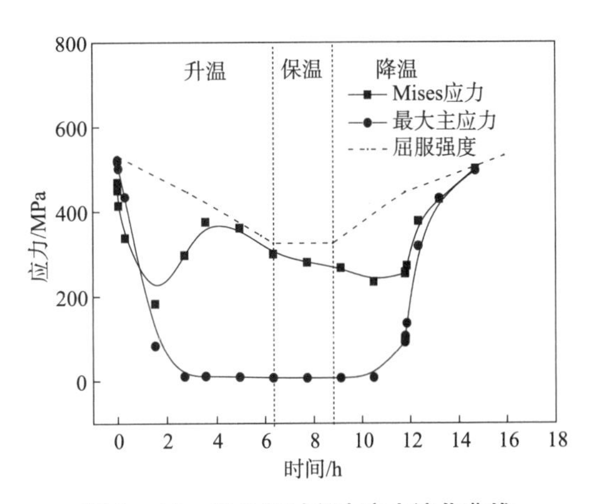

图 8－14 热处理过程中应力演化曲线

2. 变形分析

图 8－15 为有无筋板加固刚柔协同控制方法的热处理保温阶段径向变形云图的对比。显然，该控制方法大大降低了径向变形，最大径向变形由 128. 1mm 减小到 60. 6mm。采用筋板加固控制方法前后外表面径向变形的变化情况如图 8－16 所示。可以明显看出，传统局部热处理方法的不协调变形得到了很大改善，在距焊缝中心 400mm 范围内，最小变形量与最大变形量的偏差从 52. 7mm 减小到 12mm，焊缝最大径向变形减小了 58%。传统方法的径向变形显示高斯分布，变形在焊缝区域达到最大，然后向两边逐渐减少，厚板的一侧变形大于薄板。采用筋板加固控制方法后，热处理径向变形在筋板长度方向上分布变得趋于均匀，由于筋板的存在，焊接接头不再受筒体两侧的轴向拉应力的影响，有效降低了焊趾处的弯曲应力。

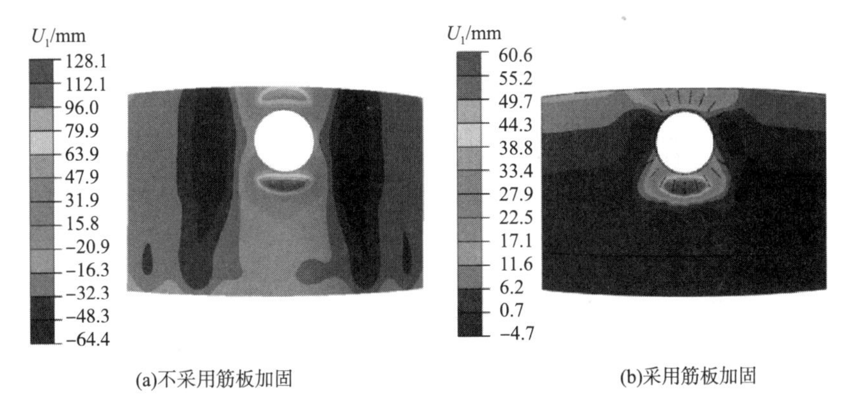

(a)不采用筋板加固　　(b)采用筋板加固

图 8－15 保温阶段径向变形分布云图

图 8－17 为采用筋板加固控制方法的局部热处理过程中径向变形和应变的演变过程。径向变形和总应变的变化规律与未加筋板时相同。由于经历了相同的热循环，热应变的演化过程与未加筋板相同。弹塑性应变的演变与未加筋板时有很大的不同。局部热处理过程中塑性应变略有变化，加热阶段弹性应变略有下降，总应变减小，导致径向变形减小。筋

板加固控制方法可以改变局部热处理过程中弹塑性应变的演化，进而改变最大主应力的演化。

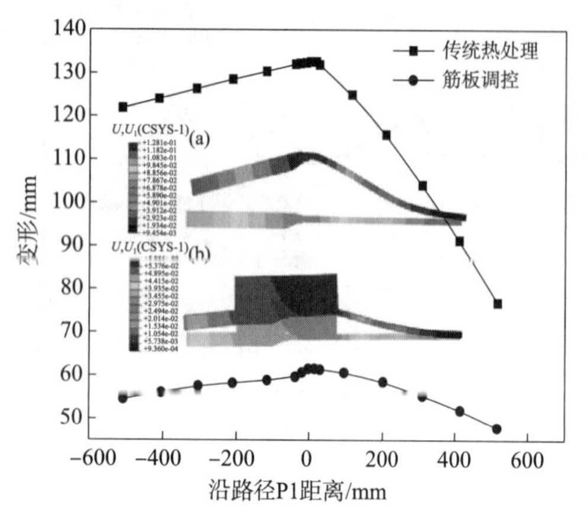

图8－16　采用筋板加固控制方法前后沿外表面路径 P1 径向变形分布

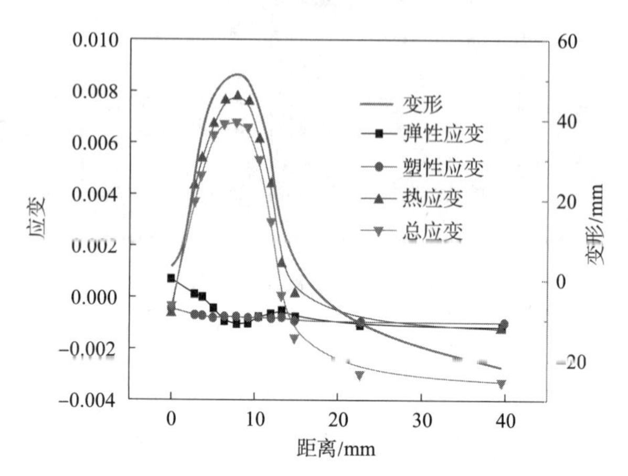

图8－17　采用筋板加固控制方法的热处理过程中变形及各向应变演化规律

3. 筋板拆除后应力分布

由于加强筋板是通过焊接的方式焊在筒体上的，在热处理完成后，需要通过气焊切割等方式将筋板拆除，筋板拆除会改变焊接接头的应力分布。为了探究筋板拆除对焊接接头残余应力分布的影响，如图 8－18 所示给出了沿路径 P1 去除筋板后焊接残余环向应力及轴向应力对比分布图。由图可知，焊接残余环向应力最大值集中于焊缝区，最大值为 608MPa，去除筋板后环向应力值整体较小，在厚板一侧的热影响区达到最大值 348MPa，且在薄板与厚板侧焊趾处环向应力分别仅达到 214MPa 和 336MPa。焊接残余轴向应力整体较小，最大值位于厚板和薄板两侧的焊趾处，分别为 318MPa 和 316MPa；去除筋板后，焊缝及周边区域轴向应力为压应力。由此可见，筋板拆除不会导致残余应力增大，反而会有效改善焊接接头处的应力分布。

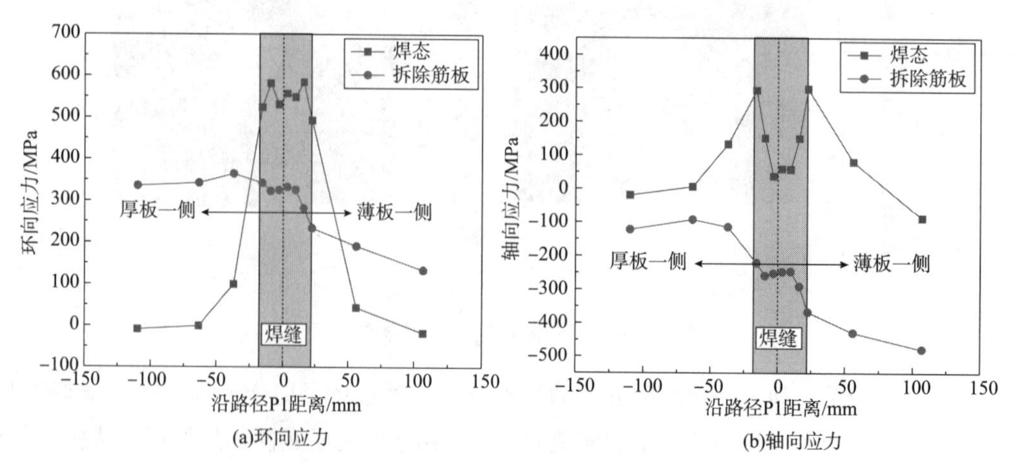

图8－18　拆除筋板后沿路径 P1 应力分布

针对大型压力容器不等厚接头局部热处理易产生变形不协调而导致开裂的难题，提出了筋板加固控制方法来调控压力容器大型插入件不等厚接头局部热处理应力和变形，有效缓解了局部热处理过程中的变形不协调，降低了热处理轴向应力，实现了残余应力和热处理变形的同步调控。

8.3.5　调控机理

基于上述分析，所提出的控制方法可有效改善局部热处理应力和变形分布，从而抑制开裂。图8－19为采用和不采用筋板加固控制方法的调控机理简图。在不同的控制方法下，局部热处理过程中的变形是不同的。在传统的热处理方法中，厚板和薄板之间存在较大的弯曲变形，弯曲变形引起的较大的轴向应力集中是焊缝沿焊缝方向开裂的主要原因。局部热处理过程中，焊接接头及其周围区域会向外扩张，这与筒体内部受到的内部压力分布不均匀一样。焊缝区域内压力较大，其他区域内压力相对较小。在加热阶段，加热区两端会受到向内部的拉伸和弯矩，在焊接接头处产生较大的弹塑性应变，从而导致开裂。

而筋板加固控制方法可大大降低加筋板的弯曲变形。在局部热处理过程中，加热区的材料会膨胀，而远离受热区的材料在加筋板约束下不会变形。焊缝接头在加固板两端被挤压，导致焊缝处产生压应力。加热区受到两端的压力和向外的弯矩，使得在接头内不可能产生拉伸弹性和塑性应变，降低了弹塑性应变。因此，在保温阶段，弹塑性应变减小为压缩应变，从而大大改善了焊趾的应力集中。

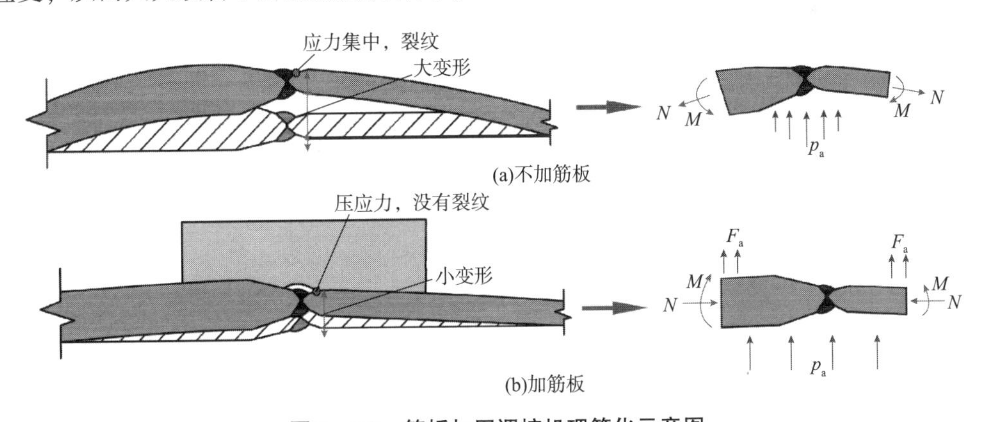

图8－19　筋板加固调控机理简化示意图

8.4　筋板设计方法

8.4.1　筋板设计数学模型

首先，测量或者计算热处理焊缝的长度，筋板沿着插入板与筒体对接主焊缝垂直均布。目前，由于履带式陶瓷加热片价格便宜、现场实施方便，因此是比较常用的加热方式。感应加热由于其使用寿命长、控温精准、清洁环保符合现行环保观念而具有广泛的应用前景。借鉴于加热片的规格进行筋板间距的确定。为了实现加热的均匀性及考虑热处理存在弧形焊缝，加热片选用矩形加热片和梯形加热片。其中，矩形加热片的规格为600mm×400mm，功率为10kW。对于弧形焊缝，采用梯形加热片或梯形加热片和矩形加热片相结合的方法。可根据实际情况，针对不同规格的贯穿件相应调整加热片的规格，但要保证加热宽度满足相应标准规范的要求。筋板间距以矩形加热片为准，间距 D 采用电加热片宽度 w 的2倍。采用感应加热时，筋板间距为电加热片所确定的间距。最后根据间距确定筋板的数量。

假设筋板的长度为 L，筋板的高度为 H，筋板的厚度为 W，考虑到筋板材料及强度匹配性，筋板的材料选择与热处理对象的材料一致；为了就地取材，筋板厚度和筒体壁厚一致；插入板与筒体的焊接一般为不等厚焊接，插入板为厚板，筒体为薄板；筋板的高度 H 为插入板厚度 t_2 的2倍加筒体厚度 t_1，即 $H=2t_2+t_1$；由于插入板的类型不同，筋板的长度 L 首先确定为插入板整体最小尺寸的四分之一，通过有限元建模优化的方法确定最佳长度。至此，获得了筋板的详细尺寸。通过热处理变形测量结果和有限元模拟数据，建立了筋板间距、尺寸、筒体半径、筒体壁厚与径向变形之间的数学关系，如式(8－1)所示：

$$u_{\max}=\frac{1}{5}\frac{DL}{w}\sqrt{\frac{W}{R_1}}+\frac{(H-W)}{3} \tag{8-1}$$

8.4.2 筋板防开裂准则

热处理保温过程中温度是最高的，材料在此高温下强度也是最差的，产生的径向变形也最大。热处理此阶段是筒体主焊缝以及筋板角焊缝发生开裂的危险阶段，因此，将径向变形最大的数据作为筋板防开裂设计准则是合理可行的。由几何方程导出其周向应变和径向应变表达式，如式(8－2)所示：

$$\begin{cases}\varepsilon_\theta=\dfrac{u}{r}\\[2ex]\varepsilon_r=\dfrac{\mathrm{d}u}{\mathrm{d}r}\end{cases} \tag{8-2}$$

将式(8－1)代入式(8－2)，可得式(8－3)：

$$\begin{cases}\varepsilon_\theta=\dfrac{1}{R_1}\left[\dfrac{1}{5}\dfrac{DL}{w}\sqrt{\dfrac{W}{R_1}}+\dfrac{(H-W)}{3}\right]\\[2ex]\varepsilon_r=\dfrac{DL\sqrt{WR_1}}{10w}\end{cases} \tag{8-3}$$

广义胡克定理可以表示为：

$$\begin{cases}\sigma_\theta=\dfrac{E}{1-\upsilon^2}(\varepsilon_\theta+\upsilon\varepsilon_r)\\[2ex]\sigma_r=\dfrac{E}{1-\upsilon^2}(\varepsilon_r+\upsilon\varepsilon_\theta)\end{cases} \tag{8-4}$$

将式(8－3)代入式(8－4)，即可得到径向应力及环向应力，如式(8－5)所示：

$$\begin{cases}\sigma_{\theta}=\dfrac{E}{1-\upsilon^{2}}\left[\dfrac{1}{R_{1}}\left(\dfrac{1}{5}\dfrac{DL}{w}\sqrt{\dfrac{W}{R_{1}}}+\dfrac{(H-W)}{3}\right)+\upsilon\dfrac{DL\sqrt{WR_{1}}}{10w}\right]\\ \sigma_{\mathrm{r}}=\dfrac{E}{1-\upsilon^{2}}\left[\dfrac{DL\sqrt{WR_{1}}}{10w}+\dfrac{\upsilon}{R_{1}}\left(\dfrac{1}{5}\dfrac{DL}{w}\sqrt{\dfrac{W}{R_{1}}}+\dfrac{(H-W)}{3}\right)\right]\end{cases}\tag{8-5}$$

由于筋板在热处理过程中，最主要的失效模式是筋板两端部与筒体发生撕裂，故筋板法防开裂准则如式(8－6)所示：

$$\max\{\sigma_{\mathrm{r}},\ \sigma_{\theta}\}\leqslant[\sigma]_{\mathrm{b}}^{t}\tag{8-6}$$

如果校核不合格，则进行具体尺寸优化，直到满足工程要求。

8.4.3　筋板焊接工艺

不管是采用牛眼式局部热处理，还是采用分段热处理，筋板在热处理前均根据上述所计算的间距及布置方式进行焊接。在筋板加固的刚柔协同局部热处理方法的实际应用中，筋板的焊接采用角焊缝，此角焊缝不需要筋板加工坡口。原因如下：筋板只是在热处理过程中起作用，热处理结束后是要拆除的；筋板的焊接实现其作用即可；仅仅采用堆焊的方法即可实现焊接残余应力与变形的调控，采取一定措施可以避免筋板撕裂；堆焊过程中不会产生较大的熔深，而采用加工坡口的角焊缝，增大了筒体母材的熔深，不利于保护母材。除此之外，所采用的焊缝金属较多，增大了筋板切除的工作量。筋板的焊接工艺可以采用如下工艺：筋板两端30%～40%的长度采用连续焊接，焊脚高度建议为30～34mm，筋板的两端采用包角焊接。

8.4.4　防应力腐蚀开裂准则

采用了上述筋板尺寸设计、热处理过程中筋板防开裂校核准则及相关筋板的焊接工艺，工程实例证明，刚柔协同局部热处理方法能有效实现大型承压设备局部焊后热处理焊接残余应力与变形调控。由于筋板的刚柔协同作用，热处理后的残余变形较小，远远高于设计文件的变形尺寸要求。除此之外，为了降低大型承压设备在服役中产生应力腐蚀开裂的敏感性，可通过相关的应力腐蚀实验获得该材料不发生断裂的最高应力值即应力腐蚀门槛值σ_{th}。大型承压设备在服役过程中，当该局部热处理区域的应力值低于该门槛值时，就能确保其安全服役。在筋板防开裂准则的基础上，考虑到大型承压设备在服役过程中的应力腐蚀问题，通过该门槛值对筋板设计进行进一步的优化。即：

$$\max\{\sigma_{\mathrm{r}},\ \sigma_{\theta}\}\leqslant\sigma_{\mathrm{th}}\tag{8-7}$$

当筋板设计满足上述关系时，可在一定程度上避免大型承压设备在服役过程中的应力腐蚀问题。

参考文献

[1]汤传乐，晏桂珍，王成才，等．钢制安全壳分段局部焊后热处理工艺的应用[J]．热加工工艺，2021，50(5)：121－124.

[2]董永志，胡广泽，晏桂珍，等．CAP1400 核电站钢制安全壳焊后热处理[J]．电焊机，2017，47(8)：87－92.

[3]全国锅炉压力容器标准化技术委员会．压力容器　第4部分：制造、检验和验收：GB/T 150.4—2011[S]．北京：中国标准出版社，2012.

[4]Yun Luo，Wenchun Jiang，Zhongwei Yang，et al. Using reinforce plate to control the residual stresses and deformation during local post－welding heat treatment for ultra－large pressure vessels. International Journal of Pressure Vessels and Piping，2021，191：104332.

[5]蒋文春，金强，罗云，等．超大型压力容器局部焊后热处理焊接应力与变形调控方法，2019100958418[P].2020－6－2.

[6]蒋文春，金强，谷文斌，等．大型承压设备筋板加固刚柔协同局部热处理方法：202010860518.8[P]．2020－8－25.

[7]Qiang Jin，Wenchun Jiang，Chengcai Wang，et al. A rigid－flexible coordinated method to control weld residual stress and deformation during local PWHT for ultra－large pressure vessels. International Journal of Pressure Vessels and Piping. 2021，191：104323.

[8]中关村材料试验技术联盟．承压设备局部焊后热处理规程：T/CSTM 00546—2021[S].2021.

[9]Joseph W. McEnerney，Pingsha Dong. Recommended Practices for Local Heating of Welds in Pressure Vessels，Welding Research Council，WRC Bulletin No，NY，2000，vol. 452.

[10]British Standard Institution，PD 5500：2015. Specification for unfired fusion welded pressure vessels[S]. London：British Standard Institution，2015.

[11]The Standards Policy and Strategy Committee. EN 13445－4：2009. Unfired pressure vessels－Part 4：Fabrication[S]. London：British Standard Institution，2009.

第9章　补焊修复局部热处理

压力容器在制造、安装和服役过程中容易产生裂纹、腐蚀、磨损等各类缺陷，若不及时处理，会对设备的安全运行造成极大威胁。为延长压力容器服役寿命，降低生产成本，通常需要采用补焊的方法对压力容器进行局部修复，以恢复其结构完整性，然而补焊后不可避免地会在补焊区域引入较大的补焊残余应力，对后期服役寿命产生很大影响，容易引发应力腐蚀开裂，局部热处理是消除补焊残余应力的有效手段。

9.1　补焊残余应力分布规律

9.1.1　补焊位置的影响

将两块长150mm、宽150mm、厚12mm的SS304L钢板采用V形坡口焊接，试板详细几何尺寸如图9－1所示。初始焊道的焊接方法为熔化极气体保护焊(GMAW)，焊接电压为13.5～14.5V，焊接电流为150～160A，焊接速度为1.5～2.8mm/s，焊道间温度控制在250℃以下，最低预热温度为80℃。焊接之后，从焊缝顶部开始、沿试板外表面分别在母材、热影响区域和焊缝位置研磨4mm深度材料，进行补焊。补焊焊接方法与初始焊道一致，焊接电流为160A，焊接电压为13～14.5V，焊接速度为1.4～1.8mm/s。根据上述实际工况，建立残余应力计算有限元模型，讨论补焊位置对残余应力的影响规律。不同位置补焊坡口示意图如图9－2所示。

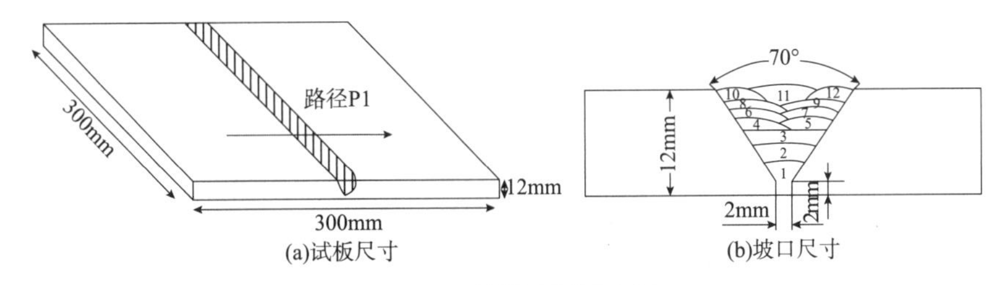

图9－1　补焊试板示意图

1. 焊缝区补焊

焊接接头是压力容器的重要组成部分，同时也是压力容器局部补焊的重点部位。补焊的原因主要来自两个方面：一是在制造过程中，由于焊接操作不当造成的焊接缺陷(气孔、咬边、未焊透、夹渣、裂纹等)；二是在服役过程中，因焊接残余应力引起的应力腐蚀裂纹和疲劳裂纹等缺陷。图9－3给出了焊缝区补焊前后残余应力分布云图。补焊前后横向残余应

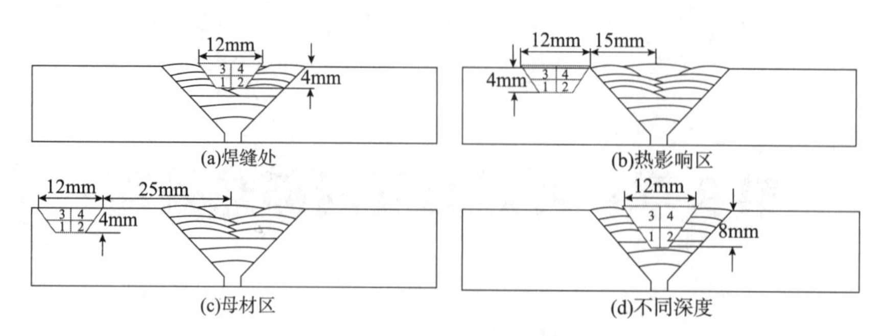

图 9－2 补焊位置示意图

力最大值均出现在焊趾处，纵向残余应力最大值位于沿厚度方向 4mm 的焊缝与母材交界处。补焊后最大横向和纵向应力相比焊态分别增加 87MPa、76MPa，增幅分别为 20.7%、13.2%。

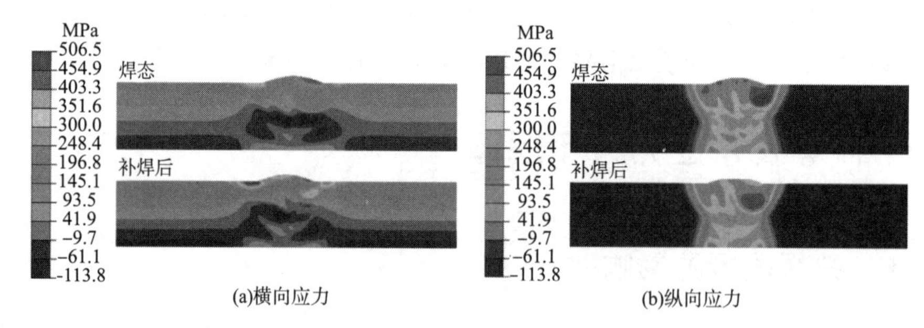

图 9－3 补焊前后残余应力分布云图

图 9－4 给出了补焊前后沿垂直于焊缝方向路径 P1 的残余应力计算结果。补焊后在初始焊缝热影响区及补焊位置处横向和环向应力均有不同程度的增加。其中，横向和纵向应力在焊趾和焊缝中心处增加最为明显，横向应力最大增幅位于 $x=1.2$mm 处，相比初始焊态应力增加 189MPa，增幅近 2.4 倍。环向应力最大值增加 96MPa，位于 $x=2.3$mm 处，增幅为 20.12%。随着距焊缝中心距离的增加，补焊后纵向应力残余应力在 $x=20$mm 位置处与初始焊态应力区域一致。由此可见，在焊缝位置处补焊，使补焊位置和热影响区应力显著增加。这是由于补焊区周围金属处于固态，拘束大，阻碍了补焊填充金属的热塑性变形，冷却后导致残余应力明显增加。

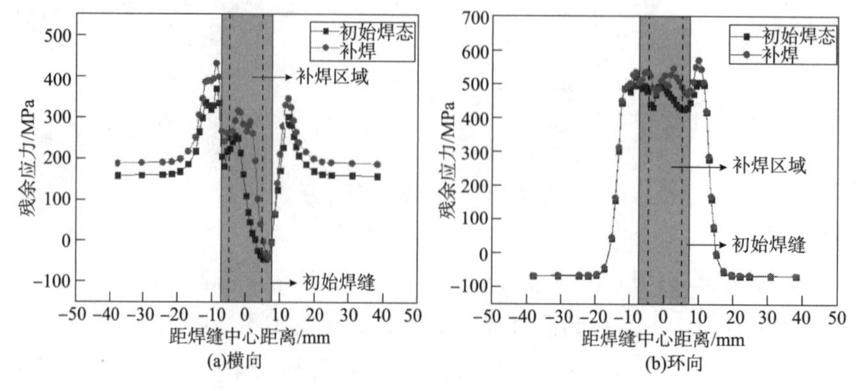

图 9－4 沿路径 P1 补焊前后残余应力分布

2. 热影响区补焊

图9-5给出了在热影响区附近补焊前后残余应力分布云图。由图可见，热影响区补焊与焊缝处补焊残余应力分布规律基本一致。在补焊侧焊趾位置附近，纵向应力沿厚度方向存在明显的应力突增区。其中，补焊后最大横向应力相比初始焊态应力增加75MPa，增幅为17.8%，纵向应力最大值增加124MPa，增幅为21.6%。

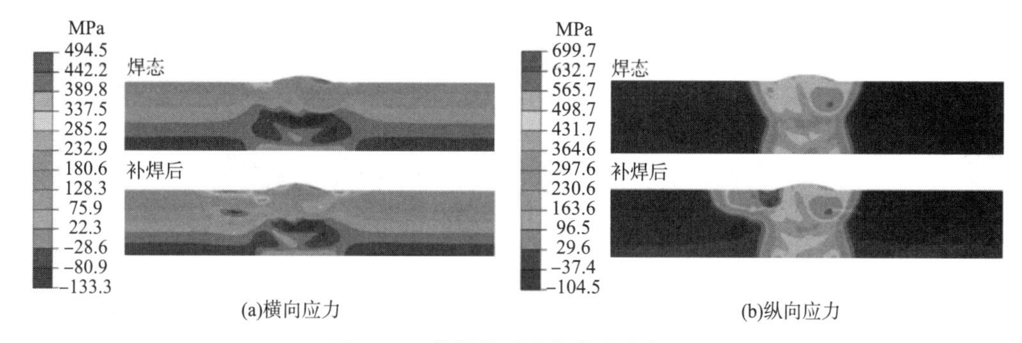

图9-5 补焊前后残余应力分布云图

如图9-6所示，沿焊缝表面路径P1初始焊态横向应力最大值为337.1MPa，位于$x=-9.1$mm的焊趾处，补焊后，横向应力最大值为365.5MPa，位于$x=-19.3$mm补焊位置处，相比初始焊态增加了28.5MPa，增幅为8.7%。初始纵向应力峰值为519MPa，位于$x=-8.1$mm的焊趾附近，补焊后，纵向应力峰值升至577.5MPa，与最大焊态应力位置基本一致。在补焊区，应力最大增幅超过400MPa，这是由于补焊使该位置经历了多次热循环，引入了新的焊接残余应力，并与初始残余应力叠加使补焊位置残余应力明显增加。远离补焊区，横向应力与初始应力差别不大，纵向应力下降趋势大于原焊态。可见，在热影响区补焊，使初始焊缝和补焊位置处残余应力均明显增加，给承压设备的安全运行带来重大挑战。

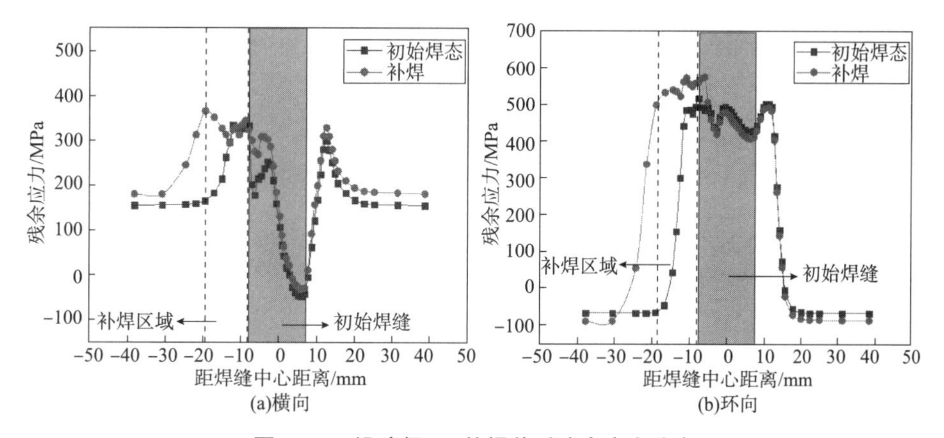

图9-6 沿路径P1补焊前后残余应力分布

3. 母材区补焊

由于压力容器母材区缺陷较为分散，难于发现，存在较大的安全隐患，当前已有大量关于母材区凹坑与局部减薄引起设备失效的报道。因此母材区补焊对残余应力的影响规律同样应引起足够重视。图 9－7 给出了在母材区补焊前后残余应力分布云图。由图可见，补焊明显增加了母材位置处的残余应力，横向应力由于受到原始焊缝局部几何约束作用，在靠近焊趾位置处应力增加显著，纵向应力最大值出现在沿厚度方向 4mm 深度母材补焊位置处，其值超过原初始焊态应力最大值。

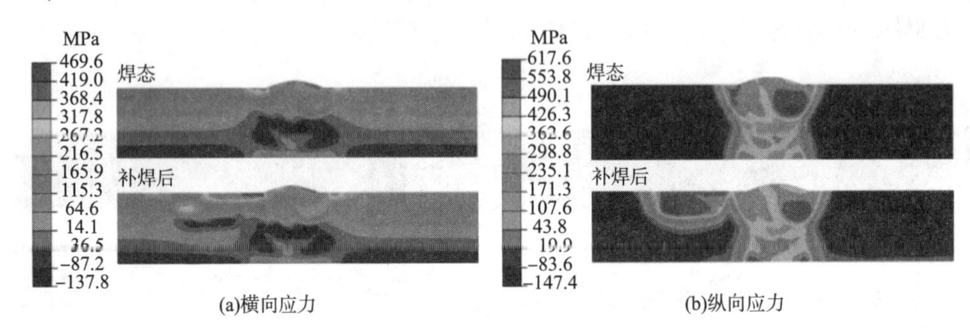

图 9－7　补焊前后残余应力分布云图

图 9－8 为母材位置补焊前后横向和纵向残余应力对比，初始焊态横向和纵向应力最大值分别位于焊缝起弧与收弧阶段的焊趾处，这是因为焊缝起弧与收弧处经历了不均匀的加热与冷却使得残余应力急剧上升。在母材位置补焊，相当于在母材处进行新的焊接过程，母材补焊区受热膨胀变形因受到周围金属限制而导致残余应力增加，补焊区残余应力分布规律与初始焊接残余应力基本一致，横向应力呈现“M”形分布，纵向应力呈“几”字形分布。补焊后，母材位置处应力明显增加，其中横向应力最大值由初始的 161MPa 增加至 311MPa，增幅为 93.2%；纵向应力最大值由初始的 －65MPa 增加至 540MPa，增加了 605MPa，由压应力变为较大的拉应力。

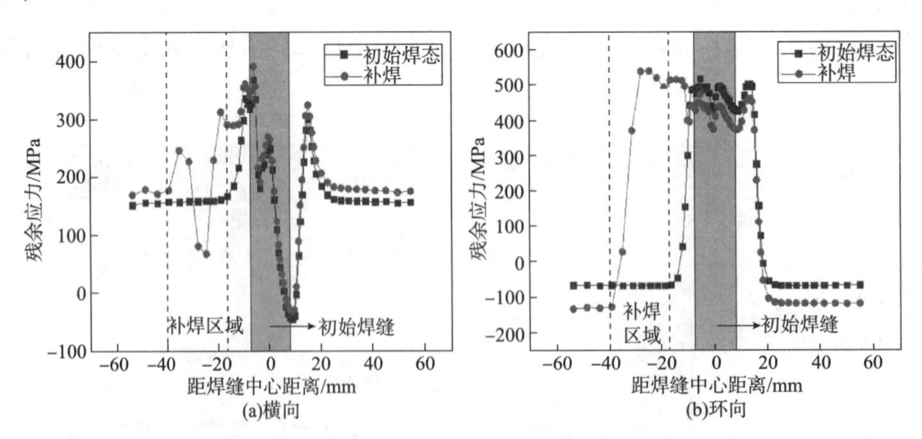

图 9－8　沿路径 P1 补焊前后残余应力分布

4. 表面和深层补焊

在工程生产中，由于受到局部腐蚀的影响，承压设备不可避免地会出现凹坑类缺陷，而且腐蚀程度不同，导致缺陷在承压设备中的深度不同，因此将导致补焊深度不一致。图 9－9 给出了不同补焊深度在路径 P1 上的残余应力有限元计算结果。随着补焊深度的增加，横向和纵向残余应力均有不同程度的升高。值得注意的是，无论补焊位置是在焊缝表面还是在焊缝一定深度范围内，残余应力均比焊态值明显增加。因此无论在何处补焊，补焊过程均增加了焊缝附近横向和环向应力，加剧了应力腐蚀开裂的倾向，亟需采用热处理方法消除。

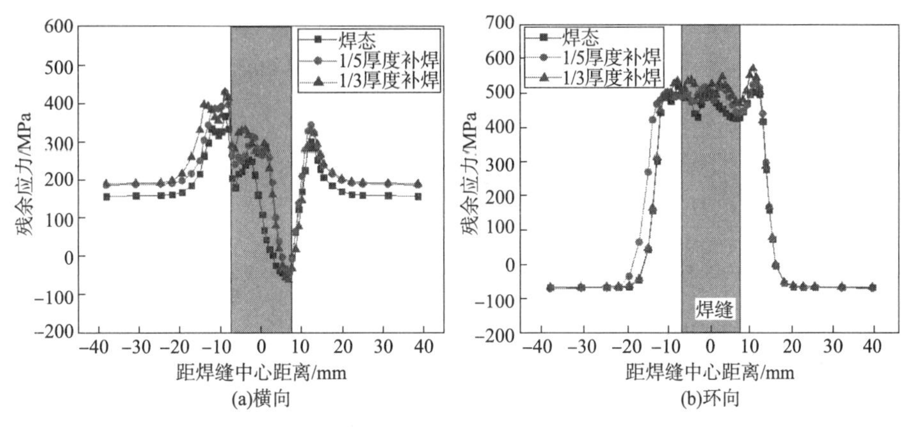

图9-9 沿路径P1补焊前后残余应力分布

9.1.2 筒体补焊残余应力的分布规律

董平沙教授研究了补焊长度对筒体环焊缝残余应力的影响规律，发现修复区域的轴向拉伸残余应力大小明显增加，同时增加了拉应力区面积。如图9-10所示，在补焊开始和停止位置，残余应力相比补焊前明显升高，这是因为修复焊道将面临更高的局部约束，变形受到限制的同时与焊缝原始残余应力叠加，使补焊后的残余应力显著提高。对于环向应力而言，最大应力相比初始焊态有所升高，总体分布规律与补焊前基本相同。由此可见，不同长度的修复均增加了修复长度内的残余应力水平，修复长度越短，拉伸残余应力沿修复长度方向越大。但补焊长度过长，修复长度中心区域内的轴向残余应力接近焊缝的初始轴向残余应力。

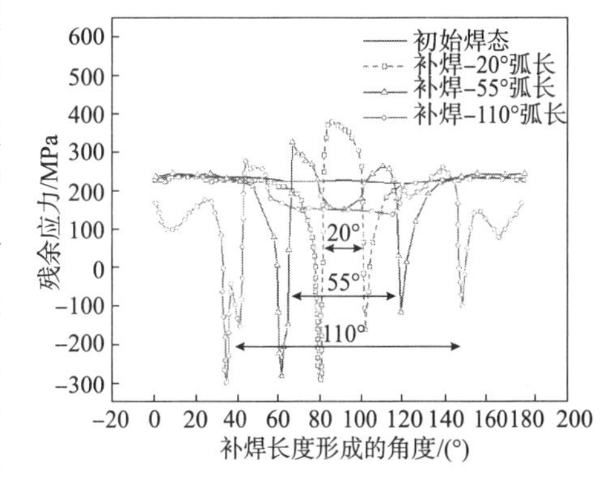

图9-10 不同修复长度轴向残余应力分布

同时，随着线能量的增加，焊缝和热影响区的轴向残余应力逐渐降低，而环向应力随线能量的增加几乎不变，无论采用何种热输入，补焊后的各向残余应力均比初始焊态明显增加，且应力分布更为复杂。因此，为了保障补焊后的承压设备安全运行，必须采用热处理方法来调控补焊后残余应力。

9.1.3 堆焊结构补焊残余应力

选用珠光体耐热钢SA387Gr11CL2(2.25Cr-1Mo)平板作为母材，过渡层堆焊焊材为309L型不锈钢，表层堆焊焊材为E316L型不锈钢。堆焊基体试板尺寸为300mm×300mm×

32mm，采用宽带极埋弧堆焊对平板进行表面堆焊。焊接前清理试板表面上的浮锈、油污等杂质并进行预热，预热温度为100～150℃。堆焊工艺参数见表9－1，堆焊过渡层与面层的焊道数量、焊道布置顺序和焊接方向均相同。焊接时在试板上表面的适宜位置起焊和收弧，以防止在试板的边缘部位产生咬边等焊接缺陷。堆焊成型试样及实际尺寸如图9－11所示。

表9－1 带极埋弧堆焊工艺参数

堆焊层	焊道数	带极材料	带极尺寸/mm	焊接电流/A	焊接电压/V	焊接速度/(mm/s)
过渡层	4	309L	60×1.5	140－160	27	3
面层	4	316L	60×1.5	140－180	27	3

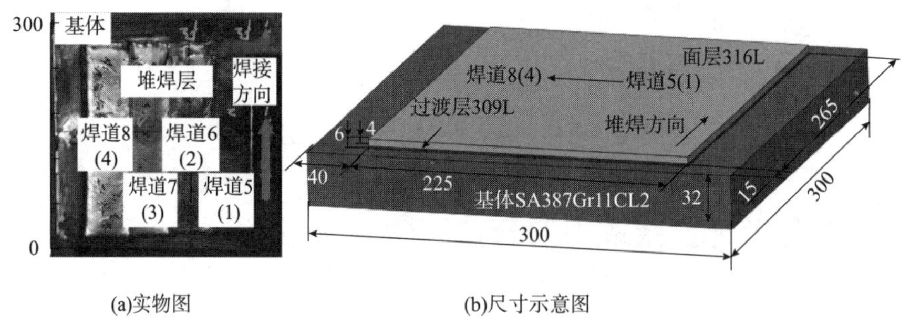

(a)实物图 (b)尺寸示意图

图9－11 堆焊成型件

根据实际成型试件的几何尺寸建立三维有限元模型。堆焊时采用60mm宽带极进行焊接，焊道宽度和搭接量较大，建立几何模型时需考虑搭接量和熔深因素。如图9－12所示，设定带极堆焊道宽度为62mm，搭接量为7.67mm，过渡层厚度为3mm，面层厚度为4mm。补焊焊道分割和有限元分析路径如图9－13所示。

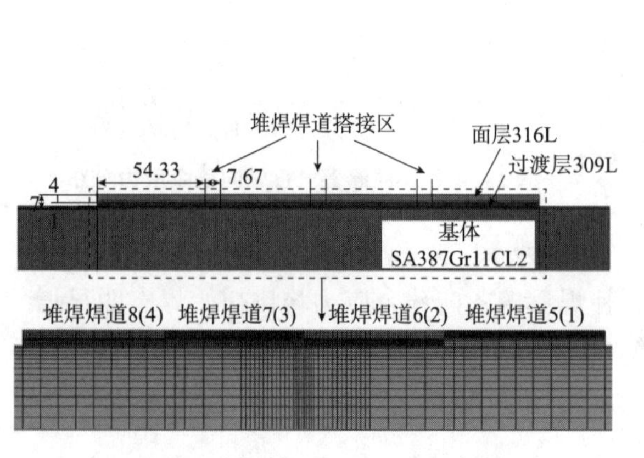

图9－12 堆焊搭接及焊道布置示意图

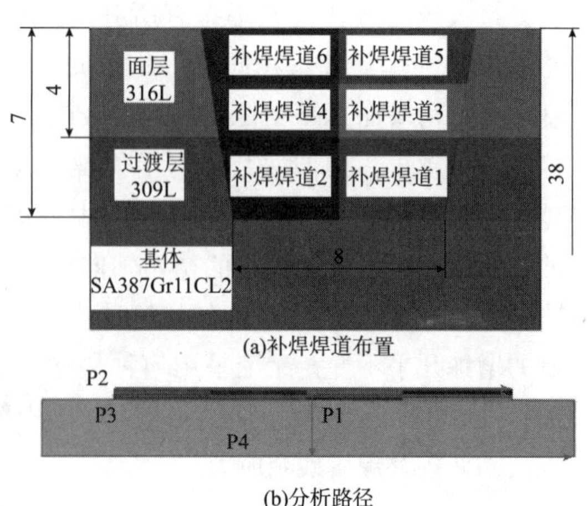

(a)补焊焊道布置

(b)分析路径

图9－13 补焊焊道布置及分析路径示意图

1. 补焊热输入的影响

焊接热输入直接影响焊接件温度场的分布，是焊接残余应力形成和演变最直接的影响因素之一，研究热输入对堆焊层补焊残余应力的影响可为工程现场应用提供工艺选用的依据。设定原模型的补焊热输入为 Q，分别调整模型热输入至0.6Q、0.8Q和1.2Q进行补焊残余应力计算。

图9－14为不同补焊热输入下横向和纵向残余应力沿厚度方向路径P1的分布。可见，焊接热输入对面层残余应力分布的影响较小，增加热输入，面层横向和纵向残余应力略有降低。过渡层中，横向和纵向残余应力均为拉应力，且随补焊热输入的增大而减小。0.6Q时横向和纵向残余拉应力为352.9MPa和384.7MPa，1.2Q时分别为313.9MPa和361.0MPa，横向残余应力降低11%，纵向残余应力降低6%。堆焊层和基体交界面附近，基体横向和纵向残余拉应力迅速上升，并在热影响区处达到拉应力峰值，峰值应力随热输入增大而增大，横向和纵向最大拉应力分别由353.8MPa增大到415.7MPa、501.2MPa增大到577.5MPa。随着与焊接热源距离增大，横向和纵向应力迅速减小，并在基体中心位置转变成压应力。这是由于热输入增大，补焊区域下方基体的高温区域增大，厚度方向塑性范围扩大，使压应力峰值位置下移而压应力增大。同时，基体表面横向和纵向残余拉应力均随焊接热输入的增大而增大，当热输入由0.6Q增加至1.2Q时，横向残余应力值增大幅度最为明显，为203.0MPa，纵向残余拉应力增加了96MPa。

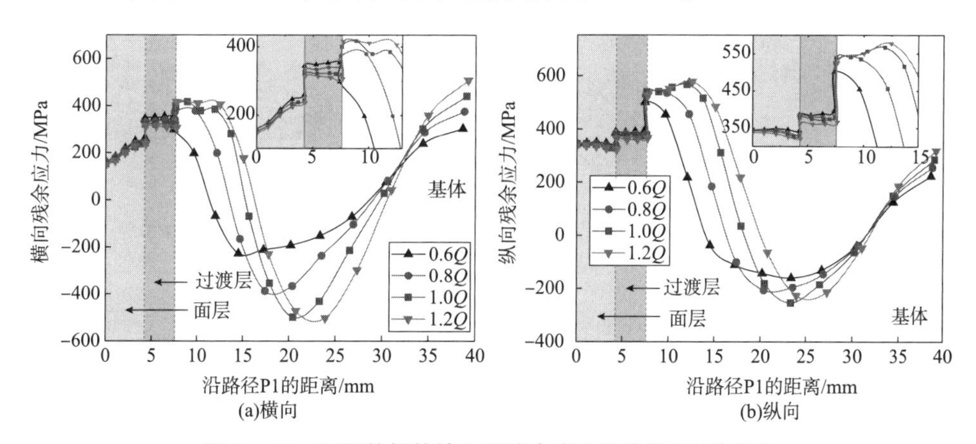

图9－14 不同补焊热输入下残余应力沿路径P1的分布

图9－15、图9－16分别给出不同热输入下面层和过渡层残余应力分布规律。不同热输入下面层和过渡层补焊焊缝区均形成横向残余拉应力的极小值。随着热输入增大，面层焊缝区纵向残余拉应力最大值由350.0MPa减小为343.3MPa，过渡层焊缝区最大值由421.1MPa减小为403.6MPa。堆焊层补焊热影响区和母材区横向应力均随焊接热输入增大而增大，而纵向残余应力减小。焊接热输入从0.6Q增长至1.2Q，面层热影响区和母材区横向应力增长幅值最大为26.3MPa，而纵向残余应力峰值从258.1MPa减小到236.0MPa，过渡层横向残余应力峰值从364.5MPa增大到398.4MPa，纵向应力峰值从394.5MPa减小到376.7MPa，面层纵向应力最小值减小到52.7MPa，过渡层减小到140.1MPa。补焊时热输入对堆焊层横向和纵向残余应力分布的影响存在差异，根本原因在于补焊时填充金属对

结构热作用在各个方向上的作用效果不同。横向上焊接热输入只作用于补焊焊缝的局部区域，随着热输入的增大，热塑性区的横向范围增大，冷却时横向上补焊焊缝的收缩量增大，造成热影响区和母材位置横向残余应力增大，而焊缝区受到横向约束作用，且焊接阶段膨胀压缩作用更大，最终焊缝中心区横向残余拉应力减小。而纵向上焊接过程的热作用更为均匀，且焊接热输入越大，后焊焊道的回火作用越强，从而使堆焊层整体的纵向残余应力减小。

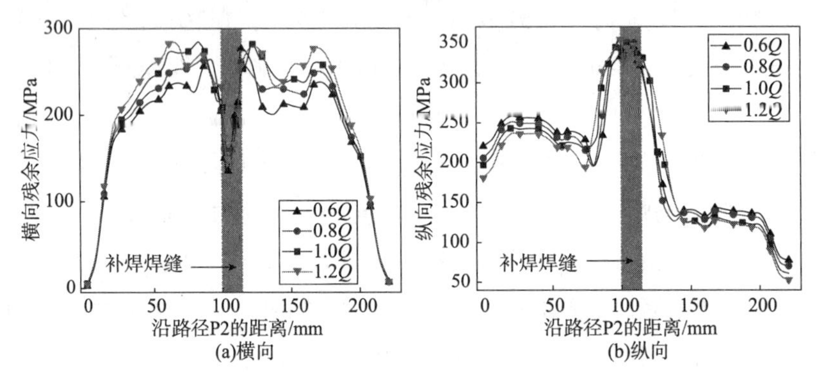

图 9－15　不同补焊热输入下残余应力沿面层 P2 的分布

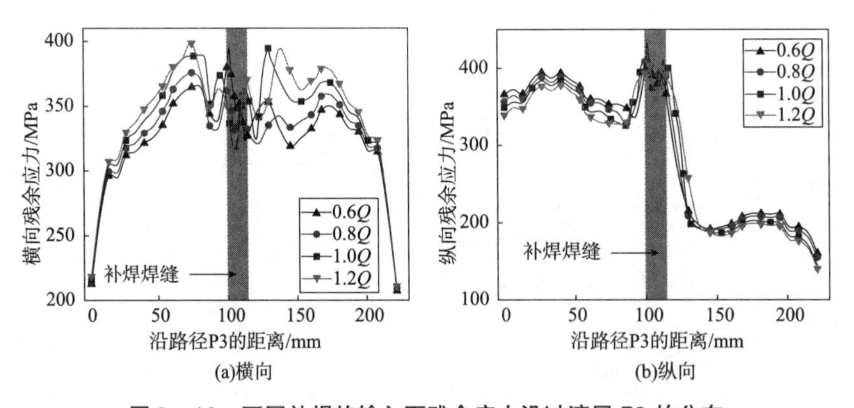

图 9－16　不同补焊热输入下残余应力沿过渡层 P3 的分布

图 9－17 给出了不同补焊热输入下残余应力沿基体底面路径 P4 的分布。补焊焊缝正下方区域横向和纵向残余应力均显著升高，其他区域横向应力变化并不明显，但在基体两端的纵向残余压应力增大。横向和拉应力最大值从 0.6Q 的 303.3MPa 上升至 510.3MPa，纵向拉应力最大值由 224.0MPa 上升至 316.3MPa，增幅分别为 68.2% 和 41.2%。补焊热输入的改变在基体底面中心区域引起横向和纵向残余应力的显著变化，其原因是随着热输入的增大，基体高温塑性区域扩大，使底面中心区域的热应力和焊接变形增大，造成中心区域的残余应力显著升高。由于结构处于自由变形状态，横向上基体周边变形较小，因而路径两端横向残余应力变化较小，而纵向上热变形增大，相应地基体热膨胀增大，冷却时在路径两端产生的纵向压应力增大。

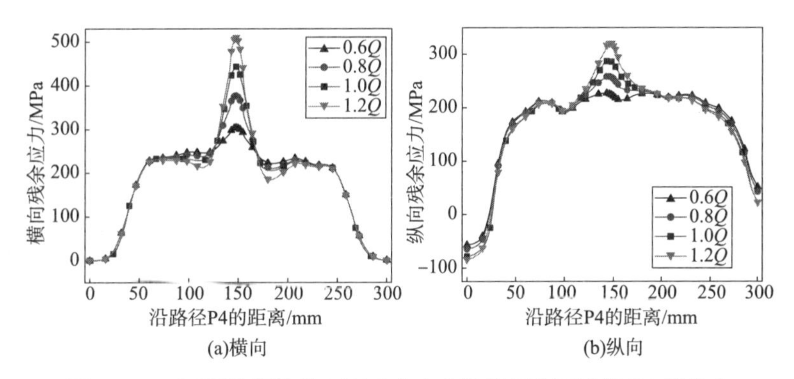

图 9-17　不同补焊热输入下残余应力沿基层表面路径 P4 的分布

2. 补焊长度的影响

表面堆焊制造部件在出现堆焊层剥落、严重腐蚀减薄等缺陷后，按标准要求需进行修复时，通常对缺陷位置进行材料去除，挖补尺寸视实际缺陷尺寸和位置确定。研究表明，补焊长度是补焊残余应力的重要影响因素之一。为此建立了补焊长度分别为 60mm、120mm、180mm、220mm 的有限元模型，将不同长度下材料去除引起补焊区域局部残余应力释放纳入补焊长度因素考量中，对比分析补焊长度对残余应力的影响。

图 9-18 为不同补焊长度下横向和纵向残余应力沿厚度方向路径 P1 的分布。堆焊层上表面焊缝中心横向和纵向残余应力均随补焊长度的增加而减小，且面层-过渡层及过渡层-基体的应力不连续程度也随之减小，其原因在于补焊过程焊接热输入的回火效应随着补焊长度的增加而提升，从而使焊缝区应力降低。由于更大长度的补焊过程中基体受热时间更长，结构中心高温区域扩大，冷却时补焊焊缝收缩增大，导致基材中心位置横向残余压应力和底面横向残余压应力增加，而基材中心和底面的纵向残余应力分布变化并不明显。

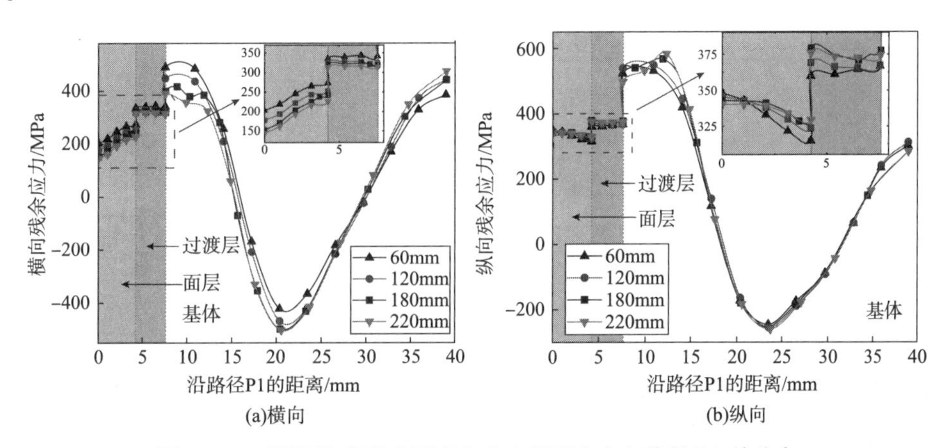

图 9-18　不同补焊长度下残余应力沿厚度方向路径 P1 的分布

图 9-19 为不同补焊长度下残余应力沿面层路径 P2 的分布。补焊长度增加，横向残余拉应力峰值随之降低，降幅为 16.9%。补焊长度为 60mm 时横向残余拉应力最大，为 318.9MPa，220mm 时最小，为 258.2MPa，均位于靠近补焊焊缝的堆焊区。补焊焊缝中心

横向拉应力最小值从 196.6MPa 降至 140.4MPa，降幅为 28.6%。补焊焊缝及邻近第三、四道堆焊区纵向残余应力值同样降低，纵向拉应力最大值从 354.2MPa 减小至 342.3MPa，降低了 11.9MPa，但第一、二道堆焊区纵向残余拉应力值略微上升，说明补焊焊缝两侧焊接变形不一致，先焊一侧纵向冷却收缩更大，造成纵向残余应力变化不一致。

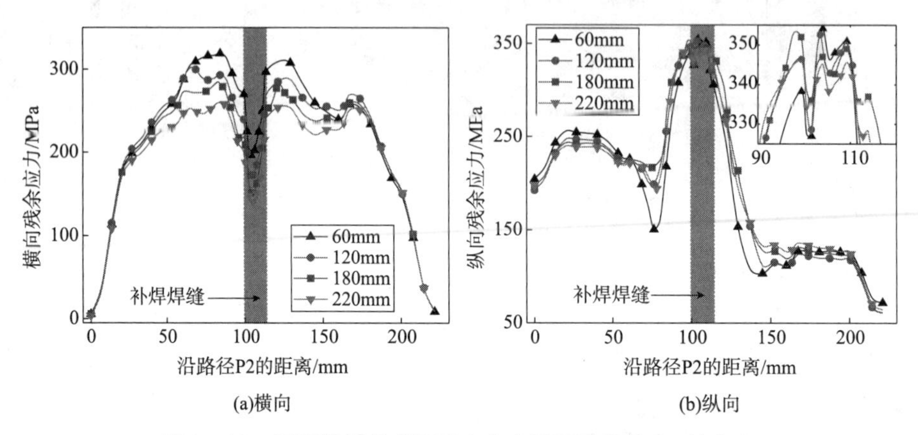

(a)横向　　(b)纵向

图 9-19　不同补焊长度下残余应力沿面层路径 P2 的分布

如图 9-20 所示，过渡层横向残余应力分布规律与面层类似，当补焊长度由 60mm 增加至 220mm 时，过渡层横向拉应力最大值从 402.8MPa 降至 381.9MPa，降幅达到 5.2%。补焊焊缝区纵向残余应力随补焊长度增加呈升高趋势，纵向残余拉应力最大值由 393.5MPa 增加到 403.4MPa。路径两端纵向残余应力降低，这主要是补焊局部加热导致协调变形增大所致。

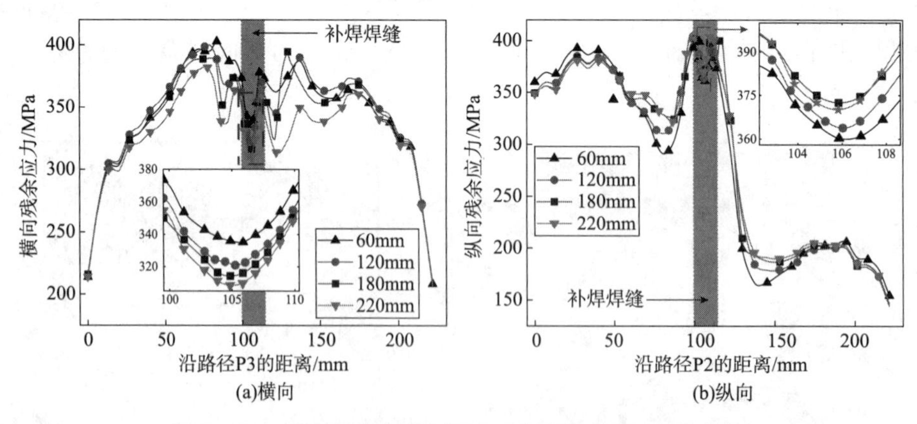

(a)横向　　(b)纵向

图 9-20　不同补焊长度下残余应力沿过渡层 P3 的分布

如图 9-21 所示，随着补焊长度增加，基体上部受热区域增大，热塑性区范围增大，从而使横向上补焊区域邻近的基体能量密度更高，冷却时横向收缩变形增大，该区域内横向残余拉应力值随补焊长度增加呈增大的趋势，补焊长度为 220mm 时达到最大，为 473.8MPa，60mm 时最小，为 385.8MPa，增幅为 18.6%。纵向残余应力在基体底面中心区域也产生较大影响，在 60～120mm 范围内，纵向残余应力随补焊长度增加而增大，补焊长度超过 120mm 后，纵向残余应力反而减小，最大值为 316.0MPa，220mm 时最小，为

286.0MPa，说明在一定范围内，随着补焊长度的增加，基体上部塑性区增加，引起底面协调变形增大，从而使底面中心区域纵向应力值增大。补焊长度继续增大，焊接时基体受热更加充分，纵向受热面积增大，变形更为均匀，底面纵向残余应力减小。

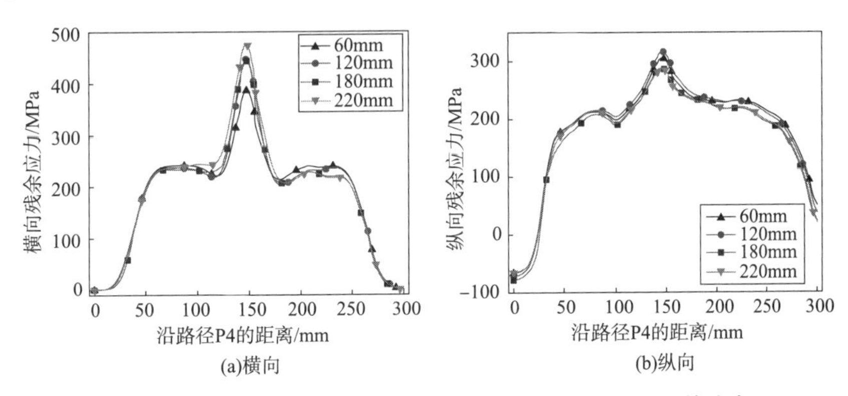

(a)横向 (b)纵向

图9－21 不同补焊长度下残余应力沿基层表面路径P4的分布

综上所述，随着补焊长度增加，面层及过渡层横向残余拉应力显著降低，降幅达到16.9%，面层纵向残余拉应力呈降低趋势，过渡层补焊区域纵向残余应力增加，但幅度较小。基体底面横向残余应力增大，增幅为18.6%，纵向残余应力则呈先增大后减小的趋势，基体中心位置横向和纵向残余压应力值增大。补焊长度增加，堆焊层与基体交界面处的横向和纵向残余应力不连续程度减小，改善了结合面的受力状况，有助于保障结构完整性。因而，在基体材料的强度、缺陷尺寸和现场施工条件允许的情况下，采取相对较长的补焊长度，可以改善结构的补焊残余应力分布。

3. 补焊深度的影响

根据堆焊层腐蚀破坏、脱落、裂纹等损伤发生的深度不同，工程中可能会采取不同的补焊深度进行修复。图9－22给出了补焊深度为4mm和10mm时的补焊焊道布置，分别代表面层补焊和补焊至基体的情况。按照现场工艺要求，基体补焊完成后，须进行焊后消氢热处理，工艺为320℃×3h，补焊过渡层后(盖面前)进行消应力热处理，消应力处理工艺为690℃×1.5h，之后进行面层补焊。

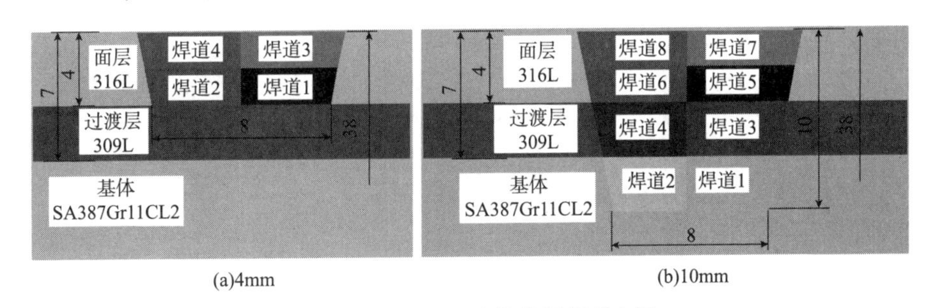

(a)4mm (b)10mm

图9－22 不同深度的补焊焊道布置

从图9－23可以看出，不同深度下进行补焊对基体的残余应力分布有较大影响。基层在补焊深度为10mm时横向压应力最大，为533.9MPa，纵向压应力在补焊深度为7mm时达到最大值248.4MPa，同时压应力最大值位置向底面移动。交界面附近及基体底面横向和纵向残余拉应力均随补焊深度增加而增大。这是因为随着补焊深度的增加，基体厚度方向上进入熔融状态的区域增大，基体中心和外部温度差异加大，导致冷却速度不一形成芯部压应力增大而外部拉应力增大。补焊至基体时的消氢处理和盖面前消应力处理减轻了基体中心部位与周边的变形差距，从而使基体上的残余应力分布更加均匀，横向残余压应力峰值减小到222.9MPa，纵向压应力峰值减小到131.9MPa，底面横向残余应力减小到303MPa，纵向残余应力为180.1MPa，交界面附近横向和纵向拉应力峰值分别降低了17.8%、13.7%。由于消氢热处理的温度较低，且进行消氢热处理时堆焊层尚未补焊，因而对堆焊层最终的残余应力分布作用有限，此时结构的残余应力分布由消应力热处理态残余应力分布和盖面焊接热循环共同决定。

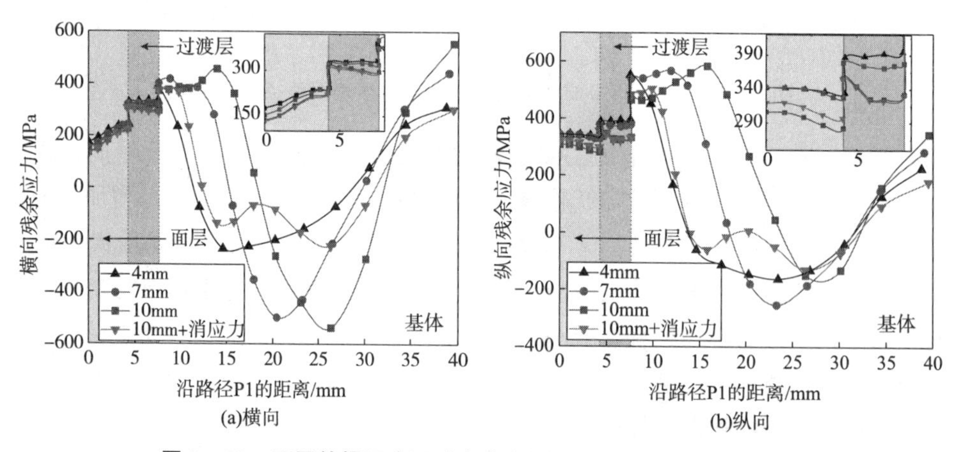

图9-23　不同补焊深度下残余应力沿厚度方向路径P1的分布

图9-24给出了不同补焊深度下面层横向和纵向残余应力沿路径P2的分布。补焊深度为10mm时面层上的横向残余应力较大，此时补焊母材区横向残余应力最大值为286.1MPa，而补焊深度为4mm时相同位置残余应力为236.6MPa。盖面前消应力热处理使该区域横向拉应力明显减小，最大值为133.2MPa，降幅为53.4%。三种补焊深度下焊缝及第三、四道堆焊区的纵向残余应力分布差异比较明显，面层补焊时最大，为351.4MPa，

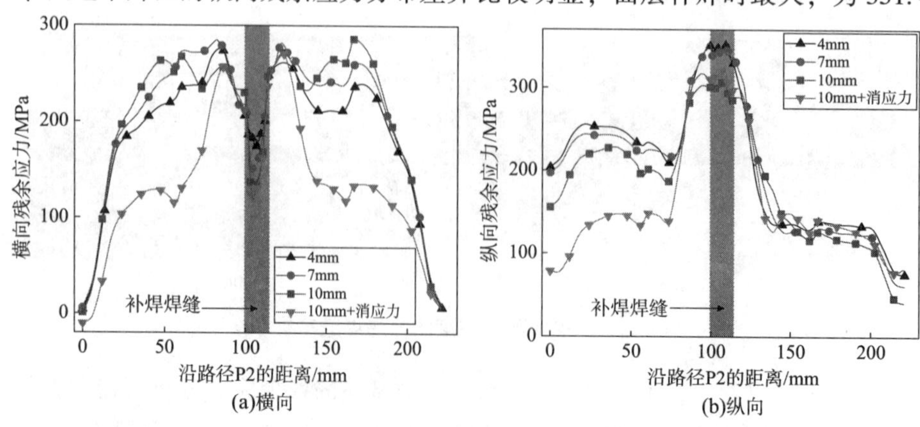

图9-24　不同补焊深度下残余应力沿面层路径P2的分布

基体补焊时最小，为 306.4MPa，采取盖面前消应力热处理后，基体补焊与面层补焊在第三、四道堆焊处纵向残余应力差值增加到 107.5MPa。随着补焊深度增加，焊缝和热影响区纵向应力减小，补焊深度为 4mm 时纵向应力最大值为 351.4MPa，补焊深度增加到 10mm 时，纵向应力峰值为 306.7MPa，降幅为 12.8%，消应力热处理使补焊区域纵向应力值增大，增加了 13.4MPa。基体补焊时采取消应力处理无法消除盖面后补焊区域形成的较大应力。

补焊深度对过渡层上的横向、纵向残余应力分布影响复杂，随着补焊深度的增加，焊缝区横向和纵向残余拉应力峰值降低，母材横向残余应力呈升高趋势，纵向残余应力在第三、四道过渡层上降低，而在初始两道过渡层上升高，如图 9－25 所示。补焊深度为 10mm 时横向应力峰值最大，为 419.9MPa，是补焊深度为 4mm 时横向应力峰值的 1.14 倍，纵向应力峰值差值小于 10MPa。消应力热处理对过渡层补焊区域的影响较小，而对母材区影响显著。沿路径 P3，消应力热处理后横向应力最大值相对减小了 7%，第一、二道堆焊区纵向残余应力增大了 21.7%，而第三、四道堆焊区纵向应力变化较小。这是因为过渡层焊缝金属经过面层补焊热循环的次数相同，且补焊区域几何尺寸变化较小，因而焊缝区横向和纵向残余应力相差不大。

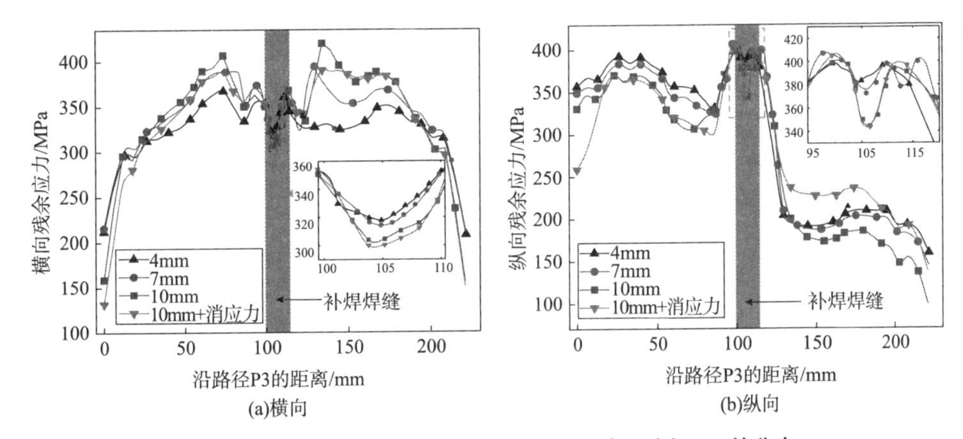

图 9－25 不同补焊深度下残余应力沿过渡层路径 P3 的分布

补焊深度对基体底面上的横向和纵向残余应力影响较大（图 9－26）。随着补焊深度增加，基地底面横向和纵向残余拉应力均增大，补焊深度为 10mm 时最大值分别为 556.0MPa、347.8MPa。消应力热处理明显降低了基体底面横向和纵向残余拉应力峰值，分别降低了 252.8MPa、135.3MPa，且分布更为均匀，边缘纵向压应力呈增大趋势。消应力热处理后底面中心区域仍有较高的横向残余拉应力，最大值为 303.0MPa，是临近区域最大横向拉应力值的 1.6 倍。补焊深度为 4mm（仅补焊面层）时残余应力分布最为均匀，基体底面中心大部分区域横向残余拉应力为 240.9MPa，纵向应力为 226.7MPa，这是由于补焊深度较小时，结构上部热输入相对更小，基体中心区域高温范围减小，因而残余应力分布更加均匀。补焊至基体时，虽然结构上部焊接能量增加，但过渡层补焊后采取的消应力热处理措施，使基体底面的横向和纵向残余应力分布均匀，并降低了应力水平，使盖面后基体底面的横向和纵向残余应力降低，但由于补焊面层时焊接能量对结构的影响不能忽略，底面中心区域横向、纵向残余应力与仅进行面层补焊时相差不大。

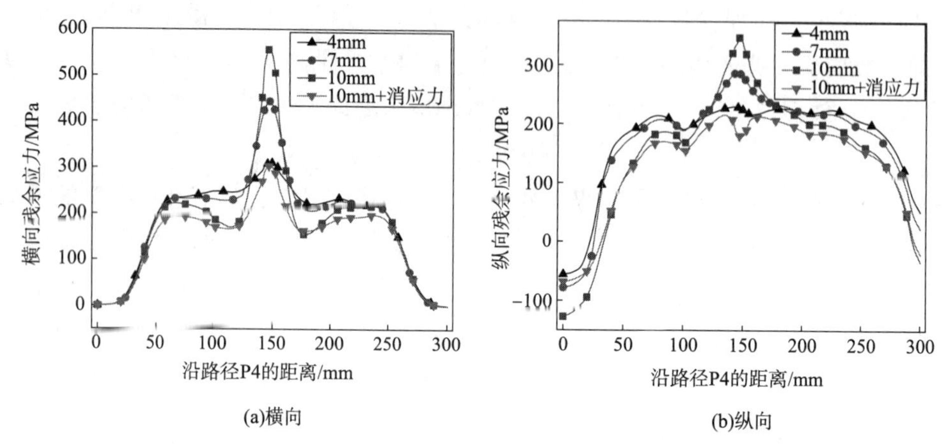

图 9－26　不同补焊长度下残余应力沿基层表面路径 P4 的分布

从以上分析可知，随着补焊深度增加，堆焊层焊缝区横向和纵向残余拉应力降低，堆焊层补焊母材区横向残余应力升高，纵向残余应力呈降低趋势，而底面上的横向和纵向残余应力均升高。补焊至基体并采用消应力热处理工艺所产生的残余应力分布更为均匀，其原因是补焊面层前的热处理使结构的应力状态均匀化分布，从而在一定程度上降低了残余应力水平，但补焊焊缝区和底面中心区域的横向和纵向残余应力主要由面层补焊热输入决定。因而，实际补焊修复中，对补焊至过渡层或基体的情况，在补焊面层前进行消应力热处理，能有效降低面层补焊母材区和基体底面的焊接残余应力，但补焊区域横向和纵向应力仍表现为较大的拉应力。

9.2　现场补焊残余应力消除方法

9.2.1　补焊预热

补焊预热是指在补焊前将工件加热至高于环境温度的过程，可以使用火焰、陶瓷片或感应加热的方法进行预热。在进行补焊预热时要结合补焊现场施工条件和补焊设备壁厚，在保证均温性的前提下选择合理的加热方式。预热时对补焊区域两侧不小于 300mm 的范围进行加热，预热温度为 200～250℃，距坡口边缘 75mm 至少搭载一支热电偶，热电偶与加热层不应直接接触，必须有至少 1mm 隔热物质隔离，以确保测温不受干扰。加热边缘尽量靠近坡口处，并且保温棉包覆范围应大于加热范围 200mm 以上，以减少散热，保证预热均温性。

9.2.2　焊后热处理

补焊完成后应立即对焊缝进行焊后热处理，在进行焊后热处理工艺时，要考虑冶金和工艺特点，应保证焊接接头组织的改善，提高焊缝金属的韧性、降低硬度、消除焊接应力。然而，由于补焊多发生在压力容器内表面，采用传统热处理方式无法有效消除内壁残余应力，因此消除补焊残余应力推荐采用主副加热或温差法内壁压应力调控方法。

以9.1.3节中的堆焊结构补焊为例，在补焊完成后采用局部速冷温差法进行热处理，图9－27给出了经温差法处理前后试板应力分布云图。经局部冷却温差法热处理后的残余应力明显降低，这是由于在热处理冷却过程中形成了畸变的温度场，产生宏观塑性变形，导致残余应力降低。堆焊结构整体横向应力最大值由405.58MPa降至281.25MPa，降幅为30.6%，纵向应力最大值由573MPa降至303.03MPa，降幅为47.5%，堆焊层表面较大的拉应力均转变为压应力。

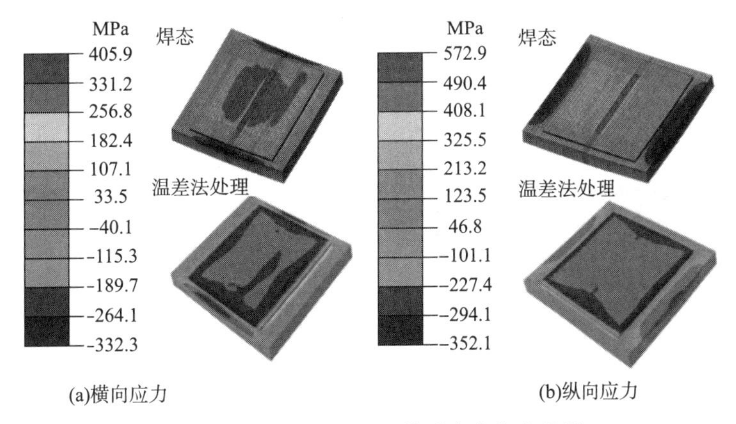

图9－27 温差法处理前后应力分布云图

图9－28给出了温差法热处理前后面层残余应力分布规律。温差法热处理有效消除了面层横向和纵向残余拉应力，使其全部变为了压应力，且分布均匀。补焊焊缝区，横向残余拉应力最大值由261MPa降至－200MPa，最大降幅为117%；纵向拉应力最大值由324MPa降至－191MPa，降幅为159%。可见，采用温差法热处理可以显著降低堆焊结构补焊后残余应力，并使堆焊层表面可能引起裂纹萌生的纵向与横向拉应力转变为压应力，有效降低结构补焊后应力腐蚀开裂的风险。

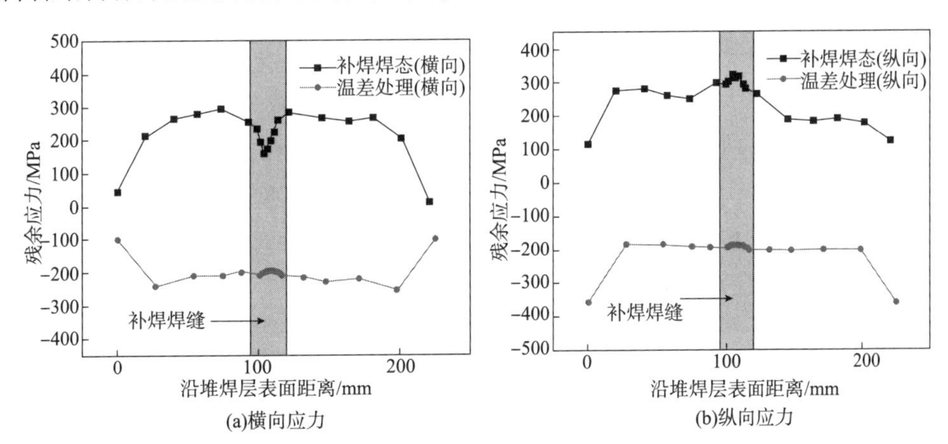

图9－28 温差法处理前后堆焊层表面残余应力

9.3 现场补焊案例分析

如图9－29（a）所示，某重型加氢反应器，筒体内径为4800mm、壁厚为280mm＋7.5mm，其中270mm厚为低合金钢母材，材质为2.25Cr－1Mo－0.25V钢，内表面堆焊7.5mm厚309L型＋347型不锈钢。服役一段时间后，经检修发现内壁堆焊层存在严重的腐蚀现象，将失效处打磨掉后，发现腐蚀长度达1200mm，宽度达400mm，已严重威胁设备的服役安全。石化现场环境复杂，无法采用卡式炉加热且陶瓷电阻加热无法满足内外壁均温性的要求，现场只能采用感应加热对补焊焊缝进行局部热处理，局部热处理保温温度为705℃±14℃，保温时间为5h。图9－29（b）给出了补焊焊缝感应加热局部热处理温度曲线，在热处理保温阶段，均温区内外壁最大温差为14℃，满足标准规定的±14℃温差要求。

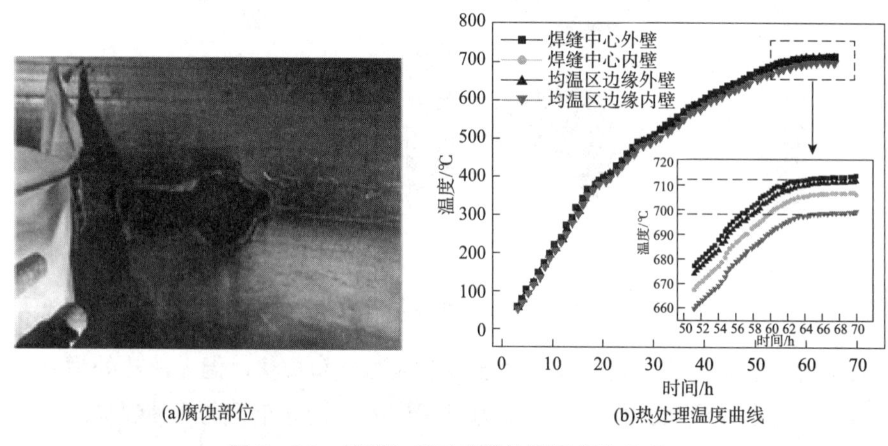

(a)腐蚀部位　(b)热处理温度曲线

图9－29　重型加氢反应器补焊局部热处理

采用感应加热局部热处理和温差法进行消应力处理，比较两种方法的应力消除效果。图9－30和图9－31分别给出了补焊前后和不同热处理方法下轴向和环向残余应力分布云图。补焊前在内壁堆焊层附近存在较大的拉应力，经补焊后内外表面轴向应力峰值有增高趋势，环向应力峰值变化不明显。沿补焊深度方向轴向和环向残余应力均明显升高，拉应力区沿壁厚方向增加，这是因为补焊局部加热在补焊焊缝位置处引入了新的焊接残余应力，从而使补焊位置处应力明显增高。对比补焊后残余应力，传统热处理对筒体外表面残余应力降低明显，靠近内表面的基层和堆焊层残余应力无法有效消除，甚至略有升高。经温差法工艺处理后，堆焊层和补焊位置轴向和环向残余应力均明显降低。

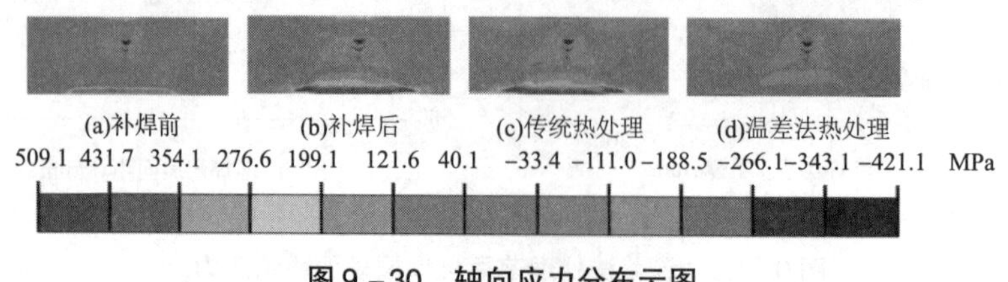

图9－30　轴向应力分布云图

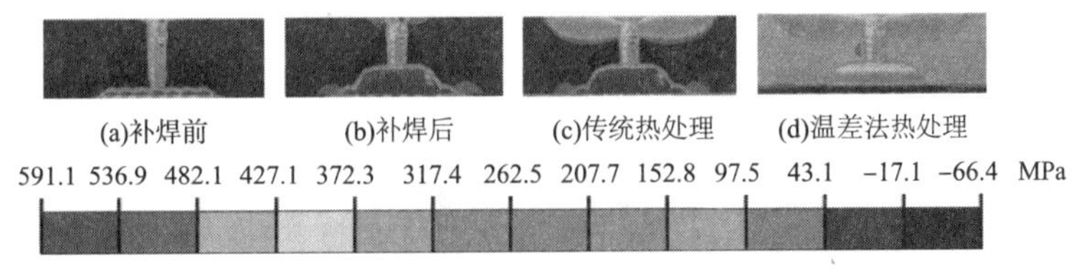

图9－31　环向应力分布云图

图9－32给出了内壁堆焊层经传统热处理和温差法热处理后残余应力分布规律，传统热处理后在堆焊层表面轴向残余应力相比补焊略有增加，轴向应力最大值由401MPa升高至432MPa，增加了31MPa，这是由于传统热处理过程产生的宏观收腰变形所致，具体理论详见本书第4章。经温差法热处理后，堆焊层表面轴向和环向残余应力均明显降低，其中轴向应力最大值由401MPa降至－100MPa，最大降幅为124.9%；环向应力最大值由496MPa降至－189MPa，最大降幅为138.1%。由此可见，温差法热处理能够明显降低补焊残余应力，使其在内壁产生压应力，降低上述案例补焊后发生应力腐蚀开裂的概率。

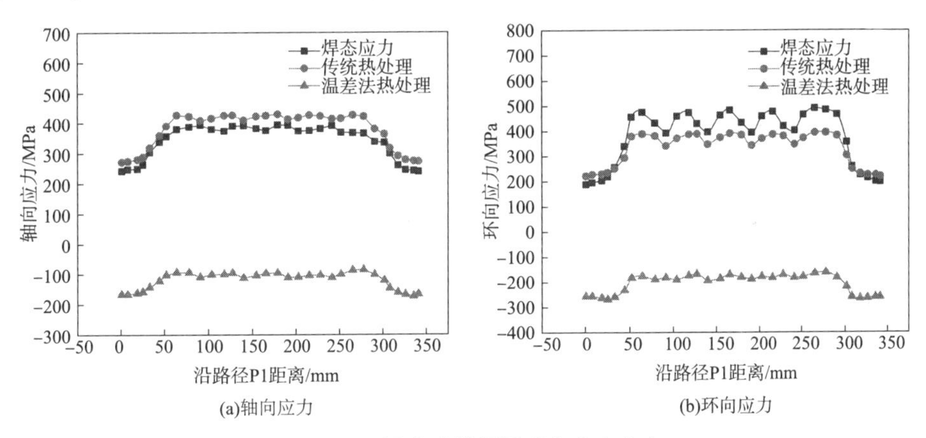

图9－32　沿内壁堆焊层残余应力分布

参考文献

[1]蒋文春，李国成，孙伟松，等．焊缝层数对不锈钢复合板残余应力和变形的影响[J]．化工机械，2010，37(2)：186－191.

[2]李国成，蒋文春．线能量对不锈钢复合板残余应力和变形的影响[J]．热加工工艺，2010，39(9)：159－162.

[3]蒋文春，Wanchuck W，王炳英，等．中子衍射和有限元法研究不锈钢复合板补焊残余应力[J]．金属学报，2012，48(12)：1525－1529.

[4]张文．304不锈钢复合板补焊残余应力有限元分析[D]．青岛：中国石油大学，2011.

[5]Dong P，Zhang J，Bouchard P J. Effects of repair weld length on residual stress distribution[J]. Journal of Pressure Vessel Technology，2002，124(1)：74－80.

[6]Dong P，Hong J K，Bouchard P J. Analysis of residual stresses at weld repairs[J]. International Journal of Pressure Vessels and Piping，2005，82(4)：258－269.

[7]曾强．复合板带极堆焊与补焊残余应力及超声冲击调控研究[D]．中国石油大学(华东)，2020.

第 10 章　热处理效果评价的压入测试法与便携式检测装备

由于缺乏有效的残余应力现场测试技术，目前焊后热处理的效果评价多关注温度曲线是否达标或进行简单的硬度测试，缺乏对力学性能、残余应力的有效定量评价，导致大量热处理后的承压设备仍然发生应力腐蚀、泄漏、开裂失效。常规的力学性能和残余应力检测技术受限于破坏性、检测成本、操作难度等因素难以应用于服役设备，而应用较多的硬度检测仅提供材料的综合性能，无法准确描述材料强度、残余应力等关键信息。本章围绕力学性能和残余应力检测两部分内容，介绍一种适用于工程现场的非破坏性快速检测技术——压入法测试技术。

10.1　压入法表征金属材料力学性能

10.1.1　概　述

压入法测试技术由硬度试验发展而来，目前已形成高自动化的仪器化压入测试技术。该技术采用一定形状的压头(球形、圆锥、角锥等)侵入金属材料表面使其产生弹塑性变形，进而通过传感元件获取压入过程中深度、载荷、压痕接触面积、压痕投影面积等多个数据信息，最后将这些数据信息代入对应力学性能参数的计算模型，即可得到该材料的力学性能。

被测材料在压入测试中的响应受载荷施加形式的影响，如图 10－1 所示为不同载荷类型下材料受压截面主剪切应力云图。

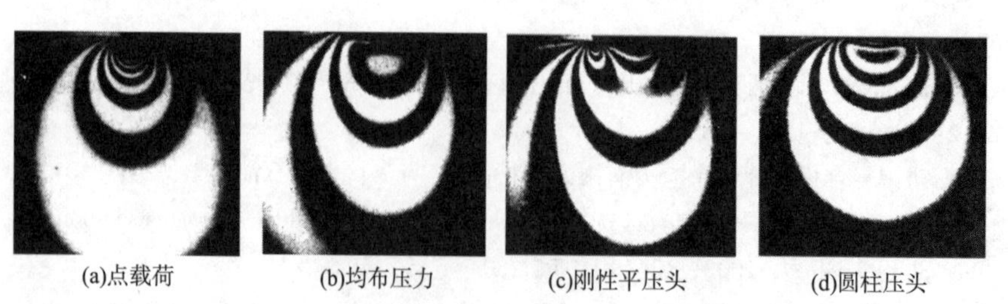
(a)点载荷　(b)均布压力　(c)刚性平压头　(d)圆柱压头

图 10－1　二维光弹性法干涉云纹图(主剪切应力)

在压入法测试力学性能方面，采用较多的为球形压头，其在压入初始阶段施加于材料表面的载荷类似于图 10－1(a) 中的形式，压头下方材料的响应分为弹性阶段、弹塑性阶段和完全塑性阶段，如图 10－2 所示。压入试验开始后球压头逐渐侵入被测试样表面，压头下方的平均应变与平均接触压力随之增加，从而获取受压材料的流动特性。

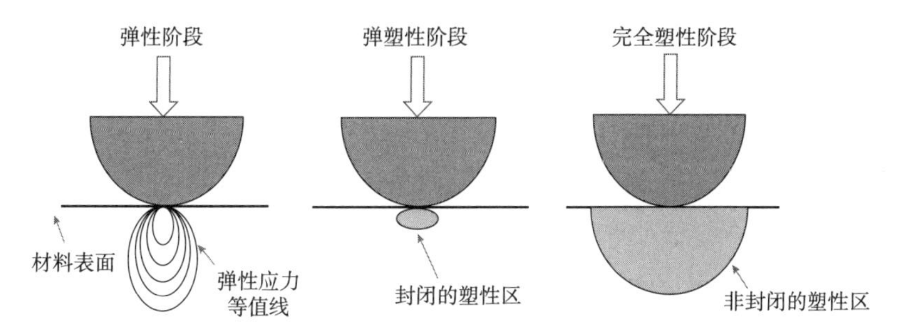

图 10－2　球压痕过程中弹塑性区变化示意图

10.1.2　弹性模量表征方法

弹性模量的压入测试方法主要源于 Oliver 和 Pharr 在 1992 年提出的纳米压痕测试方法，最早采用三棱锥形的玻氏压头进行单次加卸载实验，位移载荷曲线及压痕形貌如图 10－3、图 10－4 所示，后逐渐扩展到其他形状的压头，如广泛用于力学性能测试的球形压头。

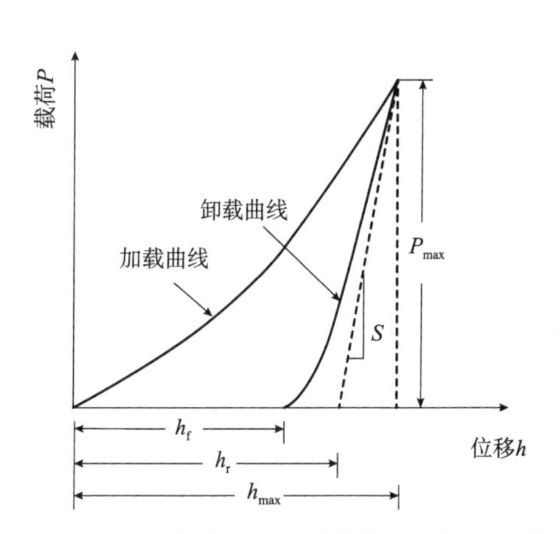

图 10－3　典型单次压入实验位移载荷曲线示意图

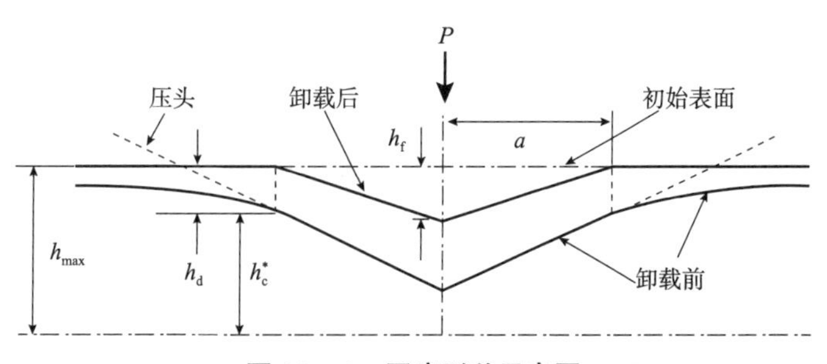

图 10－4　压痕形貌示意图

图 10－3 中，h_r 为通过外推接触刚度获得的压入载荷为零时的截距深度，P_{max} 为最大压入载荷，S 为压入接触刚度。图 10－4 中，h_{max} 为加载过程中最大压入深度，h_f 为卸载后的残余压入深度，h_d 为卸载过程中的弹性形变。

基于 Hertz 弹性接触理论可以得到压头和被测材料的弹性模量关系式：

$$\frac{1}{E_r}=\frac{(1-\nu^2)}{E}+\frac{(1-\nu_i^2)}{E_i} \tag{10－1}$$

式中：E 和 ν 表示被测材料的弹性模量和泊松比；E_i 和 ν_i 表示压头的弹性模量和泊松

比；E_r 表示约化模量，通过下式计算：

$$E_r = \frac{S\sqrt{\pi}}{2\beta\sqrt{A}} \tag{10-2}$$

式中：A 表示接触投影面积；β 为无量纲参数，用以修正压头形状导致的接触刚度测量偏差，球形压头取值为1，玻氏压头取值为1.034，维氏压头取值为1.012。

从上述方程可知，求解被测材料弹性模量的关键是接触刚度和投影接触面积的求解。其中，接触刚度通常被定义为卸载曲线的初始斜率，即在最大压入深度处对卸载段载荷－位移曲线表达式进行求导：

$$S = \left.\frac{\mathrm{d}P}{\mathrm{d}h}\right|_{h=h_{max}} \tag{10-3}$$

对于玻氏压头，推荐采用最小二乘法对卸载段进行幂律方程式拟合，即

$$P = k_1 (h - h_f)^m \tag{10-4}$$

式中：k_1、m 为常数，h_f 可从载荷－位移曲线中获取。

对于球形压头可以对卸载起始段进行最小二乘法线性拟合：

$$P = k_2 h + b \tag{10-5}$$

式中：k_2 和 b 为常数，则 $S = k_2$。

接触面积的计算体现了仪器化压入测试技术和传统压痕硬度测试技术的根本不同，传统压痕硬度测试技术通过对残余压痕光学成像来测量接触面积，而仪器化压入是通过载荷－位移试验曲线信息来计算压头与受压材料的接触面积，对于一个确定几何形状的压头来说，接触面积可以表示为接触深度 h_c^* 的函数，即

$$A = f(h_c^*) \tag{10-6}$$

对于理想玻氏压头，其面积函数可表示为：

$$A(h_c^*) = 24.5 (h_c^*)^2 + C_1 (h_c^*)^1 + C_2 (h_c^*)^{1/2} + C_3 (h_c^*)^{1/4} + \cdots + C_8 (h_c^*)^{1/128} \tag{10-7}$$

式中：$C_1 \sim C_8$ 都是常数，不同的压头对应不同的常数，需要通过标准试块进行标定试验并迭代最终获得具体的值。

对于球压头而言，其接触面积通过修正堆积沉陷效应的接触半径求得：

$$A = 2\pi a^2 \tag{10-8}$$

式中：a 是球压头单次加卸载循环中的最大接触半径。

而接触深度可通过下式计算：

$$h_c^* = h_{max} - h_d = h_{max} - \omega \frac{P_{max}}{S} \tag{10-9}$$

式中：常数 ω 的取值与压头形状相关，球形或棱锥压头取值为0.75，圆锥压头取值为0.72，平冲压头取值为1。

将求解得到的接触刚度和投影接触面积代入式(10－2)、式(10－1)即可得到被测材料的弹性模量。

10.1.3　材料强度表征方法

1. 基本原理

目前用于材料强度测试的主要是连续球压入法，该方法最早于20世纪90年代初由美国橡树岭国家实验室金属和陶瓷部的Haggag等提出，采用球形压头在被测材料同一点位进行多次循环加卸载试验，因其高度自动化的特点，因此又称自动球压入试验。该方法评价材料力学性能的基本原理是：球形压头在驱动及传动机构的作用下垂直压入被测材料表面，在相同测试点位进行连续多个加载－不完全卸载循环，通过与压头连接的位移传感器和载荷传感器实时测量压入过程中的载荷和位移，得到一组完整的位移载荷曲线，然后将位移载荷曲线信息代入表征模型得到被测材料的力学性能参数。

现有表征模型应用最为广泛的是表征应力应变法，其基于弹塑性变形理论，通过压入过程中球压痕的几何关系来定义压痕的表征应力、表征应变，将单次载荷－位移曲线数据转化为一组表征应力、表征应变的数据点，从而得到一系列应力应变数据点，然后进行本构方程式的回归分析，最终得到被测材料的硬化指数、屈服抗拉强度等多种力学性能参数，其基本原理如图10－5所示。

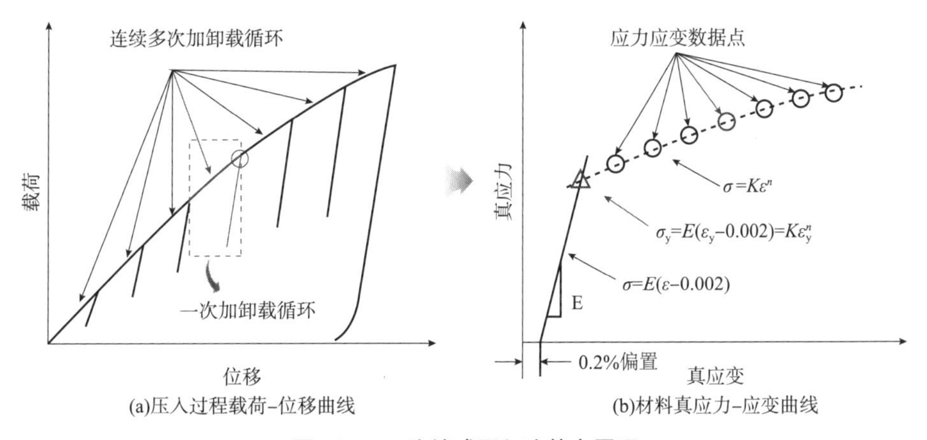

图10－5　连续球压入法基本原理

2. 应力应变表征

在连续球压入试验中，弹性变形和塑性变形在每个循环中同时发生，压痕局部的材料响应示意图如图10－6所示。试验得到的典型压入载荷－深度曲线如图10－7所示，首先测量每个加卸载循环中总压痕深度h_t和相应的最大压入载荷P，除此之外，还需要将卸载曲线进行线性回归拟合并延伸得到载荷为零时的残余塑性深度h_p。

对于每一个循环，可用式(10－10)将总压痕深度h_t转换为总压痕直径d_t：

$$d_t = 2\left(Dh_t - h_t^2\right)^{\frac{1}{2}} \tag{10-10}$$

式中：D为压头直径。

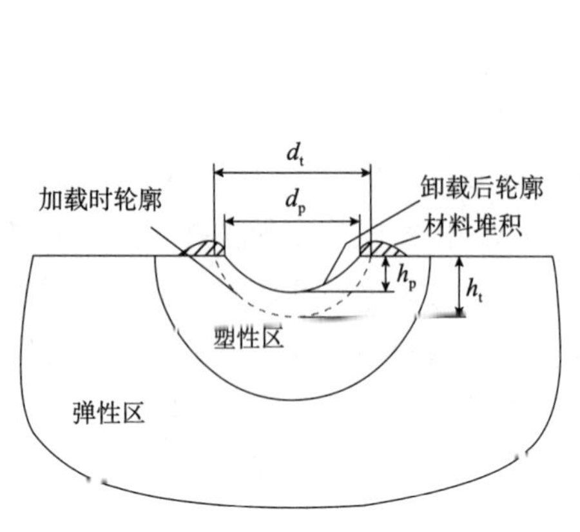

图 10－6　压入试验时的压痕几何尺寸

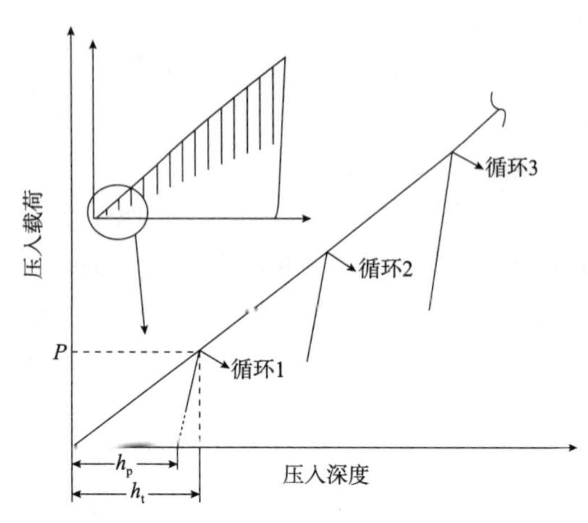

图 10－7　压入载荷与压痕深度示意图

塑性直径 d_p 可以通过塑性深度 h_p 根据式(10－11)迭代得到：

$$d_p = \sqrt[3]{2.735PD\frac{\left(\frac{1}{E_i}+\frac{1}{E}\right)(4{h_p}^2+{d_p}^2)}{4{h_p}^2+{d_p}^2-4h_pD}} \tag{10-11}$$

式中：P 为当前循环的最大载荷值。

真塑性应变 ε_p 和真应力 σ_t 分别通过式(10－12)和式(10－13)计算：

$$\varepsilon_p = 0.2\left(\frac{d_p}{D}\right) \tag{10-12}$$

$$\sigma_t = \frac{4P}{\pi {d_p}^2\delta} \tag{10-13}$$

式中：δ 是与给定类别材料的塑性变形约束效应有关的常数。δ 可由式(10－14)表示：

$$\delta = \begin{cases} 1.12 & \varphi \leqslant 1 \\ 1.12+\tau \cdot \ln\varphi & 1<\varphi \leqslant 27 \\ 2.87 \cdot \alpha_m & \varphi > 27 \end{cases} \tag{10-14}$$

式中：$\tau = (2.87\alpha_m - 1.12)/\ln(27)$。

$$\varphi = \frac{\varepsilon_p E_i}{0.43\sigma_t} \tag{10-15}$$

式中：参数 α_m 取决于被测材料的应变率敏感性和加工硬化特性，一般在 1.1～1.25 之间，适用于各种结构钢。

值得注意的是，式(10－15)中的 σ_t 值是由式(10－13)得到的，而式(10－13)又依赖于 δ 值，因此，式(10－13)～式(10－15)需要迭代计算。通过上述过程，每次循环都可以通过一组总压痕深度 h_t、最大载荷 P 以及残余塑性深度 h_p 得到一个真应力－真塑性应变点，多个循环可得一系列的应力应变点，然后通过式(10－16)Holloman 方程拟合即可得到材料的真应力－应变曲线：

$$\sigma = K\varepsilon^n \tag{10-16}$$

3. 强度计算

由于球压入试验中对应的应变比较复杂，无法直接测量，导致无法直接确定塑性变形起始时对应的屈服强度。因此，可采用 Meyer 定律来间接估计屈服强度，通过对所有循环的数据点($d_t/D=1.0$ 的最大值)线性回归分析拟合得到以下关系：

$$\frac{P}{d_t^{\,2}}=k_3\left(\frac{d_t}{D}\right)^{m_e-2} \tag{10-17}$$

式中：m_e 为 Meyer 系数，k_3 为回归分析得到的屈服参数。在得到屈服参数 k_3 后，可通过式(10－18)来计算屈服强度 σ_y：

$$\sigma_y=B+k_3\beta_m \tag{10-18}$$

式中：β_m 为材料屈服斜率，对同类材料为常数；B 为屈服偏移常数(MPa)。

此外，还可根据条件屈服的概念，通过产生 0.2% 塑性应变所对应的应力近似表示屈服强度：

$$\sigma_y=E(\varepsilon-0.002) \tag{10-19}$$

式(10－19)可结合 10.1.2 节提到的弹性模量计算方法与式(10－16)联立，进而计算得到屈服强度。

由于在球压头压缩载荷的作用下，受压材料不会发生颈缩拉断现象，抗拉强度的计算需要根据拉伸试验失稳的概念得到，具体过程如下：

在拉伸试验中，当施加载荷大于某一值时，材料会产生颈缩，可表示为：

$$\mathrm{d}P=\mathrm{d}(\sigma A_s)=\sigma\mathrm{d}(A_s)+A_s\mathrm{d}(\sigma)=0 \tag{10-20}$$

进一步转化为：

$$-\frac{\mathrm{d}A_s}{A_s}=\frac{\mathrm{d}\sigma}{\sigma} \tag{10-21}$$

式中：P 表示施加载荷，σ 表示真应力，A_s 表示横截面积。

由于拉伸试验中假设材料的体积不可压缩，可得到：

$$\frac{\mathrm{d}L}{L}=-\frac{\mathrm{d}A_s}{A_s}=\mathrm{d}\varepsilon=\frac{\mathrm{d}\sigma}{\sigma} \tag{10-22}$$

当材料为幂律硬化时，应变硬化指数为：

$$n=\frac{\mathrm{d}(\log\sigma)}{\mathrm{d}(\log\varepsilon)}=\frac{\mathrm{d}(\ln\sigma)}{\mathrm{d}(\ln\varepsilon)}=\frac{\varepsilon}{\sigma}\frac{\mathrm{d}\sigma}{\mathrm{d}\varepsilon} \tag{10-23}$$

根据式(10－23)可得到失稳时刻的真应变 $\varepsilon=n$，则应变硬化指数等于材料在拉伸载荷作用下的极限抗拉强度的真实均匀应变。令 Holloman 方程 $\varepsilon_u=n$，工程极限抗拉强度 σ_b 用式(10－24)计算：

$$\sigma_b=K\left(\frac{\varepsilon_u}{e}\right)^n=K\left(\frac{n}{e}\right)^n \tag{10-24}$$

式中：K 为强度系数；e 为自然常数，约等于 2.71828。

连续球压入法计算过程明晰，简单实用，受到了国内外众多学者广泛关注。作为一种高效的材料性能评价手段，连续球压入法不仅可以便捷地对在役能源装备的力学性能进行现场检测，同时因为球压头微小的几何特征，可以对焊缝微区等微小结构进行力学性能评价，弥补了现有测试手段的不足，具有非常广阔的应用价值和潜力。

10.2 压入法测试残余应力

10.2.1 概 述

目前已有数十种测试残余应力的方法，按照对设备的破坏性可分为有损测试法和无损测试法。有损测试法也称为机械释放法，主要包括钻孔法、层削法、切条法、轮廓法等；无损测试法包括X射线衍射法、中子衍射法、超声法、磁测法等。其中以钻孔法为代表的有损测试方法以其低成本、易操作、理论相对成熟等优点得到了广泛应用，而以X射线衍射法为代表的无损测试方法也因其准确性和对试样的无损性，同样得到了研究者的青睐。然而无论是有损测试还是无损测试，目前都很难应用于承压设备热处理应力消除效果评价，前者由于其破坏性显然无法被用于服役设备；而后者通常测试成本较高、测试条件要求苛刻，对于复杂测试环境以及需要大量测点的压力容器热处理效果评价也是不切实际的。现场残余应力测试方法的缺失导致基于应力调控的热处理工艺缺乏科学指导和评价，因此亟需一种兼具经济性和操作性的残余应力原位无损测试方法以实现工程推广应用。

压入法测试残余应力是近二十多年来发展起来的一种新方法，是目前最有潜力推广应用于承压设备焊接残余应力测试的一项技术。不同于传统的破坏性机械释放法，压入法通过一定形状的压头对样品表面进行准静态加载，通过测量压入过程的载荷－深度响应来关联原始残余应力场的大小。由于只需在待测试样表面形成很小尺寸的压痕即可得到试样表层的残余应力大小，因此对于大多数承压设备来说可满足无损要求，并且具有操作简单、测试成本低、工程现场适用性强等优点。

10.2.2 基本原理

1996年，Tsui和Bolshakov等分别利用试验观测和数值模拟，系统研究了平面单轴和等双轴残余应力对压痕响应的影响。他们发现通过常规方法测得的硬度受到残余应力的影响：存在压应力时硬度变大，存在拉应力时硬度变小。但在考虑压痕周围堆积－沉陷效应（图10－8）的真实接触面积后，实际压痕硬度并不随残余应力变化。这是由于式(10－25)所示的材料硬度定义中的接触面积存在差异导致的，当存在压应力时，压头附近材料发生堆积，真实接触面积A_c变大，而存在拉应力时正好相反，真实接触面积A_c变小。

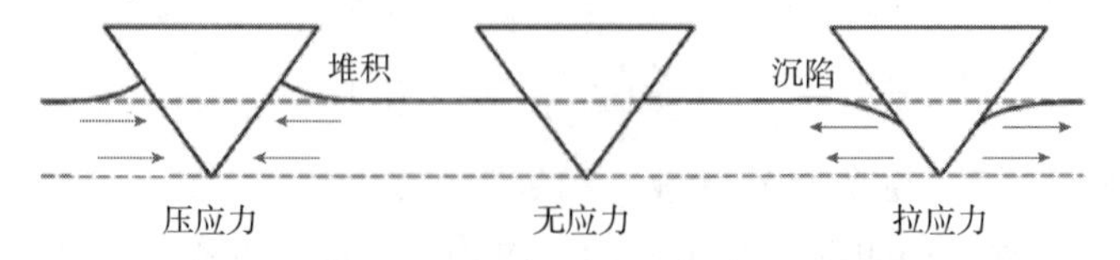

图10－8 堆积－沉陷效应下压痕实际接触面积发生改变

$$H_c = \frac{F}{A_c} \tag{10-25}$$

式中：H_c 为压痕硬度，F 为压入载荷，A_c 为压入载荷为 F 时压头与材料的真实接触面积。

这条结论为后续学者从压痕载荷 - 深度曲线和压痕形貌中提取残余应力奠定了理论基础。本节介绍其中两个经典的计算模型：Suresh 模型和 Lee & Kwon 模型。

1. Suresh 模型

基于压痕硬度不随残余应力变化的规律，Suresh 等提出了一种测量等双轴残余应力的理论模型。该方法假设被测试样中存在等双轴残余应力，并将其分解为静水应力与 z 向单轴应力之和：

$$\begin{pmatrix} \sigma^R & 0 & 0 \\ 0 & \sigma^R & 0 \\ 0 & 0 & 0 \end{pmatrix} = \begin{pmatrix} \sigma^R & 0 & 0 \\ 0 & \sigma^R & 0 \\ 0 & 0 & \sigma^R \end{pmatrix} + \begin{pmatrix} 0 & 0 & 0 \\ 0 & 0 & 0 \\ 0 & 0 & -\sigma^R \end{pmatrix} \tag{10-26}$$

其中静水应力不影响压痕响应，只有 z 向单轴应力对压入过程有影响。利用有应力和无应力状态下压痕接触面积不同，而硬度相同，即可得到残余应力计算公式：

拉应力下固定压入深度：
$$\sigma^R = H_c\left(\frac{A_0}{A} - 1\right) \tag{10-27a}$$

拉应力下固定压入载荷：
$$\sigma^R = H_c\left(1 - \frac{h_0^2}{h^2}\right) \tag{10-27b}$$

压应力下固定压入深度：
$$\sigma^R = \frac{H_c}{\sin\beta}\left(1 - \frac{A_0}{A}\right) \tag{10-27c}$$

压应力下固定压入载荷：
$$\sigma^R = \frac{H_c}{\sin\beta}\left(\frac{h_0^2}{h^2} - 1\right) \tag{10-27d}$$

式中：σ^R 为等双轴残余应力大小，H_c 为考虑堆积 - 沉陷效应后的真实压痕硬度，A_0 和 A 分别是无应力和有应力状态考虑堆积 - 沉陷效应后的真实接触面积，h_0 和 h 分别为相同压入载荷下无应力和有应力状态的压入深度，β 为压头与试样表面的夹角。

2. Lee & Kwon 模型

Lee 和 Kwon 在 Suresh 模型的基础上又提出了基于剪切塑性理论的计算模型。他们认为等双轴应力还可以进一步分解为平均应力张量和偏应力张量，其中，偏应力张量沿压入方向的分量是引起压入载荷变化的直接原因。

$$\begin{pmatrix} \sigma^R & 0 & 0 \\ 0 & \sigma^R & 0 \\ 0 & 0 & 0 \end{pmatrix} = \begin{pmatrix} \frac{2}{3}\sigma^R & 0 & 0 \\ 0 & \frac{2}{3}\sigma^R & 0 \\ 0 & 0 & \frac{2}{3}\sigma^R \end{pmatrix} + \begin{pmatrix} \frac{1}{3}\sigma^R & 0 & 0 \\ 0 & \frac{1}{3}\sigma^R & 0 \\ 0 & 0 & -\frac{2}{3}\sigma^R \end{pmatrix} \tag{10-28}$$

因此，有应力和无应力状态试样在相同压入深度下的载荷差 ΔL 可表示为：

$$\Delta L = L_0 - L = -\frac{2}{3}\sigma^{R}A_{c} \tag{10-29}$$

为了解决更一般的双轴应力问题，Lee 等进一步将任意双轴状态分解为一个等双轴应力和一个纯剪切应力之和：

$$\begin{pmatrix} \sigma_x^R & 0 & 0 \\ 0 & \kappa\sigma_x^R & 0 \\ 0 & 0 & 0 \end{pmatrix} = \begin{pmatrix} \frac{(1+\kappa)\sigma_x^R}{2} & 0 & 0 \\ 0 & \frac{(1+\kappa)\sigma_x^R}{2} & 0 \\ 0 & 0 & 0 \end{pmatrix} + \begin{pmatrix} \frac{(1-\kappa)\sigma_x^R}{2} & 0 & 0 \\ 0 & \frac{-(1-\kappa)\sigma_x^R}{2} & 0 \\ 0 & 0 & 0 \end{pmatrix} \tag{10-30}$$

式中：$\sigma_y^R = \kappa\sigma_x^R$，$\kappa$ 为二向应力的比值。通过试验发现在压入相同深度时，纯剪切应力对压痕曲线无影响，如图 10－9 中#1 和#4 曲线，因此可以忽略式(10－30)中纯剪切应力部分。由此，若已知应力比 κ，即可将任意双轴应力状态转化为等双轴应力状态求解，计算公式如式(10－31)所示。

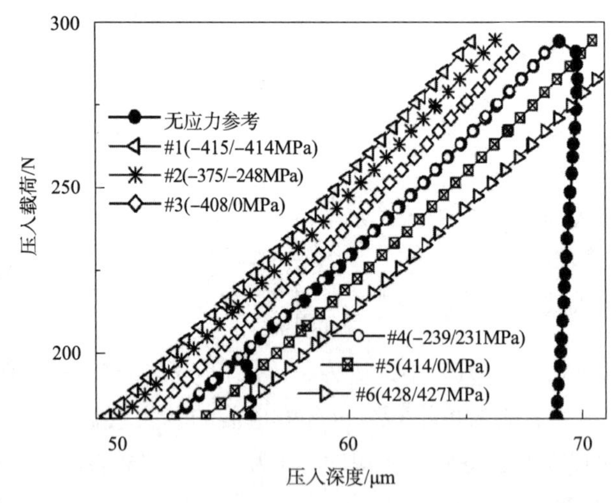

图 10－9　纯剪切应力不改变压痕曲线

$$\begin{cases} \sigma_x^R = \dfrac{3(F_0 - F)}{(1+\kappa)A_c} \\ \sigma_y^R = \kappa\sigma_x^R \end{cases} \tag{10-31}$$

在应用方面，参考国际标准 ISO/TR 29381—2008《金属材料　仪器化压入试验测定力学性能　压痕拉伸性能》，上海交通大学、冶金工业信息标准研究院等单位重新起草了 GB/T 39635—2020《金属材料　仪器化压入法测定　压痕拉伸性能和残余应力》。两部标准均采用了上述 Lee－Kwon 计算模型，在附录中给出了仪器化压入法与钻孔法、切割法、X 射线衍射法的焊接残余应力测试结果对比，如图 10－10 所示。

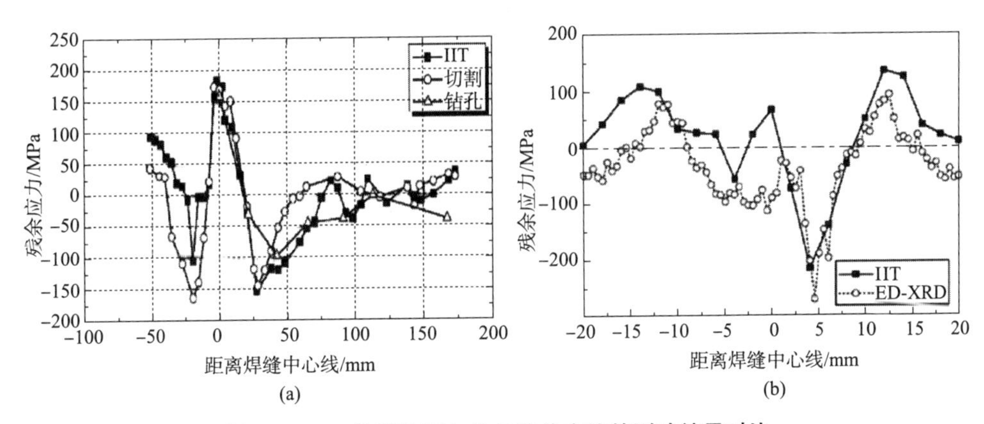

图 10－10　仪器化压入法与其他方法的测试结果对比

然而，不难发现上述方法仍然存在一个重要的不足之处：应力测试结果仅为不包含方向信息的平均应力。这对于结构完整性评估是不够的，在压力容器领域，环向和轴向应力，或焊接结构的横向和纵向应力的危险系数不同，通常需要分开考虑。此外，式(10－25)中的考虑材料堆积－沉陷效应的压痕真实接触面积 A_c 的计算也是个棘手的问题，目前对于真实接触面积的定义仍存在一定争议，且难以通过试验测得最大压入载荷下的实际接触面积。因此，仪器化压入法在承压设备结构完整性评估方面的推广应用仍有待进一步的研究。

10.2.3　压入能量差法

针对上述计算模型无法获得二向应力分量以及依赖真实接触面积的问题，本书作者提出了一种新的基于压入能量差法的残余应力计算模型，以压入能量作为计算参量，通过压入能量差等效转换，可以求解任意二向应力分量。其基本原理如图 10－11 所示。

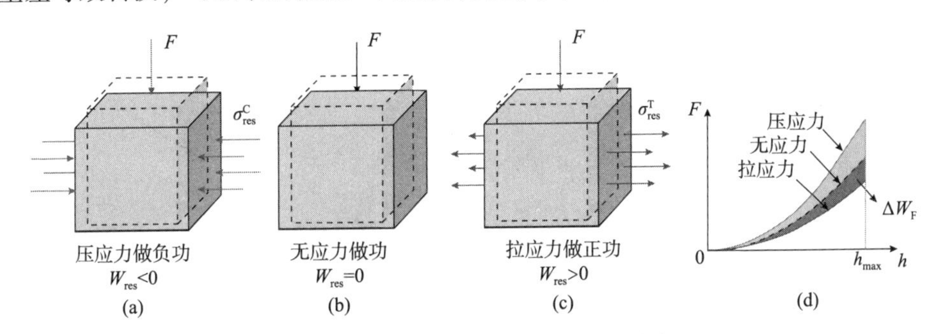

图 10－11　残余应力影响压痕曲线变化

在压头压入金属试样过程中，压头对材料做的功（简称压入功）W_F 会转化为材料的变形能 U，即 $W_F=U$。当试样中存在残余应力 σ_{res} 时，材料变形还需要克服残余应力做功 W_{res}，即

$$W_F+W_{res}=U \tag{10-32}$$

如图 10－11(a)，当存在压应力时，应力与变形方向相反，残余应力做负功，即 W_{res}

为负。那么就需要增加 W_F 来平衡能量关系式，即压痕曲线上移。反之，如图 10－11(c)所示，当存在拉应力时，应力与变形方向相同，残余应力做正功，即 W_{res} 为正。那么就需要减小 W_F 来平衡能量关系式，即压痕曲线下移。与无应力试样相比，在压入同样深度时产生的压入能量差 ΔW_F 即为残余应力引起的压入能量差。压入能量差可由压痕曲线积分得到，如图 10－11(d)所示。根据压入能量分析，压入能量差 ΔW_F 与残余应力 σ_{res} 存在式(10－33)的关系：

$$\Delta W_F = kV\sigma_1 + A_3\left(\frac{\sigma_{res}}{\sigma_y}\right)^3 + A_2\left(\frac{\sigma_{res}}{\sigma_y}\right)^2 + A_1\left(\frac{\sigma_{res}}{\sigma_y}\right) \tag{10-33}$$

式中：k 为弹性系数，与压头形状有关；V 为压头侵入材料的体积；A_1、A_2、A_3 为材料塑性系数，与硬化指数和屈服强度有关；σ_y 为材料屈服强度。

为了解决应力方向的问题，采用对应力方向有较强敏感性的努氏压头，其形貌如图 10－12(a)所示。由于其较大的长短轴之比，在同一应力场中改变方向压入会得到不同的压痕曲线，如图 10－12(b)所示。

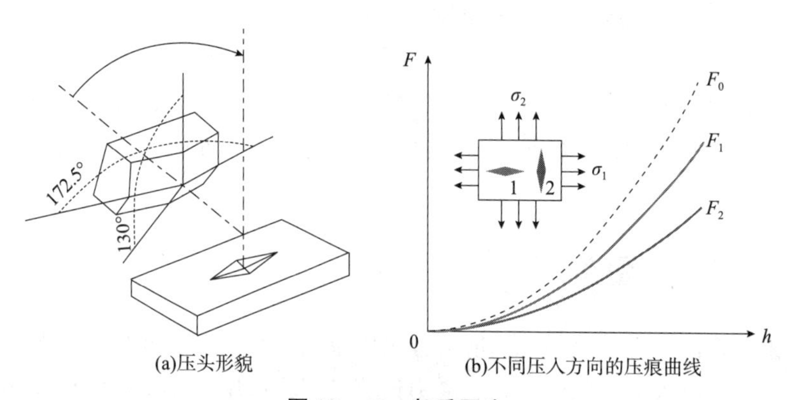

(a)压头形貌　　(b)不同压入方向的压痕曲线

图 10－12　努氏压头

在二向应力场中，若已知主应力分布方向(如回转体的环向和轴向，焊缝的纵向和横向等)，使努氏压头分别沿着两个应力方向进行压入试验，可获得两个主应力方向的压入能量差 ΔW_{F1}、ΔW_{F2}。代入式(10－34)将其转化为等效压入能量差 ΔW_1、ΔW_2 后，再代入式(10－33)，即可联立方程组求出二向残余应力大小。

$$\begin{cases}\Delta W_1 = \dfrac{\alpha}{\alpha^2-1}(\alpha\Delta W_{F1} - \Delta W_{F2}) \\ \Delta W_2 = \dfrac{\alpha}{\alpha^2-1}(\alpha\Delta W_{F2} - \Delta W_{F1})\end{cases} \tag{10-34}$$

式中：α 为压头形状系数，努氏压头取 2.7。

残余应力测试与力学性能测试仪器基本原理类似，只需将力学性能测试所用球形压头更换为努氏压头即可。利用图 10－13 所示的十字梁试样与双轴应力产生装置在试样中心测试区域人为施加双轴应力，可以与测试结果对照以验证测试效果。其基本原理为加载螺钉拧紧产生弯矩，在试样中心区域形成二向应力，应力大小通过二向应变片实时监测。表 10－1 为施加应力与实测应力对比，测试结果最大误差为 35MPa(<15%)，满足工程测试需求。

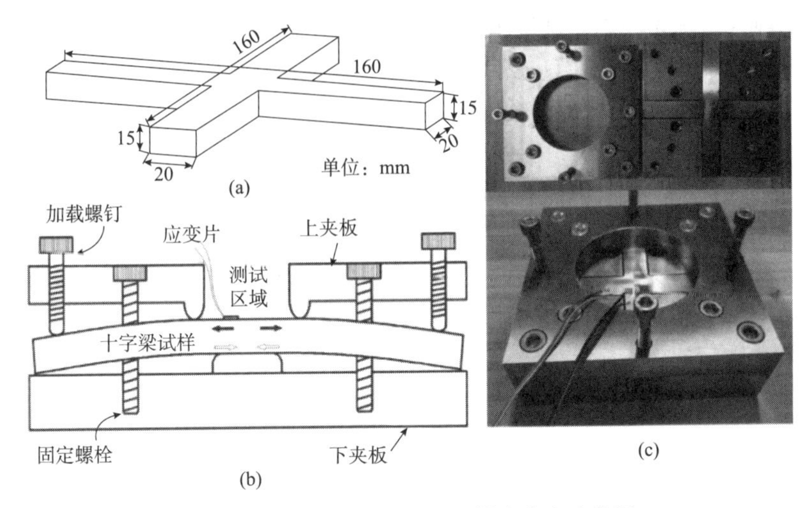

图 10－13　十字梁试样与双轴应力产生装置

表 10－1　施加应力（σ^{app}）与实测应力（σ^{ind}）的比较　　MPa

材　料	σ_1^{app}	σ_2^{app}	σ_1^{ind}	σ_2^{ind}	$\sigma_1^{ind}-\sigma_1^{app}$	$\sigma_2^{ind}-\sigma_2^{app}$
S45C	268	239	262	257	－6	18
	144	249	177	284	33	35
	77	287	87	267	10	－20
12Cr1MoV	192	15	210	18	18	3
	45	174	22	159	－23	－15
	96	191	78	184	－18	－7

该方法的优势在于可测试二向应力值，更加适用于工程结构完整性评估，且测试过程不需要应变片或光学测量装置提供额外的敏感信息，便于现场操作使用。

10.3　便携式测试装备

10.3.1　装置简介

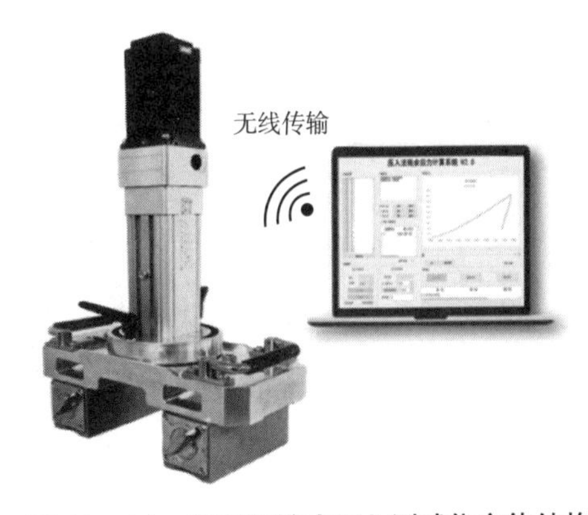

图 10－14　自研便携式压入测试仪主体结构

中国石油大学（华东）蒋文春教授团队基于上述力学性能和残余应力的压入法测试理论，经过多年努力，研制出便携式压入测试仪，可同时实现金属材料力学性能和残余应力无损原位测试。设备主体结构如图 10－14 所示，由压入机构、传动机构、传感器系统、固定工装等组成，利用计算机对压入仪进行无线控制以及数据传输。现场测试时，可根据测试条件采用锁链、磁吸、卡扣等不同的固定工装确保压入仪稳定工作。压入测试仪搭载了压入信息采集、补偿以及数据预处理系统、力学性能和残余应力计算系统、无线控制系统等自主研发的配套软件包。表 10－2 为该设备主要技术规格。

表 10－2　便携式压入测试仪主要技术规格

项　　目	规　　格
主机质量	3kg
高度	355mm
载荷量程/分辨率	1000N/0.1N
位移量程/分辨率	5mm/0.0001mm
电源输入	24V 电源/电池
接头类型	DC 接头
工作环境	相对湿度不大于 80%，温度 －10～45℃

目前该设备已在现场工程结构中得到验证和认可，进一步的工程推广应用将为承压设备焊接形性调控提供科学评价依据，提高我国承压设备制造水平和国际竞争力。以下为部分测试案例供读者参考。

10.3.2　工程应用案例

1. 均质材料强度测试

采用上述设备对 Q345R、15CrMo、45 号钢、12MnNiVR 四种材料进行了连续球压入测试，并采用万能力学拉伸机(MTS)进行单轴拉伸实验，测试结果见图 10－15 和表 10－3。对比两种测试方法结果误差在 10% 以内，表明自主研发的压入测试仪得到的拉伸性能数据具有很高的准确性和可靠性。

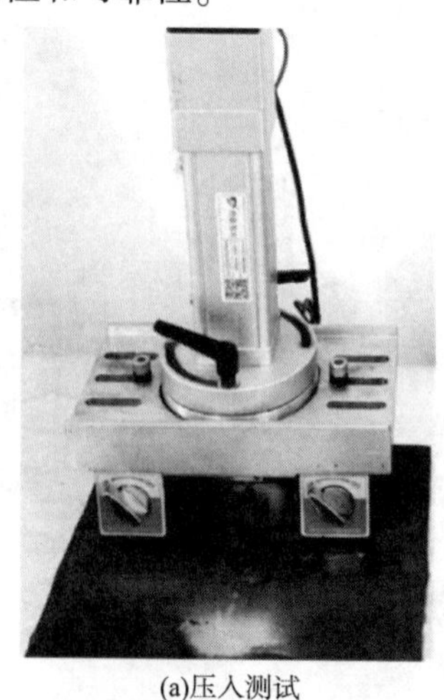

(a)压入测试

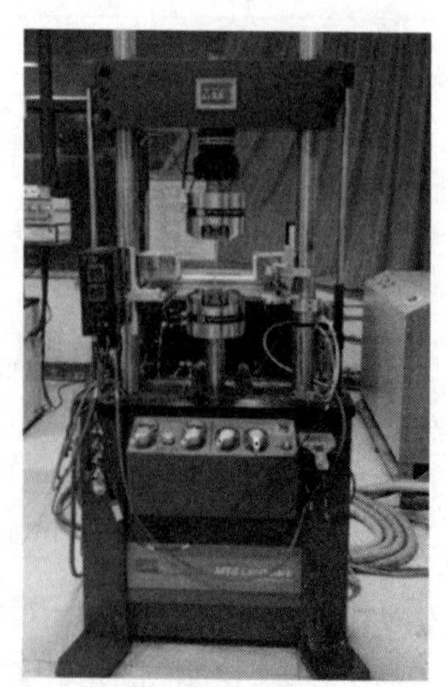

(b)单轴拉伸

图 10－15　同种材料连续球压入与单轴拉伸实验测试对比

表 10-3　多种材料压入法与单轴拉伸实验测试结果对比

材　料	屈服强度/MPa			抗拉强度/MPa		
	实验	标准	误差	实验	标准	误差
Q345R	435	412	5%	595	547	8%
15CrMo	353	340	3.7%	471	499	5.9%
45 号钢	353	333	5.7%	541	560	3.5%
12MnNiVR	482	490	1.6%	662	674	1.8%

2. 12Cr1MoV 焊接接头非均匀微区测试

连续球压入法形成的压痕尺寸为毫微米级，因此在焊接接头非均匀微区力学性能评价方面具有较大的潜力，本书作者采用研发的压入仪器对青岛兰石重型机械设备有限公司制造的加氢反应器筒体环焊缝进行了微区力学性能测试，如图 10-16、图 10-17 及表 10-4 所示，测试结果符合焊接接头高强匹配原则，体现了压入仪器测试的可靠性及其在工程现场和微小结构力学性能评价方面的应用价值。

图 10-16　12Cr1MoV 焊接接头压入测试

表 10-4　12Cr1MoV 焊接接头不同微区压入测试结果　MPa

	BM1	HAZ2	WM3	WM4	HAZ5	BM6
屈服强度	336	445	523	522	415	351
抗拉强度	527	597	639	680	556	471

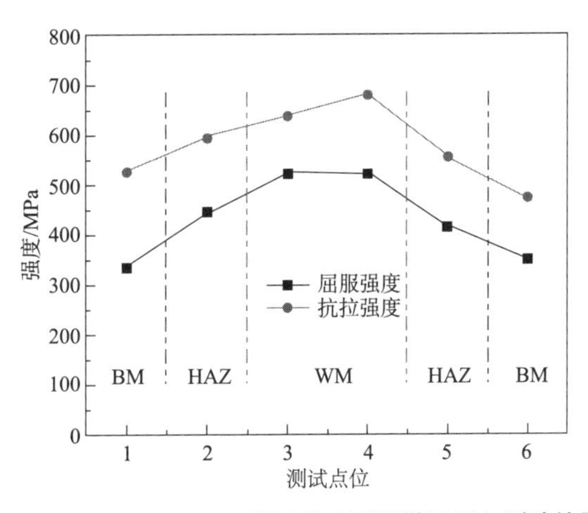

图 10-17　12Cr1MoV 焊接接头不同微区压入测试结果

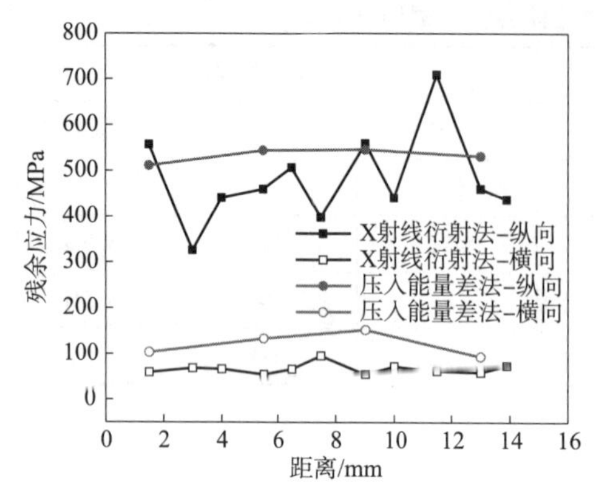

图 10 10 测试结果对比
(压入能量差法与 X 射线衍射法)

3. 残余应力对比测试 1

增材制造技术已成为当前装备先进制造、结构设计和新材料等技术领域的热点方向，其本质即为全焊缝结构，同样也会面临焊接残余应力问题。对一焊丝材料为 Inconel 718 的增材制造试样分别采用 X 射线衍射法和压入能量差法进行焊接残余应力测试，应力分布如图 10 - 18 所示。测试结果表明两种应力测试方法得到了较为一致的应力分布规律，说明压入能量差法以及自主开发的测试装备具有可靠的测试精度。

4. 残余应力对比测试 2

为验证自研设备原位测试效果，与 GB/T 24179《金属材料　残余应力测定　压痕应变法》规定的压痕应变法进行对比测试，测试材料为压力容器用 CrMo 钢。图 10 - 19 展示了压痕应变法和便携式压入测试仪的使用情况以及测点分布，其中应变片为压痕应变法测点位置，其上方约 8mm 为压入能量差法的测点位置。测试结果如图 10 - 20 所示，两种测试方法得到的应力分布趋势较为一致。但是在实际使用过程中，压痕应变法依赖应变片作为敏感元件，需要经过粘贴、固化、切割应变片、连接引线等操作，导致测试效率和测试门槛受限。

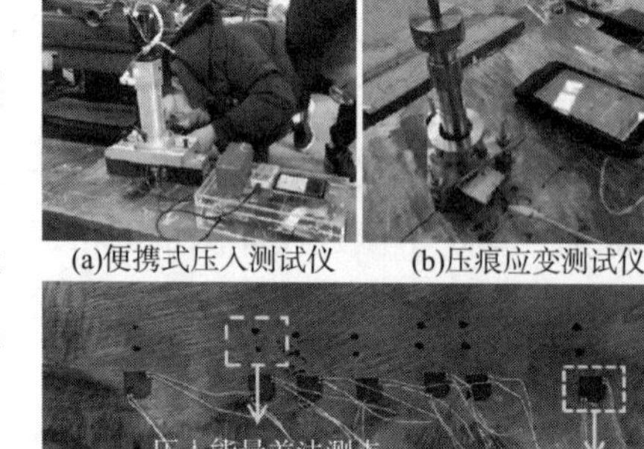

图 10 - 19　焊接残余应力现场原位测试

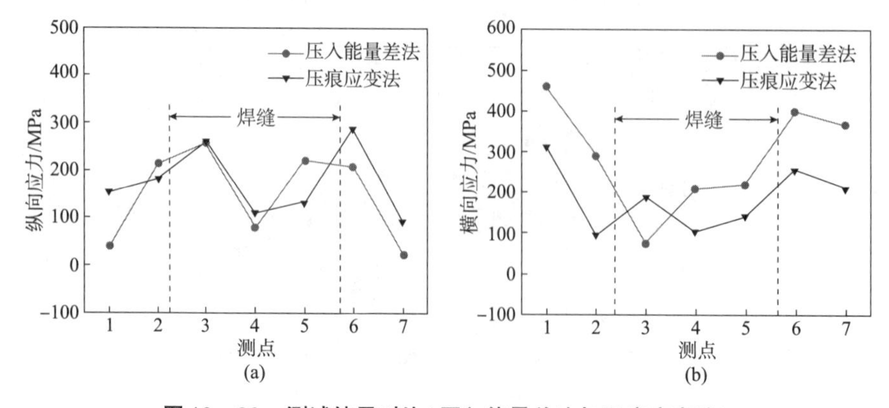

图 10 - 20　测试结果对比(压入能量差法与压痕应变法)

参考文献

[1]Johnson K L. Contact mechanics[M]. Cambridge university press, 1987.

[2]Ahn J H, Kwon D. Derivation of plastic stress – strain relationship from ball indentations: Examination of strain definition and pileup effect[J]. Journal of Materials Research, 2001, 16(11): 3170 – 3178.

[3]Francis H A. Phenomenological analysis of plastic spherical indentation[J]. Journal of Engineering Materials & Technology Transactions of the Asme, 1976, 98(3): 272 – 281.

[4]Oliver W C, Pharr G M. An improved technique for determining hardness and elastic modulus using load and displacement sensing indentation experiments [J]. Journal of Materials Research, 1992, 7 (06): 1564 – 1583.

[5]Joslin D L, Oliver W C. A new method for analyzing data from continuous depth – sensing microindentation tests[J]. Journal of Materials Research, 1990, 5(1): 123 – 126.

[6]Doerner M F, Nix W D. A method for interpreting the data from depth – sensingindentation instruments[J]. Journal of Materials research, 1986, 1(4): 601 – 609.

[7]Haggag F M, Nanstad R K, Hutton J T, et al. Use of automated ball indentation testing to measure flow properties and estimate fracture toughness in metallic materials[J]. ASTM STP, 1990, 1092: 188 – 208.

[8]Haggag F M. In – situ measurements of mechanical properties using novel automated ball indentation system [J]. astm special technical publication, 1993: 27 – 44.

[9]Haggag F M, Wang J A, Sokolov M A, et al. Use of portable/in situ stress – strain microprobe system to measure stress – strain behavior and damage in metallic materials and structures[M]. Nontraditional methods of sensing stress, strain, and damage in materials and structures. ASTM International, 1997.

[10]Lee H, Lee J H, Pharr G M. A numerical approach to spherical indentation techniques for material property evaluation[J]. Journal of the Mechanics and Physics of Solids, 2005, 53(9): 2037 – 2069.

[11]Nagaraju S, Kumar J G, Vasantharaja P, et al. Evaluation of strength property variations across 9Cr – 1Mo steel weld joints using automated ball indentation (ABI) technique[J]. Materials Science & Engineering, A, 2017, 695: 199 – 210.

[12]Meyer E. Investigations of hardness testing and hardness[J]. Phys Z. 1908, 9: 66 – 74.

[13]Dieter E, Bacon D J. Mechanical metallurgy[M]. New York: McGraw – hill, 1986.

[14] T. Zhang, S. Wang, W. Wang. A comparative study on uniaxial tensile property calculation models in spherical indentation tests(SITs)[J]. International Journal of Mechanical Sciences, 2019, 155: 159 – 169.

[15] T. Zhang, S. Wang, W. Wang. Determination of the proof strength and flow properties of materials from spherical indentation tests: An analytical approach based on the expanding cavity model[J]. The Journal of Strain Analysis for Engineering Design, 2018, 53(4): 225 – 241.

[16]张泰瑞．延性金属材料准静态力学性能的球压头压入测算方法研究[D]．山东大学，2018.

[17]张志杰，蔡力勋，陈辉，等．金属材料的强度与应力 – 应变关系的球压入测试方法[J]．2019，51(1)：159 – 169.

[18]Tsui T Y, Oliver W C, Pharr G M. Influences of stress on the measurement of mechanical properties using nanoindentation: Part I. Experimental studies in an aluminum alloy [J]. Journal of Materials Research, 1996, 11(3): 752 - 759.

[19]Bolshakov A, Oliver W C, Pharr G M. Influences of stress on the measurement of mechanical properties using nanoindentation: Part II. Finite element simulations[J]. Journal of Materials Research, 1996, 11(3): 760 - 768.

[20] Suresh S, Giannakopoulos A E. A new method for estimating residual stresses by instrumented sharp indentation[J]. Acta Materialia, 1998, 46(16): 5755 - 5767.

[21]Lee Y H, Kwon D. Measurement of residual stress effect by nanoindentation on elastically strained (100) W [J]. Scripta Materialia, 2003, 49(5): 459 - 465.

[22]Lee Y H, Kwon D. Estimation of biaxial surface stress by instrumented indentation with sharp indenters[J]. Acta Materialia, 2004, 52(6): 1555 - 1563.

[23] W. Peng, W. Jiang, G. Sun, et al. Biaxial residual stress measurement by indentation energy difference method: Theoretical and experimental study[J]. International Journal of Pressure Vessels and Piping, 2021, 195: 104573.